JEJU

현금부부 현광수 · 금성현 지음

HIGHLIGHT

일러두기
이 책은 전문 여행작가가 제주를 취재한 여행정보를 주제별로 소개합니다. 이 책에 수록된 관광지, 맛집, 음식점 등의 여행 정보는 2023년 9월 기준이며 최대한 정확한 정보를 소개하고자 노력했습니다. 하지만 출판 후 또는 여행 시점에 따라 변동될 수 있으므로 주의하실 필요가 있습니다.

하이라이트 제주

초판 1쇄 발행 · 2023년11월 1일

지은이 · 현광수 · 금성현

발행인 · 우현진
발행처 · 주식회사 용감한 까치
출판사 등록일 · 2017년 4월 25일
대표전화 · 02)2655-2296
팩스 · 02)6008-8266
홈페이지 · www.bravekkachi.co.kr
이메일 · aoqnf@naver.com

기획 및 책임편집 · 우혜진
마케팅 · 리자
진행 · 김소영
디자인 · 죠스
교정교열 · 이정현
CTP 출력 및 인쇄 · 제본 · 미래피앤피

ISBN 979-11-91994-21-6(13980)

정가 19,500원

세상에서 가장 용감한 고양이 '까치'

동물 병원 블랙리스트 까치. 예쁘다고 만지는 사람들 손을 마구 물고 할퀴는 등 사나운 행동을 일삼아 미움을 받는 까치는 못된 고양이로 소문이 났지만, 누구보다도 사람들을 사랑하는 고양이예요. 사람들과 친해지고 싶은 마음에 주위를 뱅뱅 맴돌지만, 정작 손이 다가오는 순간에는 너무 무서워 할퀴고 보는 까치.

그러던 어느 날, 사람들에게 미움만 받고 혼자 울고 있는 까치에게 한 아저씨가 다가와 손을 내밀었어요. "만져도 되겠니?"라는 말과 함께 천천히 기다려준 그 아저씨는 "인생은 가까이에서 보면 비극이지만, 멀리서 보면 코미디란다"라는 말만 남기고 휭하니 가버리는 게 아니겠어요?

울고 있던 겁 많은 고양이 까치는 아저씨 말에 마지막으로 한 번 더 용기를 내보기로 했어요. 용기를 내 '용감'하게 사람들에게 다가가 마음을 표현하기로 결심했죠. 그래도 아직은 무서우니까, 용기를 잃지 않기 위해 아저씨가 입던 옷과 똑같은 옷을 입고 길을 나섭니다. '인생은 코미디'라는 말처럼, 사람들에게 코미디 같은 뻥 뚫리는 즐거움을 줄 수 있는 뚫어뻥 마법 지팡이와 함께 말이죠.

과연 겁 많은 고양이 까치는 세상에서 가장 용감한 고양이가 될 수 있을까요? 세상에서 가장 용감한 고양이 까치의 여행을 함께 응원해주세요!

(CONTENTS)

INTRO

HIGHLIGHT

HIGHLIGHT

HIGHLIGHT

(PROLOGUE)

하영하영(많이)
지꺼지게(신나게, 기분 좋게)
놀당 갑써

'제주? 바가지 심해. 제주에 가느니 해외여행을 가겠어.' 제주 뉴스마다 이런 댓글이 넘쳐납니다. 7년 전 제주도민이 될 줄 몰랐던 시절, 제가 가지고 있던 제주에 대한 이미지 역시 댓글과 별반 차이가 없었습니다. 제주에 가느니 돈을 조금 더 보태 해외에 가지. 저 또한 그런 생각을 하는 여행자 중 하나였습니다. 그때는 정말 몰랐습니다. 제주에 숨어 있는 매력을. 제주에 싸고 알차게 여행할 수 있는 곳이 무척 많다는 사실을. 그저 유명한 관광지, 인터넷에 소개된 맛집만이 전부가 아니었다는 것을 관광객일 때는 전혀 알지 못했어요. 살면서 보니 제주는 볼수록 예쁜 곳이었어요. 코로나19 팬데믹 전부터 진행하던 프로젝트가 중단되었고, 우연인지 필연인지 부족하지만 현금 가족에게 제주를 소개할 기회가 주어졌습니다. 이번 책을 통해 아주 조금이나마 제주의 숨은 매력을 소개할 수 있게 되어 기쁩니다.

제주의 아름다운 곳, 소문내고 싶은 여러 곳을 담으며 또 한번 느꼈습니다. 제주에 내려오길 참 잘했구나. 제주에 온 지 올해로 7년 차이지만, 아직까지 가보지 못한 곳도 많습니다. 책을 만들며 제주의 구석구석을 돌아보았고, 1호 독자인 저희 가족부터 제주의 아름다움에 푹 빠져들게 되었습니다. 지인들이 가끔 "제주 간 거 후회하지 않아?" 혹은 "언제 다시 돌아올 거야?"라고 물으면 저는 늘 이렇게 이야기합니다. 외롭기는 하지만 제주에 내려온 것을 후회하지 않는다고. 제주에서는 사계절 지루할 틈이 없다고.

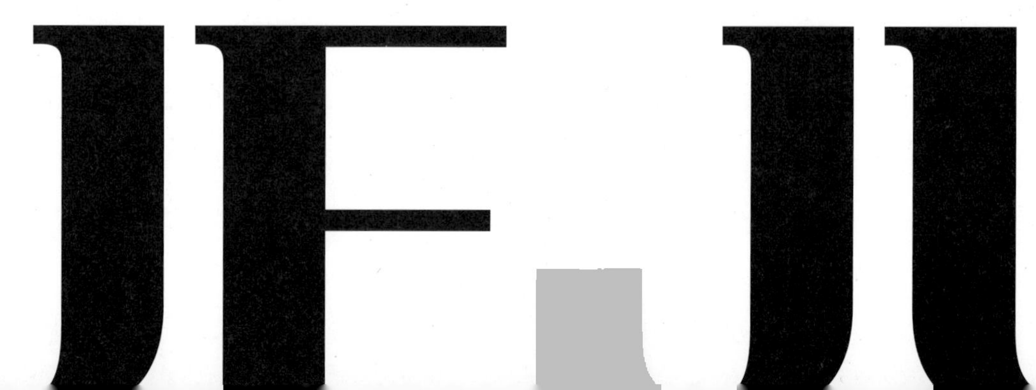

Highlight

코로나19로 해외여행을 하지 못할 때 더 서둘러 제주의 아름다움을 알렸어야 하는데, 늦어진 일정으로 3년간 준비한 제주 여행 이야기가 이제야 마무리를 향해 달려가고 있습니다. 처음 촬영한 장소 중 코로나 시국을 버티지 못하고 사라져버린 곳이 무척 많습니다. 전염병이 창궐해 계획에 없던 수많은 변수가 생겨 해외에서 제주로 눈길을 돌렸던 관광객들이 다시 해외로 떠나고 있는 요즘, 지인들은 이렇게 말합니다. "제주 책을 왜 이제야 내냐"고, "코로나 시국에 다들 제주로 가려고 할 때 서둘렀어야지"라고. 사람인지라 늦어진 일정에 속상했던 것도 사실입니다. 하지만 제주의 아름다움은 여전하기에 오히려 우리나라 관광객뿐 아니라 외국분들에게도 아름다운 제주를 알리기에 더 좋은 시기라고 볼 수 있지 않을까 합니다. 이번 책에 제주의 모든 것을 담지는 못했습니다. 제주의 아름다움을 책 한 권에 전부 담아내기에는 부족하기 때문입니다. 부디 바가지요금으로 가득한 제주가 아닌 특유의 아름다움과 숨은 매력을 함께 나누면 좋겠습니다. 제주도민이 되어 쉼없이 돌아다니며 모아온 구석구석 소소한 정보와 꿀팁이 다음 제주 여행에 작은 도움이 되었으면 합니다.

책을 출간할 깜냥이 못 되는 저희에게 너무 좋은 기회를 제공해주신 용감한 까치 대표님에게 감사드립니다. 실력이 부족한 저희 때문에 뒤에서 고생해주신 관계자분들에게도 너무 감사하다는 말씀을 전하고 싶습니다. 그리고 책을 만드는 동안 많은 도움을 준 동생 쩡유랑 두루두루 도움을 준 지인들에게도 감사의 마음을 전합니다. 현금 가족 최고의 모델 우리 아들 금주원, 너무너무 고마워!

부족하지만 현금 가족이 소개하는 제주 여행 책을 선택해주신 독자분들께도 감사드립니다. 부디 다음 제주 여행에서는 제주의 숨은 매력을 꼭 느껴보시길 바랍니다. 저희 책과 함께!

미처 담지 못한 제주 곳곳의 정보, 변화된 제주 소식은 현금 가족 블로그와 유튜브, 인스타그램 채널을 통해 전해드리겠습니다.

Photo zone

해시태그로 모아본 제주 포토 존

아이가 네 살이 되던 겨울 제주 도민이 되었습니다.
제주의 사계절과 함께 아이도 우리도 함께 자랐습니다.
봄에는 고사리를 꺾는 재미를 알았고
여름에는 제주 해변을 즐깁니다. 물때를 맞춰 보말을 잡고
물속에서 뿔소라를 찾으며 싱싱한 성게를 잡아
성게비빔밥을 해 먹기도 합니다.
청귤을 따 청귤청을 담그거나 차가운 바람에
손을 호호 불어가며 노란 감귤을 가득 따고 손톱이 노랗게
변할 때까지 귤을 먹습니다. 제주의 사계절을 피부로 느낀 지 7년 차.
사계절 쉴 틈 없이 아름다운 제주의 하루하루를 보내고 있습니다.
보석처럼 빛나는 아름다운 제주와 함께 자라는 아이의 모습을
한 컷 한 컷 담았습니다. 제주 곳곳의 아름다움과
함께한 금빛날다. 하나하나 모아보니 제법 괜찮은
제주 포토존이 되었습니다.
매일매일 빛나는 제주의 아름다움을 만나보세요.

① **가시리** 제주도 서귀포시 표선면 녹산로 464-65 #유채꽃밭 #꽃길만가시리 #제주드라이브코스 #제주봄가볼만한곳 ② **가파도** 제주도 서귀포시 대정읍 가파리 #제주청보리축제 #가파도청보리 ③ **금능해수욕장** 제주도 제주시 한림읍 금능리 #제주서쪽해변 #협재해변 #비양도 #제주해수욕장 ④ **금오름** 제주도 제주시 한림읍 금악리 산1-1 #이효리뮤직비디오오름 #패러글라이딩 #제주오름 ⑤ **나홀로나무** 제주도 제주시 한림읍 금악리 산30-8 #왕따나무 #새별오름 #광고촬영지 ⑥ **새별오름** 제주도 제주시 애월읍 봉성리 산59-8 #제주오름추천 #들불축제 #제주서쪽오름 ⑦ **남국사** 제주도 제주시 중앙로 738-16 #제주수국 #제주수국길 #제주여름가볼만한곳 ⑧ **도두봉** 제주도 제주시 도두일동 산1 #키세스존 #제주공항근처가볼만한곳 #제주오름추천 ⑨ **마노르블랑** 제주도 서귀포시 안덕면 일주서로2100번길 46 #제주수국맛집 #핑크뮬리 #제주동백 #제주카페 ⑩ **마방목지** 제주도 제주시 516로 2480 #제주힐링명소 #제주드라이브코스 #제주말 ⑪ **귀빈사** 제주도 제주시 구좌읍 비자림로 1456 #제주비밀의숲길 #이승만별장 #민오름가는길 ⑫ **보롬왓** 제주도 서귀포시 표선면 번영로 2350-104 #제주꽃밭 #제주사진찍기좋은곳 #메밀꽃밭 #수국명소 ⑬ **상효원** 제주도 서귀포시 산록남로 2847-37 #제주식물원 #겹벚꽃 ⑭ **서우봉** 제주도 제주시 조천읍 함덕리 169-1 #서우봉둘레길 #함덕서우봉 #함덕해수욕장 ⑮ **신천목장** 제주도 서귀포시 성산읍 신천리 5 #제주감귤 #감귤말리는곳 #제주겨울가볼만한곳 ⑯ **안성리수국길** 제주도 서귀포시 대정읍 안성리 998 #제주수국명소 #제주수국 #수국길추천 ⑰ **알뜨르비행장** 제주도 서귀포시 대정읍 상모리 #제주다크투어 ⑱ **엉덩물계곡** 제주도 서귀포시 색달동 3384-4 #중문가볼만한곳 #제주유채꽃명소 #유채꽃밭추천 ⑲ **오라CC** 제주도 제주시 오라2동 289 #겹벚꽃명소 #제주겹벚꽃 ⑳ **오라동 메밀꽃밭** 제주도 제주시 오라2동산 76 #제주메밀꽃밭 #메밀꽃명소 #제주메밀꽃밭추천 ㉑ **허브동산** 제주도 서귀포시 표선면 돈오름로 170 #제주밤에가볼만한곳 #제주불빛축제 #핑크뮬리 ㉒ **휴애리** 제주도 서귀포시 남원읍 신례동로 256 #제주아이와가볼만한곳 #제주가족여행 #매화축제 #수국축제 ㉓ **송당리 메밀꽃밭** 제주도 제주시 구좌읍 송당리 산164-1#제주동쪽가볼만한곳 #제주메밀꽃밭 #메밀꽃축제

제주 한눈에 보기

볼거리

• 폭포 ★★★ 정방폭포, 천제연, 천지연 등 제주 특유의 풍경을 가득 담은 시원한 폭포는 힐링 그 자체.

• 한라산 ★★★ 많은 이들이 한번은 꼭 올라가보고 싶어 하는 대한민국에서 가장 높은 산.

• 오름 ★★★ 360개가 넘는 제주 오름. 높이부터 뷰까지 다양하니 취향에 맞게 선택하세요.

• 바다 ★★★ 제주공항을 가운데 지점으로 양쪽 에메랄드빛 제주바다를 만날 수 있어요.

식도락

• 해산물 ★★ 해녀가 막 잡아 올린 신선한 해산물을 맛볼 수 있어요.

• 제철 회 ★★★ 겨울에는 방어, 초여름에는 자리돔과 한치 등 철마다 맛보는 신선한 회도 놓치지 마세요.

체험

• 카트 ★★ 시원한 바람을 맞으며 스피드를 즐기고 싶다면 필수

• 승마 ★★★ 제주 하면 단번에 떠오르는 말과 함께 인생사진 남기세요.

• 감귤 따기 ★★★ 신선한 감귤을 따는 재미와 싱싱한 감귤을 먹는 재미까지 즐겨요.

• 낚시 ★★ 바다 향을 가득 맡으며 손맛을 느껴보세요.

쇼핑

• 하나로마트 ★★★ 여행하면서 신선한 식품을 구입할 수 있는 곳으로 동네마다 하나씩은 있죠. 제주 술, 숙소에서 바비큐로 즐길 싱싱한 흑돼지와 제주 먹거리 기념품, 제철 과일을 구입할 수 있어요.

• 동문시장, 올레시장 ★★ 관광객들의 먹거리를 책임져주는 곳. 점포 메뉴가 비슷비슷하기에 서귀포 일정에는 올레시장을, 제주시 일정에는 동문시장을 방문하는 것이 좋습니다. 두 곳 모두 야시장을 오픈해 야식을 책임져줍니다.

1

5~7℃

추천 여행지 1100고지, 관음사
추천 먹거리 딱새우, 갈치
추천 체험 눈꽃 체험

1월 영하로 떨어지지 않지만 바람이 많이 불어 차가운 날씨의 연속입니다. 한라산에서는 거의 대부분 눈이 쌓인 모습을 볼 수 있어요. 눈꽃 산행을 통해 제주 설국의 매력을 느껴보세요.

4

13~14℃

추천 여행지 삼성혈, 사라봉 벚꽃, 가파도 청보리축제
추천 먹거리 뿔소라
추천 체험 고사리 꺾기

따뜻해진 날씨와 함께 고사리 장마가 찾아와 비가 자주 옵니다. 비가 온 후 들판에 나가면 가득한 고사리 꺾기 좋습니다. 본격적인 벚꽃 시즌을 맞이해 꽃놀이를 시작합니다.

7

22~31℃

추천 여행지 1100고지, 관음사
추천 먹거리 보리개역
추천 체험 투명카약, 보트 체험

본격적으로 여름이 시작됩니다. 제주 해수욕장이 개장하고 다양한 해양 액티비티를 즐기기 좋습니다. 숲길 산책은 더위를 식혀줍니다.

10

15~20℃

추천 여행지 새별오름, 유채꽃프라자
추천 먹거리 광어, 전복
추천 체험 갈치낚시체험

제주 곳곳에 황금 벌판의 억새를 만나볼 수 있어요. 가을 분위기 물씬 나는 인생사진을 남겨보세요. 날씨가 제법 쌀쌀하니 조금 두꺼운 외투를 준비해도 좋습니다.

Calendar 월별

2

6~8℃

추천 여행지 걸매생태공원, 노리매공원
추천 먹거리 천혜향
추천 체험 노루 먹이 주기

매화가 곳곳에서 피어 오르기 시작합니다. 봄이 왔다 싶지만 바람은 많이 불어오니 파카등 방한복은 필수입니다.

3

9~10℃

추천 여행지 휴애리(매화, 유채축제)
추천 먹거리 톳
추천 체험 들불축제

길가에 핀 유채를 볼 수 있어요. 드라이브하며 봄 향기를 느껴보세요. 바람이 많이 불 때는 추워서 아직은 두꺼운 긴팔 옷이 필요해요.

5

17~24℃

추천 여행지 함덕 서우봉둘레길
추천 먹거리 자리물회
추천 체험 승마, 카트

5월 초 하얗고 향기로운 귤꽃을 만날 수 있어요. 어디를 가도 좋은 날씨라 햇살 가득한 낮에는 반팔을 입는 분들도 있어요. 에메랄드 빛 바다는 어디서든 힐링입니다.

6

20~26℃

추천 여행지 혼인지
추천 먹거리 성게, 초당옥수수
추천 체험 반딧불이 체험

제주 곳곳에 수국이 가득합니다. 비가 자주 오는 덕분에 곶자왈에서는 반딧불이도 만날수 있어요. 바닷물도 제법 따뜻해 발 담그기 좋습니다. 조개 체험도 즐겨보세요.

8

24~30℃

추천 여행지 수목원테마파크, 정방폭포
추천 먹거리 한치
추천 체험 서핑

정수리가 타 들어갈 것 같은 뜨거운 여름의 연속입니다. 동남아 날씨 부럽지 않은 제주의 한여름. 눈부신 에메랄드빛 해변을 보기 위해서 선글라스는 필수입니다.

9

21~27℃

추천 여행지 보롬왓, 항몽유적지
추천 먹거리 고등어
추천 체험 청귤 체험

하얀 메밀꽃으로 가득합니다. 핑크뮬리가 핑크빛 물결을 이루기 시작합니다. 아침저녁으로 선선하다 못해 쌀쌀한 느낌이 들어 얇은 겉옷을 준비하면 좋습니다. 더 추워지기 전에 올레길 걷기를 시작해보세요.

11

9~15℃

추천 여행지 서귀포감귤박물관
추천 먹거리 방어(모슬포방어축제)
추천 체험 감귤 체험

귤 따기 체험이 가능한 11월입니다. 가장 재미없는 비수기라지만 가을 여행을 즐기기에 부족함 없어요. 방어가 본격적으로 맛있어집니다. 방어만 먹어도 제주 여행은 성공적.

12

5~9℃

추천 여행지 카멜리아힐, 휴애리동백축제
추천 먹거리 고기국수, 해장국
추천 체험 감귤 체험

겨울을 알리는 동백으로 가득합니다. 제주 곳곳에서 핑크 카펫을 만날 수 있어요. 동백 명소만 돌아도 시간이 모자랄지 몰라요. 따뜻한 국물이 생각나는 차가운 날씨에 두꺼운 외투는 필수입니다.

새롭게 달라진 제주 여행 뉴스

1. 2022년 12월 2일부터 진행하고 있는 일회용 컵 보증금제

제주 환경을 생각하며 만든 제도로 리유저블 컵을 이용하고 반납하면 보증금을 받을 수 있어요. 현재 제주 매장 60%가 참여해 다양한 곳에서 자원 순환 보증금을 돌려받을 수 있습니다. 제주 여행을 준비 중이라면 자원 순환 보증금 앱부터 다운로드해주세요.

2. 제주 여행 와서 아직도 배민, 요기요 사용하시나요?

제주 여행할 때는 제주도 배달 앱 '먹깨비'도 있다는 것 잊지 마세요.

3. 제주 대부분의 마트에서는 환경문제로 종이 박스를 제공하지 않아요

가기 전 미리 장바구니를 챙기거나 계산 전 센스 있게 "종량제 봉투 하나 주세요"를 외치세요.

4. 타 지역보다 영화, 드라마 촬영지로 각광받는 제주

큰 인기를 모은 ENA 드라마 <이상한 변호사 우영우>를 비롯해 넷플릭스 드라마 <수리남> 등 2018년 이후 600건이 넘는 영화, 드라마, 광고 등을 촬영했습니다. 다양한 매체 속 제주 풍경을 찾는 재미를 느껴보세요.

5. 제주도 지정 면세점 면세 한도 600달러에서 800달러로 상향

제주공항을 비롯해 서귀포에 위치한 중문면세점에서 이용 가능합니다. 마지막 날 면세 쇼핑이 어렵다면 여행 기간에 미리 면세 쇼핑을 해두는 것도 방법.

6. 제주 공공 무료 와이파이 아이오티(IoT)

도민, 관광객의 편의를 위한 공공 와이파이 무료 이용은 물론 동문시장, 매일올레시장 내 상가 정보와 공영 주차장 정보 등 다양한 서비스, 한라산 등정 인증서 모바일 발급 서비스도 이용 가능합니다.

7. 제주 그린 수소 버스

9월 4일 전국 최초로 그린 수소 버스 시범 운영을 시작했습니다. 순도 99.99% 품질을 확보한 그린 수소 생산에 성공해 머지않아 매연 없는 제주를 만날 수 있을 듯합니다.

8. 제주시 도심 급행 버스 운행

뚜벅이 여행객이 더욱 편리하게 여행할 수 있도록 대중교통 수요가 많은 지역에 급행버스 3개 노선을 신설했습니다. 더욱 편리한 노선으로 제주 여행을 즐겨보세요.

제주 역사 하이라이트 History

설문대할망 제주를 만들었다고 전해지는 여신. 몸집이 거대한 설문대할망이 치마에 흙을 담아 한라산을 만들었고, 치맛자락의 터진 구멍으로 흙이 흘러내려 수많은 오름이 생겼다고 합니다. 할망이 한라산 봉우리를 떼어내 던진 것이 지금의 산방산, 할망의 하나뿐인 치마를 빨래하는 곳으로 사용했다는 곳이 지금의 성산일출봉이라고 하네요. 육지까지 다리를 놓아주겠다는 설문대할망의 약속에 백성들이 할머니의 명주 속옷을 만들던 도중 1통이 부족해 육지까지 가는 다리가 완성되지 못해 섬이 되었다는 이야기도 있어요. 설문대할망은 오백 장군을 낳았는데, 그 아들 중 499명은 영실에서, 1명은 차귀도에서 만나볼 수 있습니다. **관련 여행지** 제주돌문화공원, 산방산

삼성신화 제주도의 개벽 시조 삼신인 삼을나(고을나, 양을나, 부을나)가 이곳에서 동시에 태어났다고 합니다. 그들이 수렵 생활을 하던 중 오곡의 종자를 가지고 온 벽랑국 삼공주를 맞이해 농경 생활을 시작했고, 이것이 탐라국의 시초라고 해요. 삼공주와 삼신인이 혼례를 올린 곳이 동쪽 끝에 위치한 혼인지입니다. 지금은 수국 명소로 많은 이들이 찾습니다. **관련 여행지** 삼성혈, 혼인지

알뜨르비행장 아래 벌판이라는 뜻의 알뜨르. 일제강점기 제주도민들이 농사를 짓던 농경지에 모슬포 주민을 동원해 군용 비행장을 만들었습니다. 중일전쟁을 벌였던 일본은 이곳을 전초기지로 삼은 후 점점 확장해나갔습니다. 이곳에서 폭 20m, 높이 4m 규모의 20개 격납고와 지하 벙커를 볼 수 있습니다.

4·3 사건 1948년 4월 3일부터 1954년 9월 21일까지 7년에 걸쳐 제주도에서 일어난 무력 충돌을 진압하는 과정에서 많은 제주도민이 희생당한 사건입니다. 한국전쟁 다음으로 인명 피해가 큰 비극적 사건으로 기록되었습니다. 1947년 3월 1일 3·1절 28주년 기념식이 열린 날 관덕정 부근에서 어린아이가 기마경찰의 말발굽에 차여 다쳤는데도 그대로 두고 지나가버리는 일이 벌어졌습니다. 군중이 돌을 던지며 항의하자, 관덕정 부근 무장경찰들이 군중을 향해 총을 쏘아 주민 6명이 희생되면서 사건이 시작되었습니다. **관련 여행지** 4·3평화공원, 무명천 진아영 할머니 삶터

진시황제의 불로초 중국 진나라 진시황제는 불로장생을 위해 불로초를 구해오라 명했고 진시황의 사자인 서불이 동남동녀 500명과 함께 대선단을 이끌고 영주산(지금의 한라산)을 찾게 되었습니다. 가장 먼저 도착한 정방폭포 암벽에 '서복이 다녀갔다'라는 뜻을 지닌 '서불과지'라는 글자를 새겨두었다고 합니다. 서귀포(서복이 서쪽으로 돌아간 포구)라는 지명이 여기에서 유래했다는 이야기가 있어요. **관련 여행지** 정방폭포, 서복전시관

추사 김정희 조선시대 문인이자 서화가로 우리가 잘 알고 있는 추사체를 완성했습니다. 55세 되던 해 윤상도 옥사 사건에 연루되어 약 9년간 제주에서 유배 생활을 했습니다. 그는 제주도에서 추사체를 완성했고 국보 제180호 '세한도'를 그렸습니다. 베이징에서 귀한 책들을 보내준 제자 이상적에게 답례로 그려준 그림 '세한도'의 모습을 추사기념관에서 확인할 수 있습니다. 대정에 위치한 추사기념관은 세한도를 모티브로 완성된 건축물이라 더욱 의미 있습니다. **관련 여행지** 제주 추사관

수월과 녹고물 수월과 녹고 남매는 어머니의 병을 고치기 위해 약초를 찾으러 나갔어요. 수월이 험한 바위 끝에 자라고 있던 약초를 내려가 캐는 동안 녹고가 손을 잡고 있었으나 그만 놓치고 말았죠. 놀란 녹고 역시 슬피 울다가 죽고 말았습니다. 수월이 떨어진 봉우리가 지금의 수월봉이고, 사람들이 이곳에서 흘러나오는 물을 '녹고의 눈물'이라 했다고 합니다. 그런 이유로 수월봉은 '녹고물오름'이라는 이름으로도 불립니다.
관련 여행지 수월봉

Choice

나에게 맞는 제주 여행 테스트 11

1 매스컴에 소개된 여행지를 찾는다면?

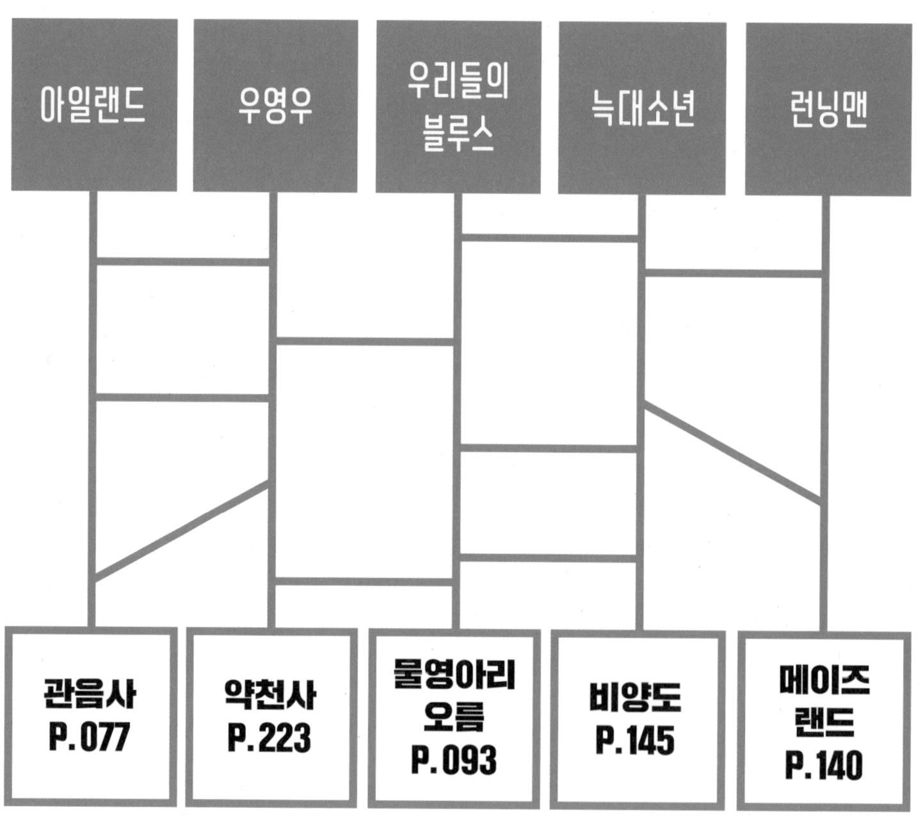

2 액티비티 마니아라면?

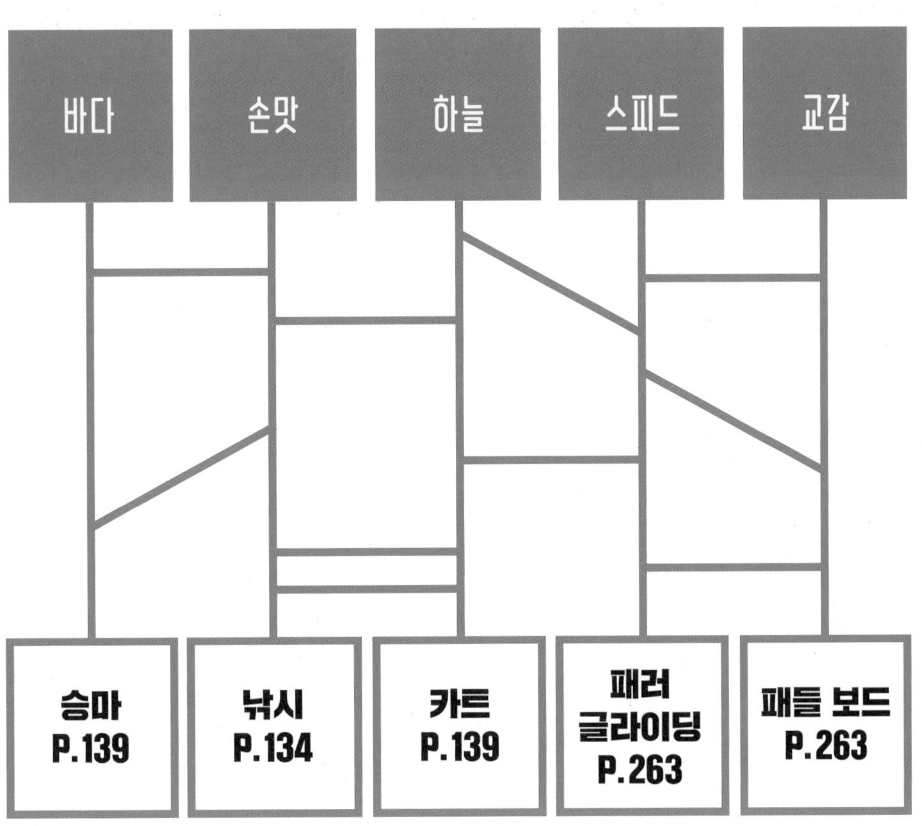

3 컬러로 즐기는 제주, 내가 좋아하는 색은?

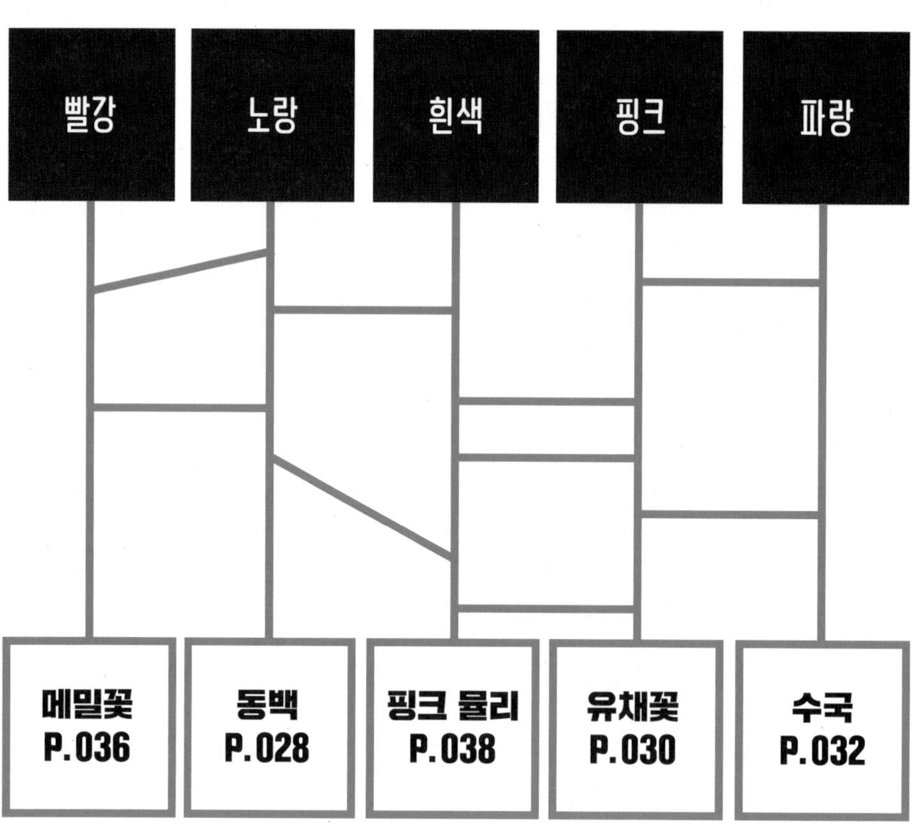

4 빵지 순례를 원하는 여행객이라면?

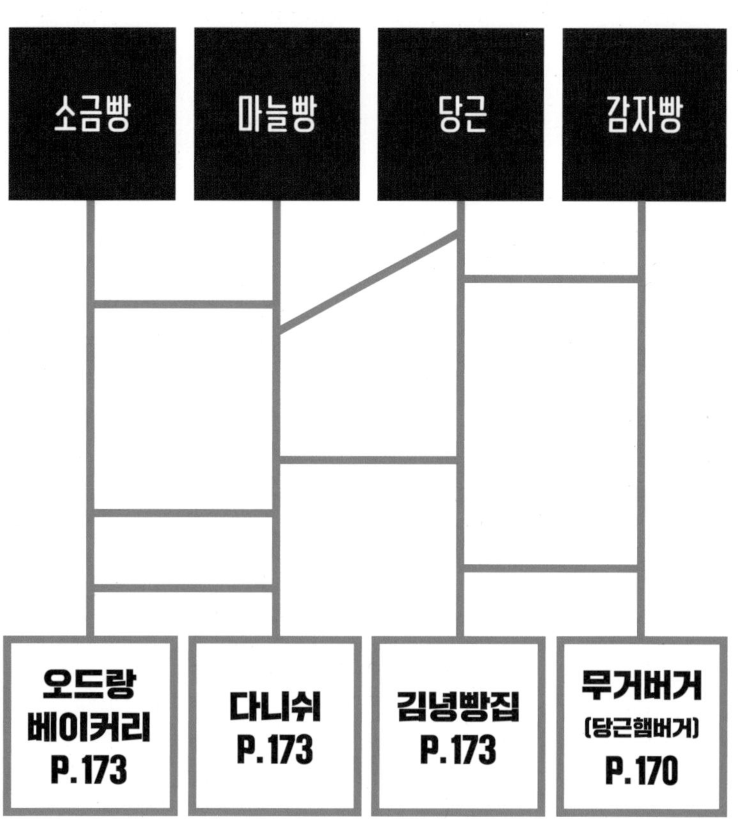

5 나이대별 제주 명소를 찾고 있다면?

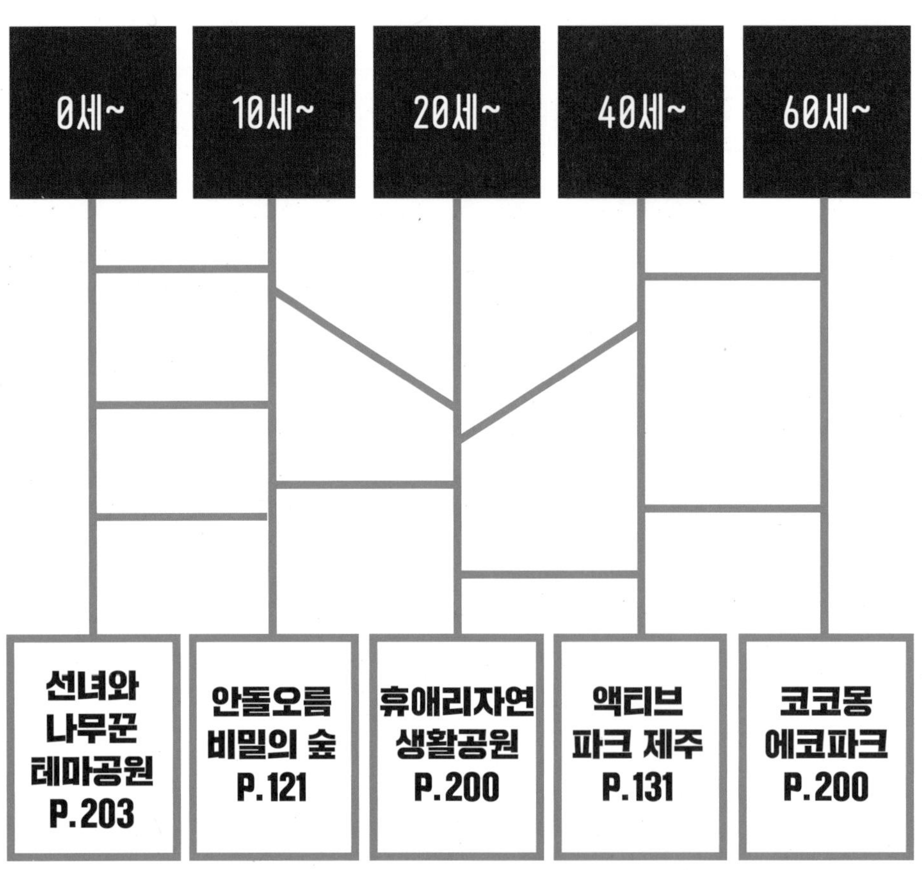

6 먹는 것에 진심인 식도락 마니아라면?

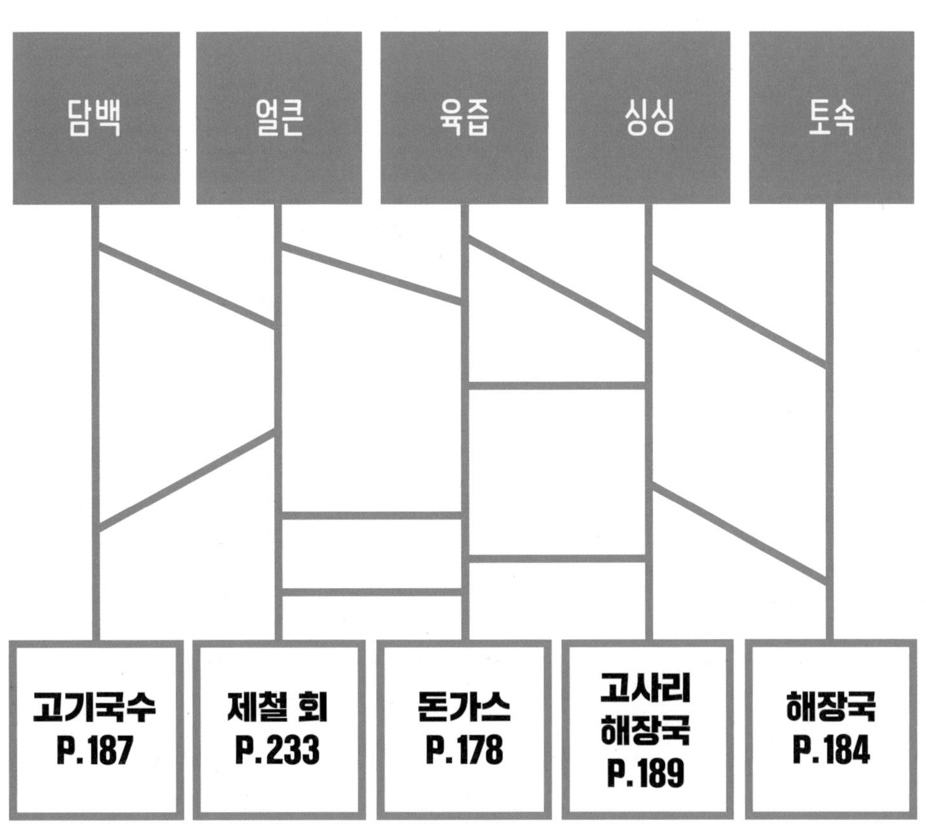

7 책과 함께하는 제주 여행, 북스타그램을 원한다면?

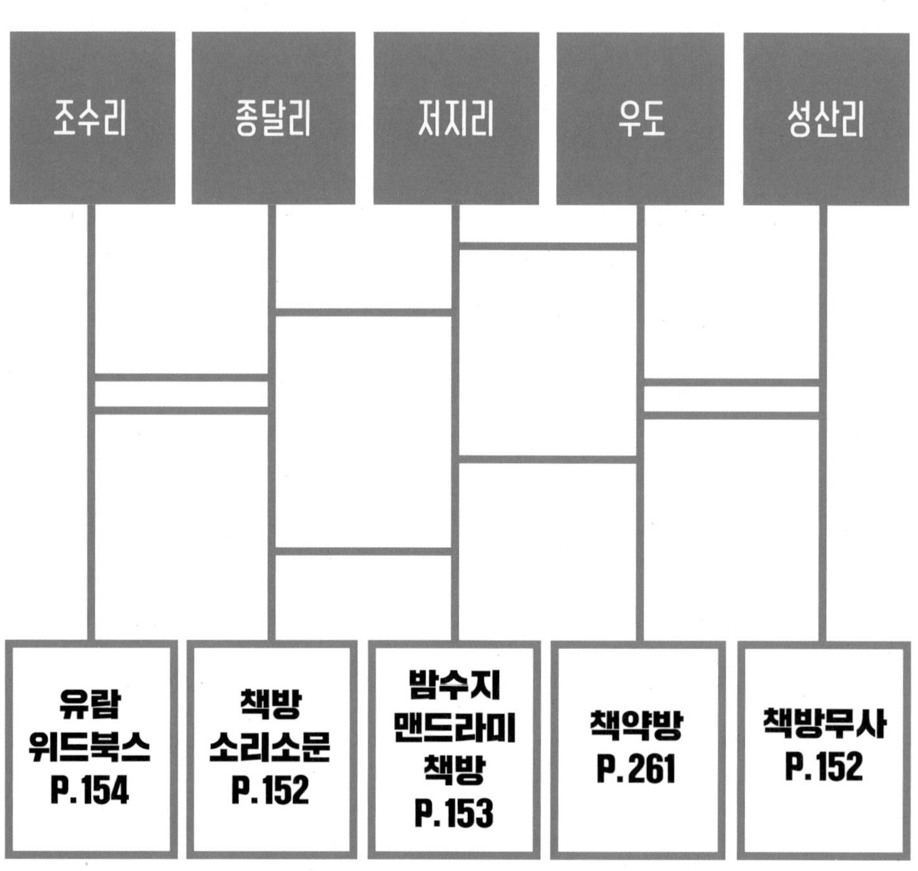

8 제주 여행이 처음이라면 반드시 가야 할 곳은?

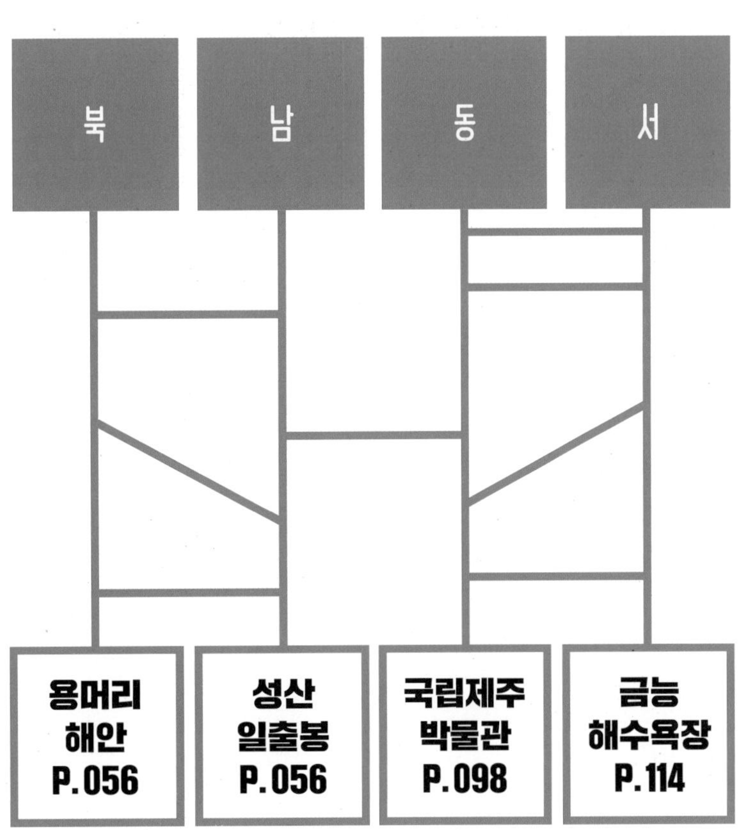

9 제주 하면 가장 먼저 떠오르는 것은?

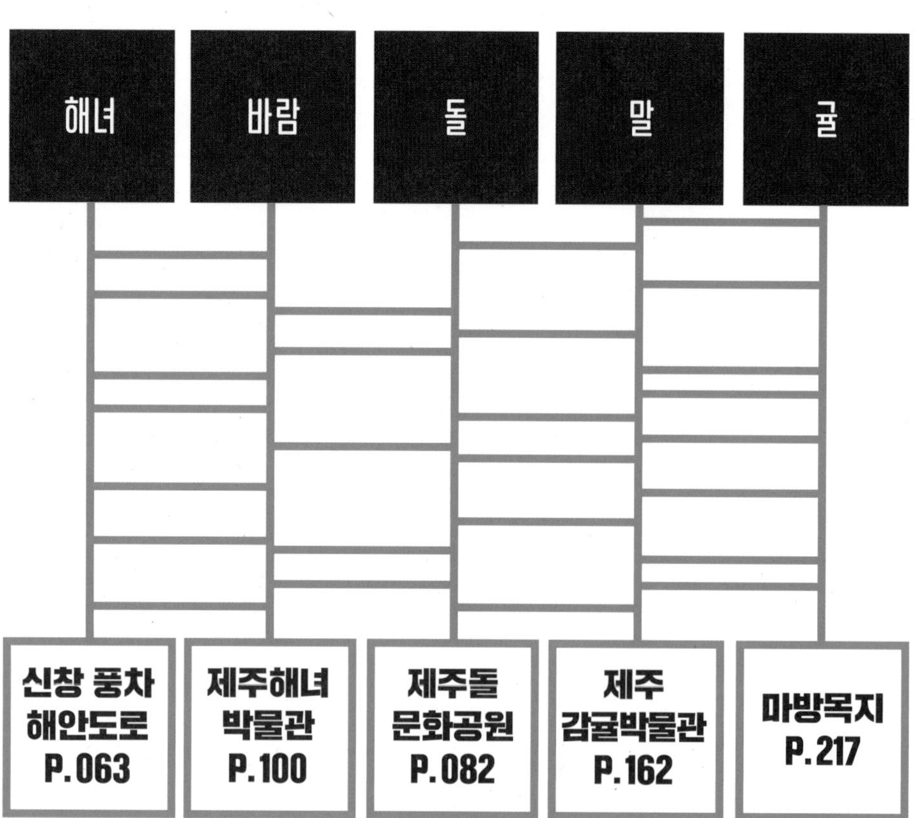

10 여행의 마무리는 쇼핑! 뭘 살까 고민이라면?

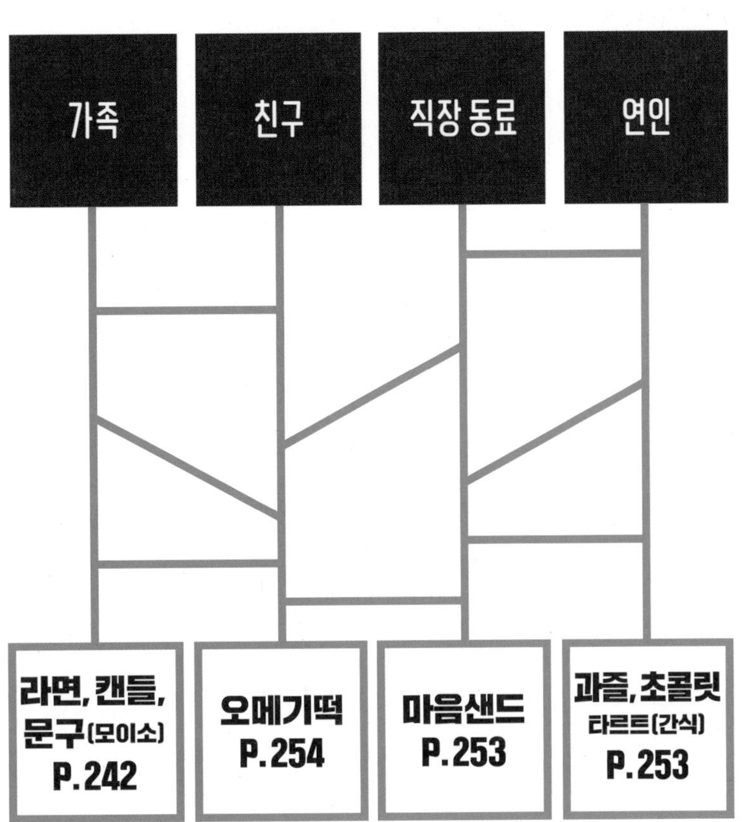

11 렌터카 바퀴가 닳도록 달리고 싶은 여행자라면?

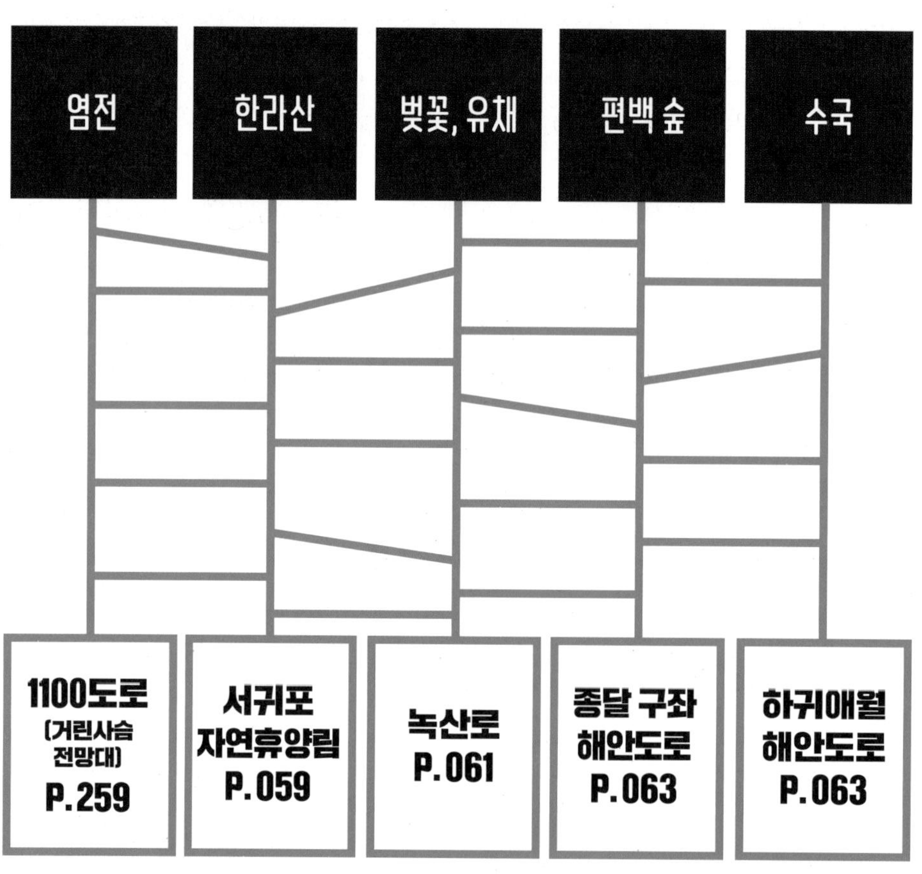

MBTI 여행

MBTI에 맞춘 제주 여행 코스

ISTJ
우도 P.241
가파도 P.240

ISFJ
용눈이오름
(오름 여행) P.090

INFJ
비자림 P.205
사려니숲길 P.053

INTJ
책방 P.154
북 카페(소리소문 P.152,
유람위드북스 P.154)

ISTP
액티브파크 제주
P.131

ISFP
노루생태공원 P.132
보롬왓 P.036

INFP
세계자동차 &
피아노박물관 P.159

INTP
국립제주박물관
P.098

ESTP
에코랜드 테마파크
P.202

ESFP
패들 보드 P.263

ENFP
수목원 테마파크
P.137

ENTP
브릭캠퍼스 제주
P.158

ESTJ
카트 P.139

ESFJ
비치코밍
(반짝반짝지구상회)
P.211

ENFJ
미디어 아트
(빛의 벙커 P.111,
아르떼 뮤지엄 P.110)

ENTJ
제주 전통시장 투어
P.230

Highlight

최고의 동백 명소

겨울을 빨갛게 물들이는 동백꽃. 하얀 눈밭과 대비되는 영롱한 붉은빛을 띠는 동백은 제주 겨울 여행에서 놓치지 말아야 할 볼거리예요. 제주 겨울 여행의 백미 중 하나죠. 예로부터 보호수 역할을 하기도 한 동백은 제주 곳곳에서 볼 수 있어요. 사람 키를 훌쩍 뛰어넘는 높은 동백나무와 반짝반짝 빛나는 동백 잎은 볼수록 매력적입니다. 동백 꽃잎이 떨어져 핑크빛 카펫이 깔린 곳에서 원 없이 동백을 즐길 수 있는 명소를 소개합니다.

동양 최고의 동백 수목원

카멜리아힐

제주 동백 유행의 원조라 불리는 카멜리아힐. 소녀시대 윤아의 화장품 광고 이후 관광객이 꾸준히 찾고 있는 동백 명소입니다. 동백이라는 뜻의 카멜리아로 수목원 이름을 지었으니 동백 하나만큼은 자신 있다는 이야기인 듯합니다. 약 66,115㎡(20만여 평) 규모에 80개국 동백나무 500여 품종 6000여 그루를 만나볼 수 있어요. 전 세계 동백 품종 가운데 향기를 내는 6종도 모두 모았습니다. 동백은 물론 야생화, 넓은 잔디광장과 연못 등을 갖춘, 동양에서 가장 큰 동백 수목원으로 여름엔 수국, 겨울엔 동백으로 많은 이들의 발길을 사로잡습니다.

info

주소 제주도 서귀포시 안덕면 병악로 166 **문의** 064-800-6296 **운영 시간** 11~2월 08:30~18:00(입장 마감 17:00), 3~5월·9~10월 08:30~18:30(입장 마감 17:30), 6~8월 08:30~19:00(입장 마감 18:00) **휴무** 연중무휴 **가격** 어른 1만 원, 어린이 7000원, 청소년·군인·노인 8000원, 장애인·보훈 대상 및 4·3 유족 7000원 **주차장** 이용객 무료 **주의** 규모가 넓으니 편한 신발은 필수

- 예쁜 갤러드와 동백 사이에서 인생샷 찍기
- 구실잣밤나무 안고 소원 빌기
- 수국 명소로도 유명

BEST 02

불타오르는 동백

동백포레스트

제주에서도 단연 동백으로 가장 유명한 곳은 서귀포 남원. 그곳에 위미리 동백 군락지, 동백 수목원, 동백포레스트 등 유명한 동백 스폿이 다 모여 있어요. 비슷비슷한 느낌이라 취향에 따라 방문하는 걸 추천합니다. 초기엔 무료이던 동백 명소들이 사람 손을 거치며 유료가 되었어요. 오직 동백을 보기 위해 지출하는 금액이라 생각하면 비싸게 느껴질 수도 있지만, 겨울이 아니면 보고 싶어도 못 본다고 생각하면 아깝지 않아요. 실내 포토 존을 이용하기 위해서는 예약 번호를 남기고 입장 후 주어진 2분 동안 인생사진을 마음껏 찍어보세요.

tip • 미로처럼 펼쳐진 동백나무, 핑크빛 동백 카펫에서 무조건 인생사진 찍기

info **주소** 제주도 서귀포시 남원읍 생기악로 53-38 **문의** 0507-1331-2102 **운영 시간** 10:00~17:30 **휴무** 연중무휴 **가격** 어른 4000원, 초등학생·제주도민·노인 3000원, 7세 이하 무료 **주차장** 이용객 무료 **주의** 입장 시 실내 포토 존 이용을 위해 예약 번호 남기기

가족 모두의 '취저' 동백동산

휴애리

동백 보고 싶어 하는 엄마와 동물 좋아하는 아이, 가족 모두의 취향을 만족시키는 동백 군락지 휴애리. 감귤 체험부터 동물 먹이 주기, 흑돼지 공연은 물론 어디 내놓아도 부족하지 않은 동백 올레길까지 다양하게 즐길 수 있어요. 어른 키를 훌쩍 넘기는 동백나무와 화산송이 길은 그야말로 힐링 로드. 핑크 카펫이 깔린 동백동산과 날씨 상관없이 꽃놀이를 즐길 수 있는 동백하우스를 보고 있으면 꽃동산이 따로 없구나 싶을 거예요. 아이들은 동물에게 먹이도 주고 귤도 따고, 아빠는 흑돼지 공연을 보고, 엄마는 동백꽃 가득한 사진을 찍을 수 있는 가족 맞춤형 관광지입니다.

info

주소 제주도 서귀포시 남원읍 신례동로 256 **문의** 064-732-2114 **운영 시간** 09:00~19:00(입장 마감 3~9월 17:30,10~2월 16:30) **휴무** 연중무휴 **가격** 어른 1만3000원, 청소년 1만1000원, 어린이 1만 원, 감귤 체험 5000원 **주차장** 이용객 무료

tip • 흑돼지 공연 보고 돼지빵 꼭 먹기 • 동백하우스, 동백동산, 동백올레길 포토 존에서 핑크빛 사진 남기기 • 유채꽃밭도 잊지 말 것

Highlight

최고의 유채꽃 명소

대한민국에서 봄을 가장 빨리 만나는 제주에서 봄의 전령 역할을 하는 것은 유채꽃입니다. 봄이 왔다는 걸 선명한 노란색으로 알려주는 유채꽃은 제주 곳곳에서 만나볼 수 있어요. 특히 유채꽃 군락지는 한 폭의 그림 같아요. 검은색 돌담, 벚꽃과 함께 어우러진 유채꽃을 따라 제주 랜드마크 여행을 떠나봅시다.

엉덩이 들이밀고 볼일만 보고 돌아간 미라지

엉덩물계곡

큰 바위가 많고 지형이 험준해 짐승들조차 쉽게 접근할 수 없어 언덕 위에서 엉덩이를 들이밀고 볼일만 보고 돌아갔다는 엉덩물계곡. 이처럼 재미난 이름과 유래를 지닌 이곳에는 봄이 되면 유채가 만발합니다. 올레8코스 중 하나로 중문달빛걷기공원으로도 알려져 있어요. 특히 봄이 되면 먼 바다를 배경으로 노란 카펫이 드넓게 펼쳐진 사진을 찍을 수 있어 SNS에서 많은 인기를 얻고 있는 곳입니다. 물론 SNS 속 사진은 보정된 것이라는 현실에 허탈할 수는 있지만 충분히 예뻐서 모든 게 용서되죠. 제주에서 흔히 볼 수 있는 평지의 유채꽃과는 달리 계곡을 따라 가득 채운 유채꽃밭을 오솔길 또는 덱을 걸으며 취향에 맞춰 둘러보세요.

info

주소 제주도 서귀포시 색달동 2822-7 **문의** 064-742-8861 **운영 시간** 24시간 **휴무** 연중무휴 **가격** 무료 **주차장** 중문색달해수욕장 주차장(무료)

- 계단이 높지만 위쪽에서 내려다보는 엉덩물계곡은 더 멋지니 놓치지 말 것
- 들어갈 때는 나무 덱을 따라 걷고 다시 나올 때는 유채꽃밭 사이로 걷기

BEST 02

꽃길만 가시리

가시리

한국의 아름다운 길 100선에 2년 연속 선정된 녹산로 유채꽃길. 약 10km에 펼쳐진 핑크빛 벚꽃과 노란 유채꽃의 만남은 그야말로 꽃길입니다. 축구장 10개 넓이로 제주에 있는 그 어떤 유채꽃밭보다 광활합니다. 제주 하면 떠오르는 거대한 풍력발전기와 그 아래 펼쳐진 노란 꽃밭은 놓칠 수 없는 그림 같은 풍경. 봄기운을 느끼며 드라이브하기에도 부족함이 없어요.

info

주소 제주도 서귀포시 표선면 녹산로 381-17 **문의** 064-787-1665 **운영 시간** 24시간 **휴무** 연중무휴 **가격** 무료 **주차장** 녹산로 무료 주차장 이용

- 벚꽃, 유채꽃을 동시에 보고 싶다면 고민하지 말고 가시리
- 국내 최초 리립 박물관, 조랑말박물관도 함께 둘러보기
- 정석항공관부터 가시리사거리까지 5.6km 구간이 핵심

제주에서 가장 빠르게 유채를 만나는곳

산방산

사계리 랜드마크 산방산 앞은 제주에서 가장 먼저 유채를 볼 수 있는 곳입니다. 제주엔 벌써 유채가 가득하다는 뉴스의 주인공이 바로 이곳이죠. 제주 신화 속 설문대 할망이 한라산 제일 꼭대기 부분을 던져 만들어진 곳이 산방산이라는 이야기는 한 번쯤 들어보셨을 것 같아요. 한라산 꼭대기로 추정되는 재미난 산방산을 병풍처럼 세우고 그 앞으로 노란 꽃밭이 펼쳐지는 곳에서 인생사진을 찍어보세요. 1000원이 아깝지 않을 거예요.

info

주소 제주도 서귀포시 안덕면 사계리 146 **문의** 064-794-2940 **운영 시간** 24시간 **휴무** 연중무휴 **가격** 1인 1000원 **주차장** 산방산 공영 주차장 무료

- 유채꽃만 기대하고 방문하기에는 아쉬우니 산방산 일대 관광지도 함께 둘러보기
- 제주 유일의 바이킹 성지 산방산랜드도 만나보기

Highlight

최고의 수국 명소

대표적인 여름 꽃 수국. 제주 수국 명소는 언제나 관광객으로 인산인해를 이룹니다. 알록달록 신부의 부케 같은 수국을 보기 위해 일부러 제주 여름 여행을 계획하기도 할 만큼 6월에서 8월까지 제주는 수국으로 들썩입니다. 동서남북 할 것 없이 다양한 색의 수국을 만날 수 있어요. 제주도 곳곳의 숲길에는 산수국이 예쁘게 피어납니다. 유명한 수국 명소가 많지만 그중 무료로 즐길 수 있는 세 곳을 추천합니다.

삼신의 결혼식장

혼인지

탐라국 건국 신화 고을라, 양을라, 부을라, 3명의 삼신과 삼공주가 혼인했다는 내용의 신화가 내려오는 혼인지. 신부의 부케처럼 탐스러운 수국이 가득해 더욱 아름다운 곳입니다. 옛 제주에선 도깨비 꽃이라 불렸던 파스텔 톤부터 진한 청색까지 다양한 색의 수국을 만날 수 있어요. 제주도 이색 결혼식 장소인 만큼 전통 혼례 체험도 가능합니다.

info

주소 제주도 서귀포시 성산읍 혼인지로 39-22 **문의** 064-710-6798 **운영 시간** 08:00~17:00 **휴무** 연중무휴 **가격** 무료 **주차장** 이용객 무료

tip
- 방문 전 혼인지 신화 알아보기
- 삼공주 추원사를 둘러싼 돌담과 수국을 배경으로 사진 찍기
- 산책로가 잘 조성되어 있으니 간단한 피크닉 사진 연출하기

삼나무와 푸른 수국의 컬래버레이션

남국사

토질에 따라 여러 색을 내는 수국. 남국사로 들어가는 산책로에서 길게 뻗은 삼나무와 보라색과 푸른색 계열의 수국을 만나볼 수 있어요. 법당 가는 길이라 그런지 조용히 울려 퍼지는 불경 소리에 마음이 편안해집니다. 불도를 닦는 법당인 만큼 조용히 예의를 지키며 둘러봅시다.

info

주소 제주도 제주시 중앙로 738-16 **문의** 064-702-0141 **운영 시간** 24시간 **휴무** 연중무휴 **가격** 무료 **주차장** 이용객 무료

- 비 오는 날이라면 예쁜 컬러 우산 준비해서 사진 찍기
- 삼나무길, 그네 등 예쁜 곳 놓치지 말기

카트도 타고 수국도 보고

윈드1947 수국정원

한라산 배경으로 카트 타기 가장 좋은 서귀포 윈드1947 테마파크를 방문하면 무료로 즐기는 예쁜 수국 정원을 만날 수 있어요. 카트, 서바이벌 체험을 하지 않아도 수국을 즐길 수 있어요. 주차장에서 수국 정원으로 넘어가는 다리 위에서 보면 몽글몽글 보라색 수국이 귀엽습니다. 수국 정원 중간중간 사진 찍기 좋은 조형물과 돌창고가 어울려 더욱 멋스러운 분위기를 연출합니다.

info

주소 제주도 서귀포시 토평공단로 78-27 **문의** 064-733-3500 **운영 시간** 10:00~18:00 **휴무** 연중무휴 **가격** 무료 **주차장** 이용객 무료

- 윈드1947 테마파크 카트도 함께 즐겨보기

전통과 벚꽃의 컬래버레이션

삼성혈

4300여 년 전 제주의 신화 중 하나인 삼신인이 용출했다 하여 삼성혈로 불리며 3개의 지혈을 만날 수 있는 곳입니다. 탐라국의 개국신화인 만큼 의미 있는 장소로 한반도에서 가장 오랜 유적이자 국가지정문화재 사적 제134호로 지정되었어요. 도심 속 정원으로 산책하기에 더없이 좋은데, 특히 벚꽃이 필 때가 가장 멋스럽습니다. 숭보당 앞으로 큰 벚꽃나무가 피어올라 기와와 조화를 이루며 그림 같은 경치를 자아냅니다. 봄이 되면 SNS 소문을 타고 벚꽃 촬영하러 온 관광객을 많이 볼 수 있어요.

info

주소 제주도 제주시 삼성로 22 **문의** 064-722-3315 **운영 시간** 09:00~18:00(매표 마감 17:30) **휴무** 연중무휴 **가격** 어른 4000원, 청소년 2500원, 어린이 1500원 **주차장** 이용객 1시간 30분 무료

- 전시관에서 제주 신화와 역사를 애니메이션으로 만나보기
- 바로 옆 도심 공원 신산공원 벚꽃도 놓치지 말기
- 언제든 산책하기 좋은 곳

Highlight

최고의 벚꽃 명소

봄의 여왕 벚꽃. 일본 꽃으로 아는 사람이 많은데, 제주도가 왕벚꽃의 원산지라는 사실을 알고 있나요? 제주시 봉개동에서 천연기념물 제159호 왕벚나무 자생지를 만나볼 수 있어요. 봄에 제주 여행을 가면 꼭 즐겨야 하는 순수 토종 왕벚꽃. 드라이브하며 즐길 수 있는 전농로 벚꽃길부터 벚꽃축제를 하는 장전리뿐 아니라 벚꽃으로 가득한 오름. 그중에서도 단연 최고로 꼽히는 세 곳을 소개합니다.

BEST 02

벚꽃으로 가득한 오름

골체오름

오름 전체가 벚꽃 동산입니다. 정상까지 5~10분이면 도착하니 이왕이면 정상에서 벚꽃을 감상해보세요. 듬성듬성 핀 작은 벚꽃나무지만 정상에서 내려다보이는 민오름, 부대악과 어우러진 벚꽃 군락의 모습이 멋스러워요. 규모는 작아도 굼부리와 등성이를 갖추고 있어요. 관광객이 적은 편이라 조용하게 벚꽃을 즐기고 싶다면 무조건 픽!

info

주소 제주도 제주시 조천읍 선흘리 1910-2 문의 064-742-8861 운영 시간 24시간 휴무 연중무휴 가격 무료 주차장 공터 무료 주차

tip · 저질 체력도 정상에 쉽게 올라갈 수 있으니 100% 성취감 느껴보기

BEST 03

벚꽃 위에 서다

사라봉

제주에서 가장 아름다운 열 곳을 선정한 영주 10경 중 하나인 사봉낙조 사라봉. 산꼭대기에 요즘 말로 '산스장'이 잘 갖추어져 있어 동네 주민들에게 인기 만점인 오름입니다. 봄이 되면 사라봉 정상 팔각정에서 내려다보이는 벚꽃과 멀리 보이는 한라산이 한데 어우러져 그야말로 장관입니다. 북쪽으로는 바다가, 남쪽으로는 한라산이, 그리고 바로 아래에는 하얀 벚꽃이 가득해 이왕 방문한다면 벚꽃 시즌에 가기를 추천합니다.

info

주소 제주도 제주시 사라봉동길 61 문의 064-722-8053 운영 시간 24시간 휴무 연중무휴 가격 무료 주차장 사라봉공원 주차장 입구 이용

tip
- 산지등대 쪽으로 내려가는 길 역시 벚꽃이 가득하니 꼭 들러보기
- 별도봉 둘레길도 함께 걷기
- 사라봉 선셋 만끽하기

BEST
01

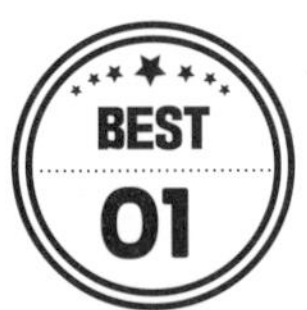

메밀 시즌에는 필주

와흘메밀마을

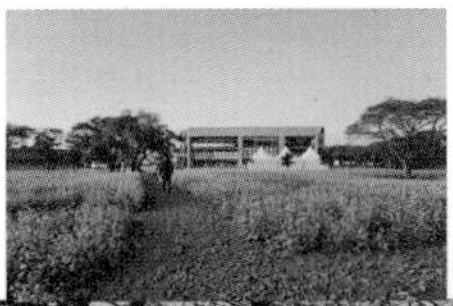

구그네오름과 세미오름 등이 마치 사람이 편안하게 누운 모습처럼 감싸고 있는 와흘메밀마을. 매년 가을 메밀 문화제를 진행합니다. 축제 기간에는 다양한 먹거리와 볼거리로 가득하니 가을 메밀 시즌에는 반드시 방문해야 할 곳이에요. 메밀이 가득 피었을 때는 물론이고 메밀꽃이 없는 시즌에도 메밀 범벅, 빙떡 만들기 등 다양한 음식 만들기 체험은 물론, 마을 역사 문화 탐방 등 다양한 마을 체험도 인기입니다.

info

주소 제주도 제주시 조천읍 남조로 2455 **문의** 064-783-1688 **운영 시간** 24시간 **휴무** 연중무휴 **가격** 무료 **주차장** 이용객 무료

tip
- 메밀밭 사이에서 그네 타보기
- 메밀밭에서 촬영할 때 소품을 미리 준비해 더 예쁜 사진 남기기

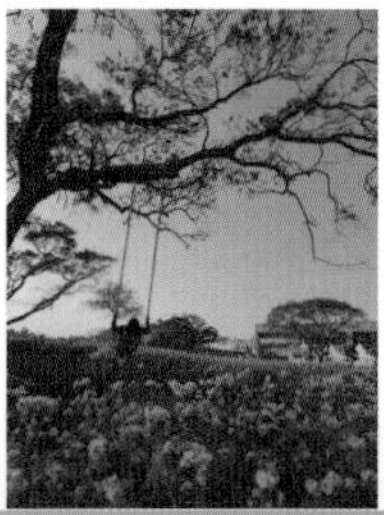

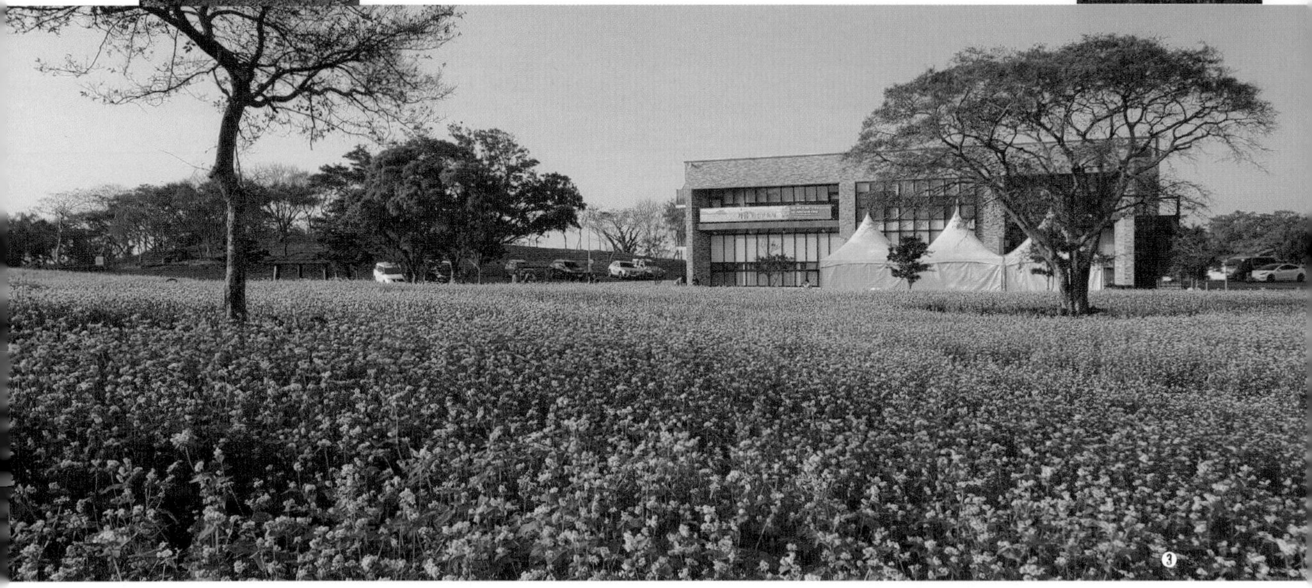

BEST
02

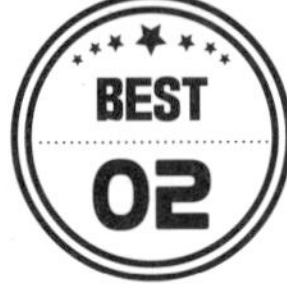

〈도깨비〉의 감동을 이곳에서

보롬왓

메밀꽃 하면 떠오르는 드라마가 있죠. 바로 〈도깨비〉입니다. 드라마에서 메밀밭을 배경으로 멋진 장면을 연출했습니다. 드넓은 메밀밭의 감동을 보롬왓에서 느낄 수 있어요. 국내 최대 메밀 산지답게 봄과 가을에 메밀밭을 볼 수 있습니다. 눈이 소복이 쌓인 듯한 메밀밭 앞에서 무한 셔터는 필수.

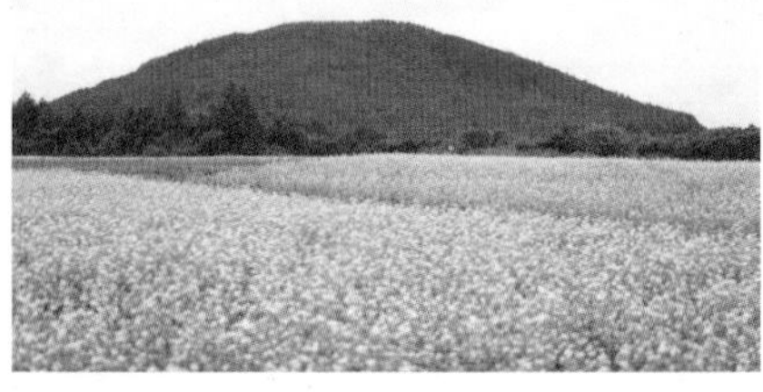

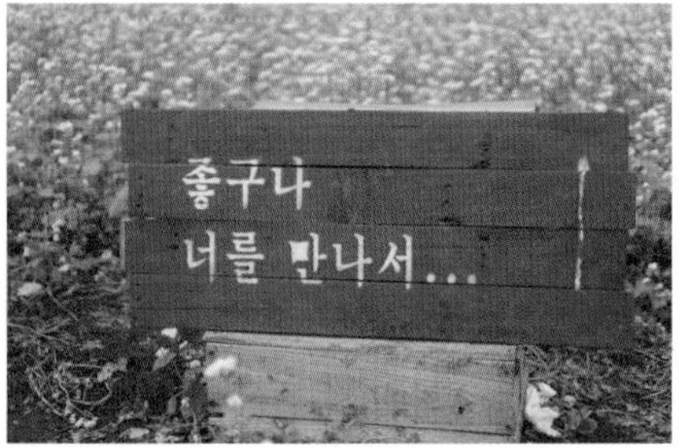

info

주소 제주도 서귀포시 표선면 번영로 2350-104 **문의** 010-7362-2345 **운영 시간** 09:00~18:00 **휴무** 연중무휴 **가격** 어른·중·고등학생 6000원, 어린이 4000원 **주차장** 이용객 무료

tip
- 보롬왓 메밀밭이 여러 곳이니 사람들 없는 곳을 원한다면 더 멀리 걸어가보기
- 오름을 배경으로 메밀밭 사진 찍기
- 깡통열차 타고 보롬왓 즐기기(가격 5000원)

한라산 배경으로 펼쳐진 하얀 눈밭

오라동 메밀밭

약 991,735㎡(30만 평) 대지에 펼쳐진 오라동 메밀꽃밭. 끝이 보이지 않는 넓은 꽃밭 앞으로는 멀리 제주 바다가 보이고 뒤로는 병풍처럼 한라산이 지켜줍니다. 매년 메밀꽃 축제가 열리니 일정에 맞춰 방문해보세요.

주소 제주시 오라2동 산76 **문의** 064-711-9700 **운영 시간** 09:00~18:00 **휴무** 연중무휴 **가격** 어른 3000원, 어린이 2000원 **주차장** 이용객 무료 **주의** 자갈밭이므로 편한 신발 필수

tip • 반려동물과도 좋은 추억 만들기 • 오라 메밀, 유채꽃 축제기간 유채꽃밭도 함께 즐기기

❶

Highlight

최고의 메밀꽃 명소

전국에 유통되는 메밀 중 43%를 생산하는 메밀 주산지 제주. 메밀꽃이라고 하면 강원도를 먼저 떠올리는 사람이 많겠지만, 사실 전국 메밀 생산지 톱은 제주랍니다. 《메밀꽃 필 무렵》 중 '산허리는 온통 메밀밭이어서 소금을 뿌린 듯 흐뭇한 달빛에 숨이 막힐 지경'이라는 구절처럼 제주에서 숨 막히는 메밀꽃밭 경치를 즐겨봅시다.

Highlight

최고의 핑크 뮬리 명소

전국이 알록달록 단풍으로 물들기 시작할 무렵, 제주에서는 단풍보다 핑크빛 억새 물결이 어서 오라 손짓합니다. 분홍 쥐꼬리, 뮬리 그라스, 핑크 억새 등등 이름이 여럿이지만 우리에게 가장 익숙한 이름은 핑크 뮬리. 군락을 이루어 바람에 날리는 모습이 몽환적입니다. 머리카락이 날리듯 제주 바람에 살랑이는 모습이 예쁜 핑크 뮬리는 가을 제주 여행에서 꼭 즐겨야 할 포인트입니다.

산방산이 보이는 예쁜 카페

마노르블랑

개인이 운영하는 카페에서 관심과 사랑을 듬뿍 받으며 자라는 핑크 뮬리. 한 가닥 한 가닥 보면 볼품없는 잡초 같지만 군락을 이루면 몽환적인 매력을 발산합니다. 사계절 다양한 꽃을 선보이는 마노르블랑 카페에는 산방산 뷰로 핑크빛 세상을 보여줍니다. 1인 1음료가 원칙이지만 음료를 마시고 싶지 않다면 입장료만 내고 마노르블랑 정원을 이용할 수 있어요.

info

주소 제주도 서귀포시 안덕면 일주서로2100번길 46 **문의** 064-794-0999 **운영 시간** 09:00~18:30 **휴무** 연중무휴 **가격** 입장 3000원(음료 주문 시 무료 이용) **주차장** 이용객 무료

- 마노르블랑의 인기 그랜드피아노는 꼭 찍기
- 하얀카페동 건물과 핑크 뮬리, 인생사진은 필수

예쁜 별빛축제까지 함께 즐겨요

허브동산

약 66,115㎡(2만 평)가 넘는 정원에 150여 종의 허브가 자라는 것으로 유명한 허브동산. 각종 허브를 이용한 화장품과 생활용품을 구경할 수 있을 뿐 아니라 허브 제품을 이용한 족욕도 할 수 있어 인기 좋아요. 낮에는 핑크 뮬리가, 저녁에는 조명이 가득해 낮과 밤 모두 즐기기 좋은 여행지입니다. 특히 가운데 위치한 종탑과 핑크빛 물결은 이국적인 풍경을 선사합니다.

info

주소 제주도 서귀포시 표선면 돈오름로 170 **문의** 064-787-7362 **운영 시간** 09:30~22:00 **휴무** 연중무휴 **가격** 어른 1만3000원, 청소년 1만1000원, 어린이 1만 원(36개월 미만 무료) **주차장** 이용객 무료

- 조금 늦은 시간 방문해 저녁 빛축제까지 함께 즐기기
- 여행의 피로를 없애주는 허브 제품을 이용한 족욕 체험하기

새별오름과 핑크 뮬리의 협업

새빌카페

숙박 시설로 이용하던 리조트를 카페로 리모델링했어요. 통창 너머 보이는 새별오름 뷰가 멋집니다. 리조트 전체를 카페로 사용해 넓은 실내에서 다양한 빵을 맛볼 수 있어요. 특히 가을에는 새별오름과 함께하는 억새, 핑크 뮬리 덕분에 늘 인기가 좋습니다. 새별오름과 함께 펼쳐지는 핑크빛 언덕은 서쪽 핑크 뮬리 맛집으로 인정.

info

주소 제주도 제주시 애월읍 평화로 1529 **문의** 064-794-0073 **운영 시간** 09:00~19:00(라스트 오더 18:30) **휴무** 연중무휴 **가격** 아메리카노 6000원, 콜드브루 7000원 ※입장료 무료 **주차장** 이용객 무료

- 바로 옆 새별오름 정상 도전해보기
- 독특한 리조트 외관 사진 찍기

7 Highlight

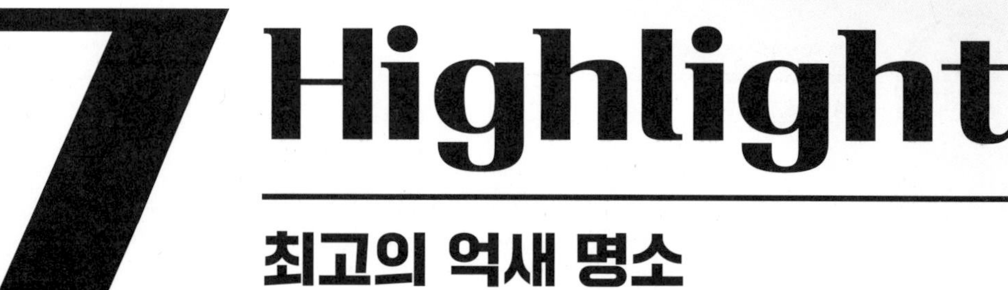

최고의 억새 명소

가을이 되면 제주는 황금 물결로 가득합니다. 제주 오름 곳곳에서 볼 수 있는 황금 물결의 주인공은 갈대가 아니라 억새죠. 갈대는 습한 강가나 습지 같은 물가에 산다면, 억새는 산이나 들에서 주로 보인답니다. 끝이 은빛이나 흰색을 띠는데, 바람을 타고 날며 더욱 멋스러운 자태를 자랑합니다. 가을에서 겨울까지 오래 볼 수 있는 억새. 제주 전역에서 쉽게 만날 수 있지만, 그중에서도 단연 최고의 명소는 바로 이곳입니다.

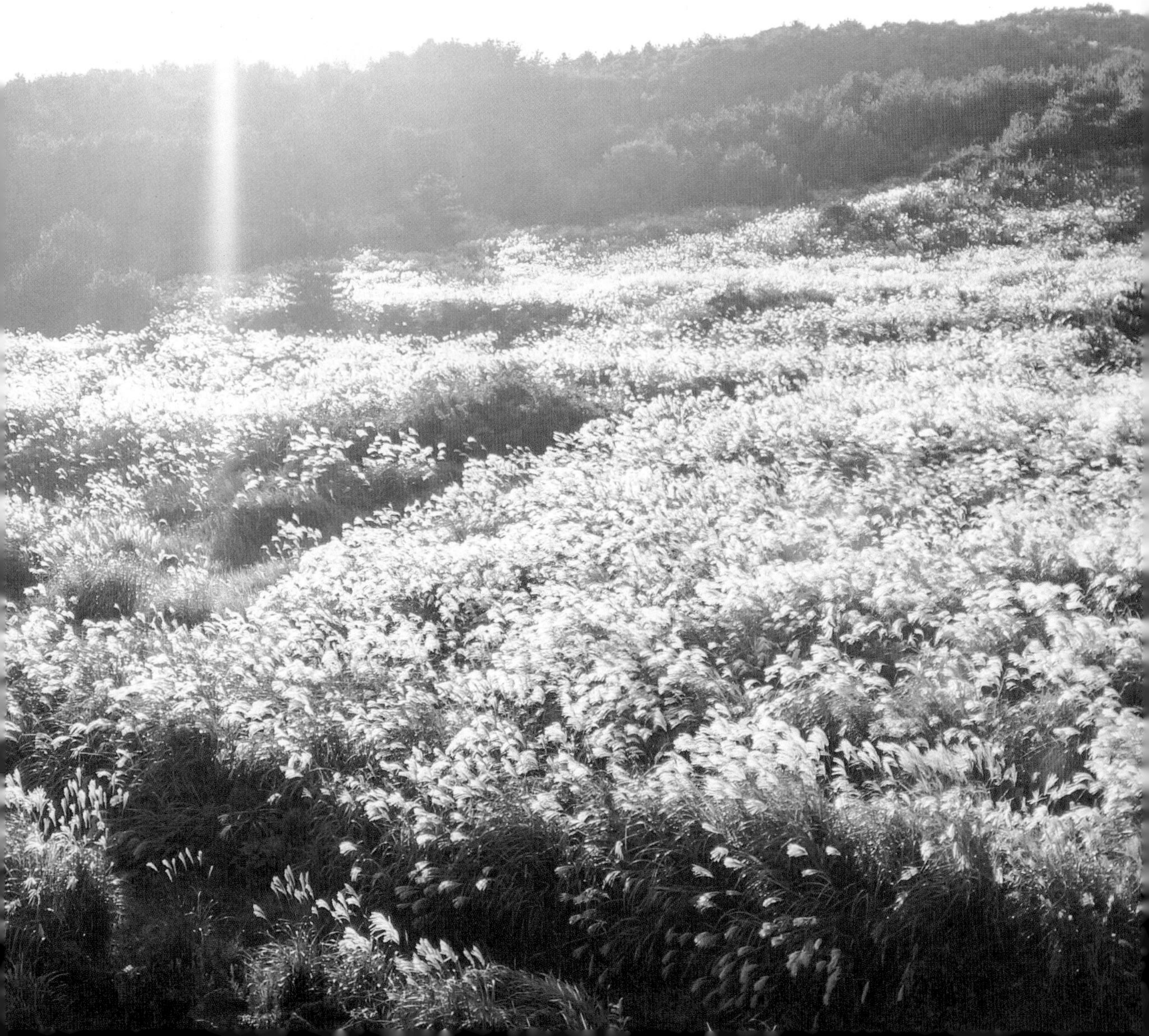

샛별처럼 빛나는 오름

새별오름

서쪽 억새 명소 중 베스트로 꼽히는 오름입니다. 낮은 듯 보여도 경사가 제법 심해 뒤로 돌아보면 아찔할 정도예요. 정상에 오르면 서쪽 해변, 비양도는 물론 제주와 서귀포를 관통하는 평화로의 자동차들이 한눈에 들어옵니다. 샛별과 같이 빛난다 해서 새별오름이라 불리는 이곳에서는 매년 정월대보름을 전후해 들불축제가 열립니다. 1년 농사의 풍년과 안녕을 빌기 위해 오름 전체에 불을 놓는 제주 대표 축제 중 하나죠. 선셋 명소로도 인기 좋기 때문에 사계절 내내 많은 관광객들이 찾습니다.

info **주소** 제주도 제주시 애월읍 봉성리 산59-8 **문의** 064-740-6000 **운영 시간** 24시간 **휴무** 연중무휴 **가격** 무료 **주차장** 이용객 무료 **주의** 안전하게 오른쪽 코스로 올라갈 것

- 핑크 뮬리로 유명한 카페 새빌, 새별프렌즈 등 주변 관광지와 함께 둘러보기
- 억새 시즌에는 정상에 오르지 않고 즐길 수 있으니 꼭 들러보기

오름 위 억새의 바다

따라비오름

오름의 여왕이라 불리는 따라비오름. 다른 계절보다 특히 억새가 가득할 때는 금빛 물결이 장관을 이루는 곳입니다. 억새 사이로 이어지는 오솔길은 그야말로 영화 속 한 장면 같아요. 정상까지 제법 높은 편이라 숨이 턱까지 차오릅니다. 숨 좀 돌리고 나서 바라보는 정상 뷰는 오름의 여왕답게 굼부리와 능선의 아름다움이 더해진 억새 물결을 보여줍니다.

info **주소** 제주도 서귀포시 표선면 가시리 산62 **문의** 064-740-6000 **운영 시간** 24시간 **휴무** 연중무휴 **가격** 무료 **주차장** 이용객 무료 **주의** · 평소 운동 부족이라면 조금 힘들 수 있으니 미리 물을 챙겨 갈 것 · 운동화 착용 필수

- 3개의 굼부리, 6개의 봉우리도 찾아보기

억새와 풍차, 그리고 나

유채꽃프라자

유채와 벚꽃길로 유명한 가시리의 또 하나 숨은 공신. 가을 억새의 황금빛 물결과 거대한 풍력발전기가 어우러져 이국적 풍경이 펼쳐집니다. 따라비오름, 큰사슴이오름, 갑마장길 코스 중간에 위치해 이곳들과 함께 억새를 즐기기에 좋아요. 360도 파노라마 조망이 가능한 전망대에서 내려다보는 금빛 물결과 포토 존이 더욱 잘 어울립니다. 억새로 가득한 가을 제주의 끝판왕을 여유 있게 즐겨보세요.

info **주소** 제주도 서귀포시 표선면 녹산로 464-65 **문의** 064-787-1665 **운영 시간** 09:00~17:30 **휴무** 연중무휴 **가격** 무료 **주차장** 이용객 무료

- 거대한 나무 의자와 풍력발전기, 억새까지 사진에 담기
- 일몰 시간에 더욱 반짝이는 억새를 만날 수 있으니 저녁에 들러보기

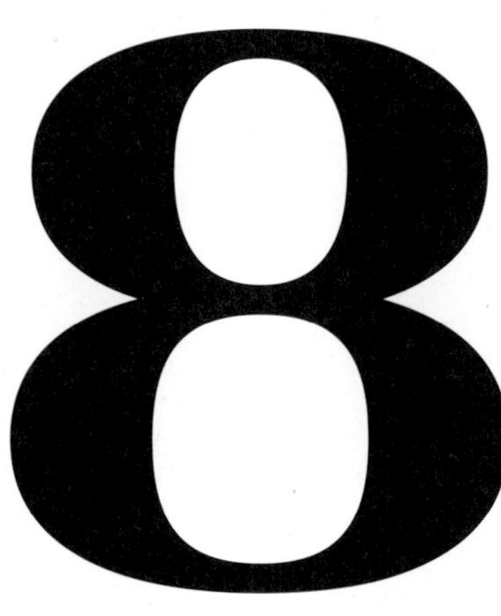

Highlight

최고의 겹벚꽃 명소

벚꽃과는 또 다른 매력을 지닌 몽글몽글 탐스러운 겹벚꽃. 왕벚꽃이 떨어진 뒤 아쉬움을 달래기에는 겹벚꽃만 한 게 없습니다. 왕벚꽃과 달리 흔하지 않은 겹벚꽃의 매력을 즐길 수 있는 곳들을 소개합니다.

감사공묘역을 지키는 겹벚꽃 무사들

감사공묘역

신천 강 씨 선조들의 묘역으로 후손들이 잘 관리하고 있는 사유지인 만큼 조심 또 조심. 특히 쓰레기 버리는 일이 없도록 해주세요. 핑크빛으로 묘역을 둘러싼 겹벚꽃은 마치 묘역을 지키는 호위 무사처럼 든든합니다. 특히 묘역을 둘러싼 돌담과 연한 핑크빛의 떨어져 내린 겹벚꽃이 너무 잘 어울립니다. 돌담에 앉아 사진을 찍을 땐 항상 주의하세요.

info

주소 제주도 제주시 조천읍 함대로 362 **문의** 064-742-8861 **운영 시간** 24시간 **휴무** 연중무휴 **가격** 무료 **주차장** 없음(길가 주차) **주의** 돌담에 앉는 게 쉽지 않으니 주의

• 멀지 않은 곳에 위치한 만나다공원도 추천

BEST 02

골프장 가는길 분홍 터널

골프존카운티오라(오라CC)

골프장으로 들어가는 길 양쪽으로 가득 핀 겹벚꽃을 볼 수 있어요. 흰 벚꽃과는 다르게 몽글몽글 크고 핑크빛이 강해 열매가 맺힌 듯 탐스럽습니다. 도로 한복판에서 사진을 찍어야 예쁜 컷을 얻을 수 있지만 차가 많이 지나는 길이라 항상 조심해야 해요.

info

주소 제주도 제주시 오라남로 81 **문의** 064-702-0141 **운영 시간** 24시간 **휴무** 연중무휴 **가격** 무료 **주차장** 없음(길가 주차)

tip • 인도에서 안전하게 예쁜 사진에 도전해보기

BEST 03

큰 겹벚꽃 아래 그림 같은 정원

상효원수목원

다양한 꽃 축제가 펼쳐지는 약 264,000㎡(8만 평) 규모의 수목원입니다. 겹벚꽃 외에도 다양한 꽃을 만날 수 있어요. 넓은 대지를 다 둘러보려면 최소 2시간이 걸려요. 잘 꾸민 정원을 돌아보며 힐링할 수 있어요. 사이즈 큰 겹벚꽃 나무 몇 그루와 그 아래 펼쳐진 잔디밭은 피크닉하기에 딱 좋은 장소. 경주 불국사처럼 군락을 이루는 건 아니지만 튼튼하고 큰 나무가 많아 원 없이 겹벚꽃을 즐길 수 있습니다.

info

주소 제주도 서귀포시 산록남로 2847-37 **문의** 064-733-2200 **운영 시간** 10~2월 09:00~18:00, 3~9월 09:00~19:00 **휴무** 연중무휴 **가격** 어른 9000원, 청소년 7000원, 어린이 5000원 **주차장** 이용객 무료

tip

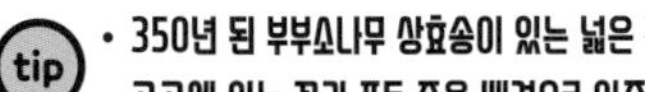
• 350년 된 부부소나무 상효송이 있는 넓은 잔디 정원 들르기
• 곳곳에 있는 꽃과 포토 존을 배경으로 인증숏 남기기

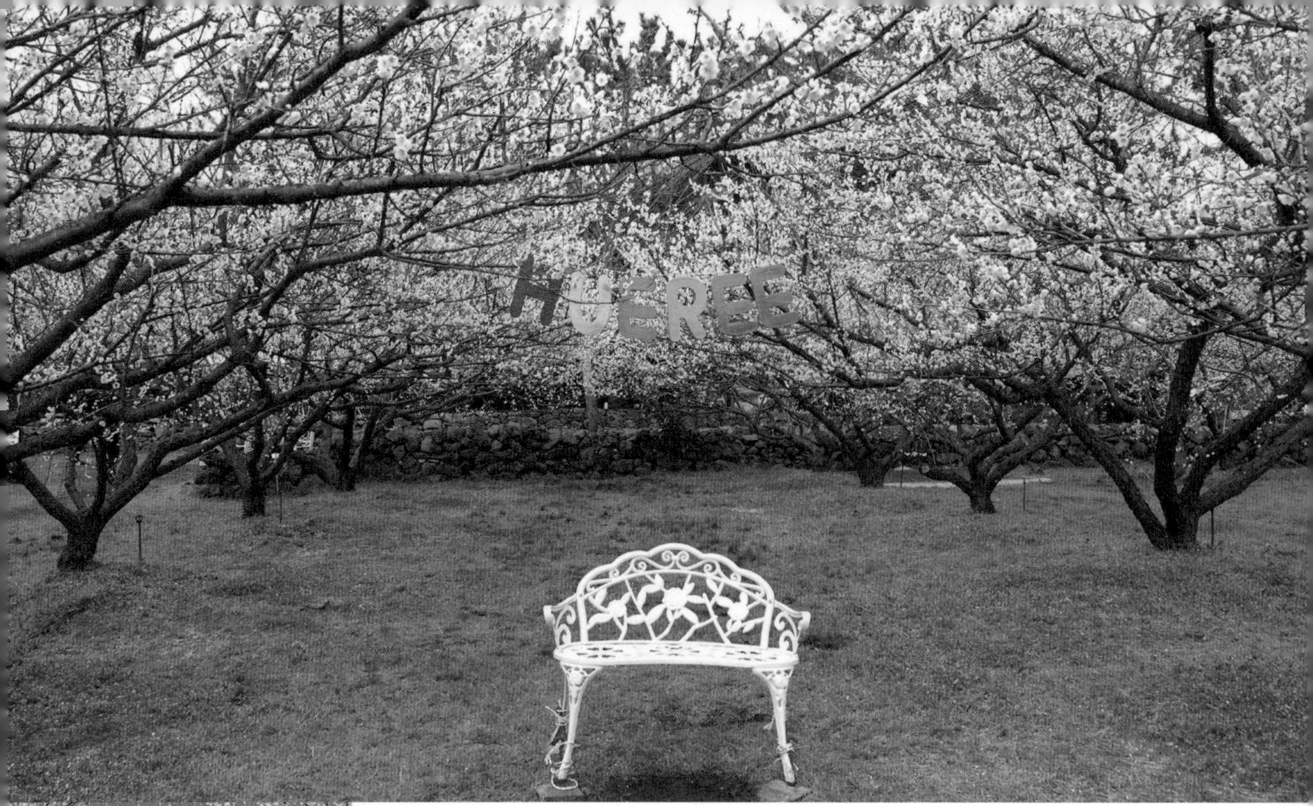

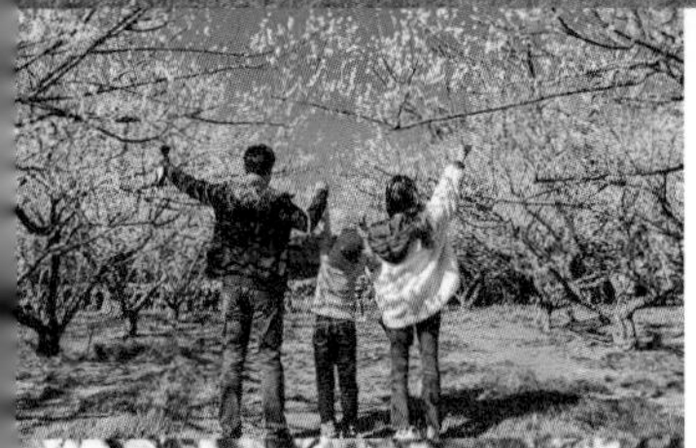

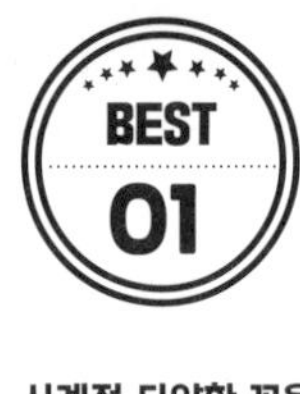

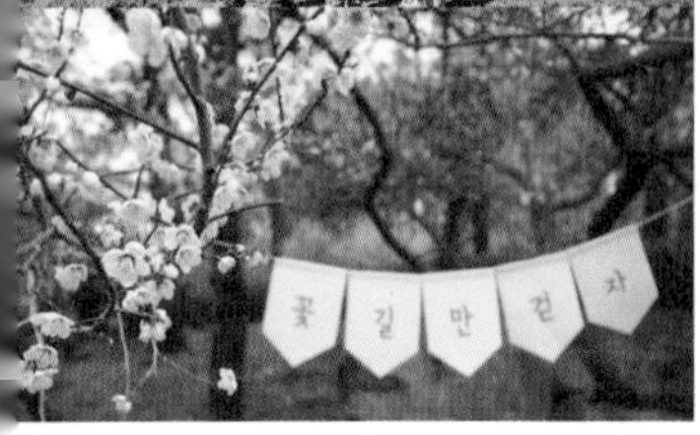

BEST 01

매화정원에 팝콘이 가득

휴애리자연생활공원

사계절 다양한 꽃을 피우는 휴애리는 동백, 수국 등 시즌별 꽃 명소로도 손꼽히지만 역시 매화축제 명소로 제일 유명합니다. 입구부터 매화 향이 가득한 이곳에는 하얀 매화부터 핑크빛 홍매화까지 다양한 매화가 피어납니다. 매화 올레길 양쪽으로 드리운 매화나무에 여름이 되면 초록빛 매실이 주렁주렁 열립니다. 하이라이트인 매화정원에는 예쁜 갤런드와 함께 포토존이 곳곳에 있어 더욱 사진 찍기 좋습니다. 초록빛 물결을 이루는 잔디, 빼곡하게 자라난 하얀 매화는 봄의 시작을 알립니다.

info **주소** 제주도 서귀포시 남원읍 신례동로 256 **문의** 064-732-2114 **운영 시간** 09:00~18:00 **휴무** 연중무휴 **가격** 어른 1만3000원, 청소년 1만1000원, 어린이 1만 원 **주차장** 이용객 무료

tip
- 매화정원의 다양한 포토 존 이용하기
- 초록 잔디와 매화의 색감 대비를 한 컷에 담아보기
- 휴애리에서 직접 만든 매실청으로 만든 매실차 맛보기

BEST 02

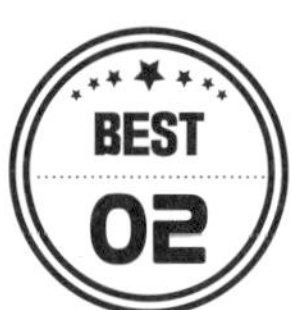

뛰어난 매화, 걸매

걸매생태공원

뛰어난 매화라는 뜻을 지닌 걸매. 걸매생태공원은 무료로 개방하는 매화 명소입니다. 천지연폭포로 흘러가는 계곡과 곳곳에 피어오른 유채, 그리고 하얀 매화꽃밭을 보고 있으면 산수화를 그대로 재현한 듯한 느낌이 듭니다. 나무 덱 산책로가 잘 조성되어 있어 산책하기 좋습니다. 게이트볼장, 축구장, 농구장 등 도민이 이용하는 체육 시설도 있어 인근 주민들에게도 인기가 좋습니다.

info **주소** 제주도 서귀포시 서홍동 1207 **문의** 064-760-3191 **운영 시간** 24시간 **휴무** 연중무휴 **가격** 무료 **주차장** 이용객 무료

tip
- 주변 관광지가 많으니 함께 둘러보기
- 올레길인 만큼 산책 즐기기

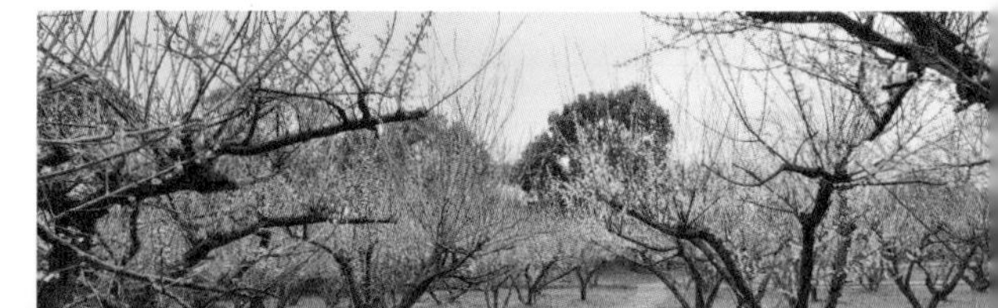

BEST 03

예쁜 포토존과 함께 봄 소식을 전하는 곳

노리매공원

센스 넘치는 포토 존으로 더욱 인기 만점인 노리매공원은 이름처럼 매화꽃이 가득한 곳입니다. 순우리말 '놀이'와 매화의'매'를 합해 만든 이름으로, 매화는 물론 다양한 식물을 만나볼 수 있어요. 360도 입체 스크린으로 감상하는 공간, 매화꽃 피는 길을 따라 동굴로 가는 길, 야외 꽃 정원, 그리고 실내 전시관 등 볼거리가 많은 편이에요. 현대적 감각과 자연의 조화로운 만남으로 사진 찍기 좋아하는 사람에게는 안성맞춤 관광지입니다.

주소 제주도 서귀포시 대정읍 중산간서로 2260-15 **문의** 064-792-8211 **운영 시간** 06:00~18:00(폐장 1시간 전 입장 마감) **휴무** 연중무휴 **가격** 어른 9000원, 청소년 6000원, 어린이 5000원 **주차장** 노리매주차장 이용(무료)

tip • 갈런드와 소품 준비해 예쁜 사진 남기기 • 볼 것 많은 실내 전시관도 필수 방문

Highlight

최고의 매화 명소

팝콘처럼 터지는 매화꽃. 수수하고 단아한 매력에 사이즈도 작지만 한데 모여 있으면 무척 매력적으로 변합니다. 은은하게 퍼져나가는 매화 향기는 그 어떤 향보다 싱그러운 봄기운을 실감하게 합니다. 예쁜 꽃과 향기를 지나, 여름에는 맛나는 초록 매실까지 선물로 주는 매화. 매화꽃을 만나기 좋은 최고의 제주 명소로 안내합니다.

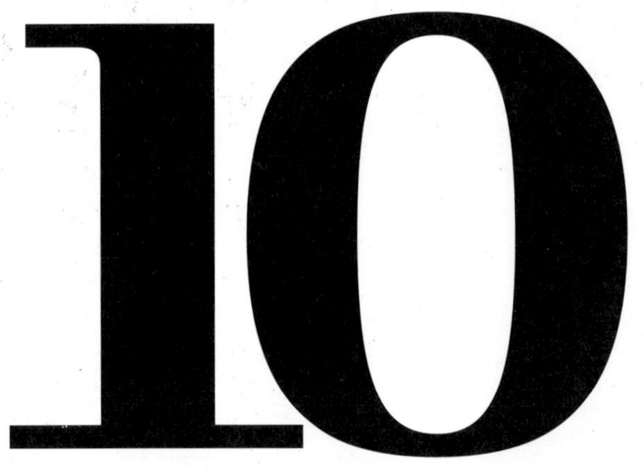

최고의 사계절 꽃 풍년 명소

사계절 내내 다양한 꽃을 만날 수 있는 제주도지만 대부분은 한 장소에서 한 가지 꽃만 볼 수 있지요. 하지만 다음에 소개하는 세 곳에서는 사계절 내내 다양한 꽃을 만나볼 수 있답니다. 한 장소에서 매 계절 다른 꽃을 볼 수 있으니 분기별로 제주 여행을 하라는 뜻이 아닐까요?

Highlight

삼별초의 마지막 보루

항몽유적지

몽골에 대항해 최후까지 조국을 수호한 삼별초군의 마지막 보루. 대몽 항전의 중심인 삼별초 유적지 제주 항파두리항몽유적지에서는 사계절 내내 아름다운 꽃을 무료로 즐길 수 있어요. 봄에는 유채와 메밀꽃, 여름엔 수국, 가을엔 코스모스와 화살나무 등 조국을 수호한 삼별초군의 혼이 매 계절 아름다운 꽃으로 피어나 제주를 빛나게 합니다. 여몽 연합군과 전투를 벌이는 과정에서 쌓아 올린 토성의 나 홀로 나무는 이제 항몽유적지를 든든하게 지켜주는 멋진 포토 존이 되었습니다.

info

주소 제주도 제주시 애월읍 항파두리로 50 **문의** 064-710-6721~2 **운영 시간** 10:00~17:00 **휴무** 연중무휴 **가격** 무료 **주차장** 이용객 무료

- 꽃밭만 둘러보지 말고 항몽유적지 전체를 한 바퀴 둘러보기
- 토성 뒤로 가면 멀리 제주 바다와 비행기가 보이니 놓치지 말기
- 사계절 언제 가도 괜찮은 여행지에 리스트업하기

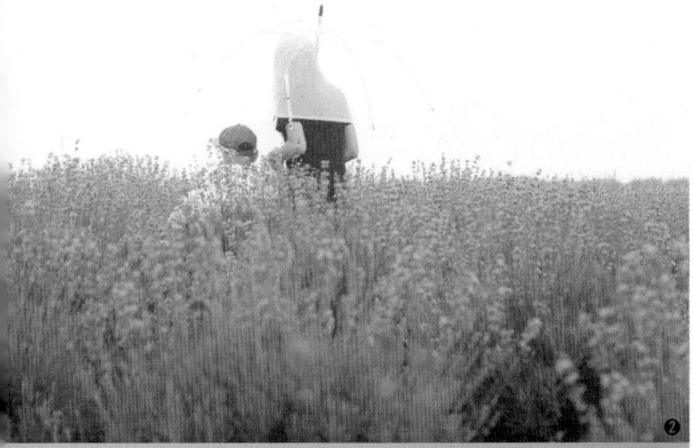

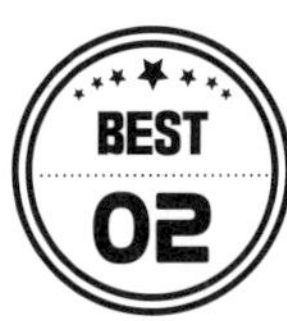

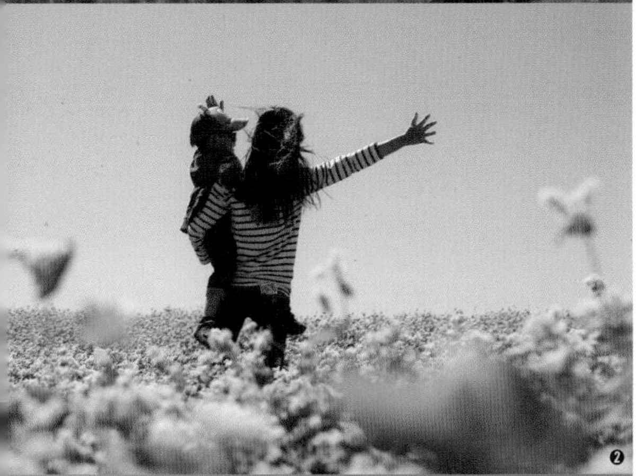

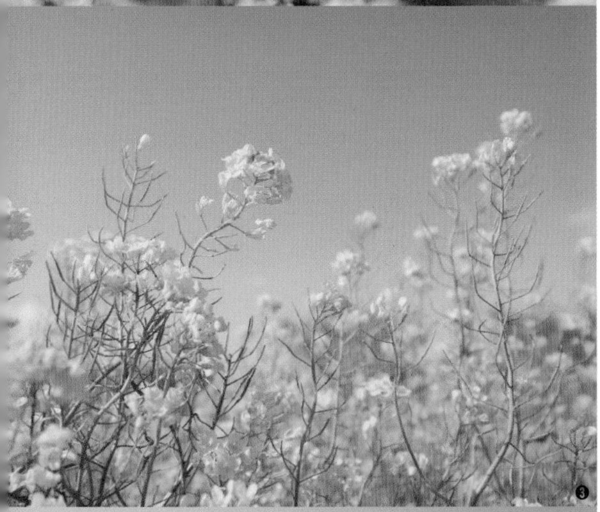

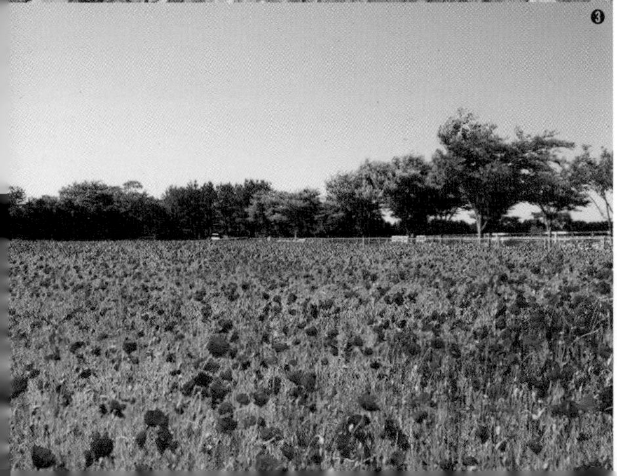

BEST 02

일본에는 비에이, 제주에는 보롬왓

보롬왓

봄엔 메밀꽃, 유채꽃, 튤립, 여름엔 비밀의 수국 정원과 일본 비에이 부럽지 않은 라벤더, 가을엔 다시 메밀꽃과 맨드라미, 샐비어, 겨울엔 하얀 설원으로 변신하는 보롬왓. 제주어로 바람을 뜻하는 보롬과 밭이라는 의미의 왓이 만나 이름도 특별한 보롬왓이 되었어요. 비에이 언덕 부럽지 않은 다양한 꽃이 매 계절 반겨주는 곳인 만큼 인기도 최고. 원 없이 꽃을 즐기고 싶다면 무조건 여기부터 다녀오세요. 꽃밭을 달리는 무지갯빛 깡통열차도 인기 만점입니다.

info

주소 제주도 서귀포시 표선면 번영로 2350-104 **문의** 010-7362-2345 **운영 시간** 09:00~18:00 **휴무** 연중무휴 **가격** 어른 6000원, 어린이 4000원 **주차장** 이용객 무료

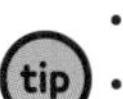

tip
- 아이와 함께라면 깡통열차 타보기
- 비에이 언덕처럼 꽃밭 가득 사진 담아보기
- 실내 정원도 둘러보기

BEST 03

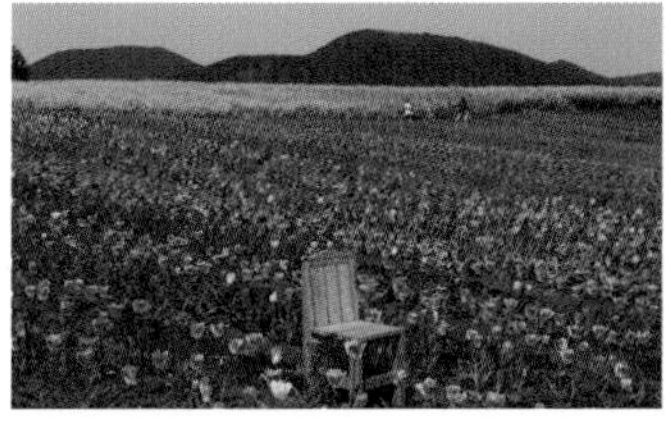

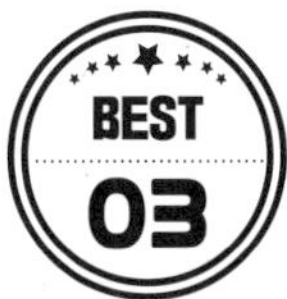

경주마도 꽃과 함께 만나요

렛츠런팜

넓은 꽃밭에 해바라기, 양귀비, 코스모스, 청보리 등이 계절에 따라 피어납니다. 꽃밭인가 싶지만 사실 이곳은 한국마사회에서 설립한, 경주마를 육성하고 관리하는 약 2,148,760㎡(65만 평) 규모의 목장입니다. 덕분에 제주마도 볼 수 있어요. 목장을 가로지르는 넓은 도로에서는 무료로 자전거를 탈 수 있어요. 1시간 간격으로 운행하는 유료 트랙터를 타면 더욱 자세히 둘러볼 수 있습니다. 애월에 위치한 렛츠런파크와 다른 곳이니 착각하지 말기.

info

주소 제주도 제주시 조천읍 남조로 1660 **문의** 064-780-0132 **운영 시간** 09:00~18:00 **휴무** 월~화요일, 공휴일 **가격** 입장료 무료(트랙터 마차 13세 이상 3000원, 13세 이하 2000원) **주차장** 이용객 무료

tip
- 무료 자전거 타고 시원하게 달려보기
- 트랙터 타고 목장 둘러보기

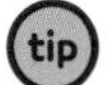

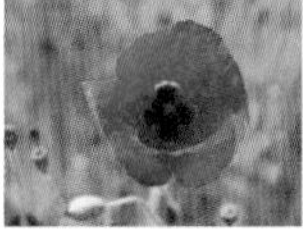

11

그냥 지나치기엔 너무 아까운 꽃놀이

계절마다 인기 있는 꽃으로 가득한 제주. 봄에는 유채와 매화, 여름에는 수국, 가을에는 핑크 뮬리, 겨울에는 동백 등 사계절 내내 즐길 꽃이 많은 만큼 그냥 지나치기엔 아쉬운 풍경을 소개합니다. 더울 때 피는 해바라기와 연꽃, 4월 딱 한 달간 청량감을 주는 청보리까지 잊지 말고 즐겨보세요.

청보리

여름에 만나는 선플라워

해바라기

사계절 예쁜 꽃이 반겨주는 항파두리항몽유적지. 뜨거운 여름에도 관광객을 맞이하는 해바라기를 만날 수 있어요. 아이들 키와 비슷한 기다란 해바라기가 가득 핀 꽃밭은 뜨거운 여름 태양 아래에서만 누릴 수 있는 특권. 해바라기꽃이 모두 해가 있는 쪽으로 고개를 돌리고 있어 사진 찍기에도 참 좋아요. 컬러감이 쨍한 여름 풍경을 가득 담아보세요. 항파두리항몽유적지 외에도 김경숙해바라기농장이 유명합니다.

항파두리항몽유적지

주소 제주도 제주시 애월읍 항파두리로 50 **문의** 064-710-6721~2 **운영 시간** 09:00~18:00 **휴무** 연중무휴 **가격** 무료 **주차장** 이용객 무료

김경숙해바라기농장

주소 제주도 제주시 번영로 854-1 **문의** 064-721-1482 **운영 시간** 24시간 **휴무** 연중무휴 **가격** 5000원 **주차장** 이용객 무료

싱그러움의 끝판왕

청보리

가파도에서 청보리축제가 열릴 만큼 제주는 청보리로 유명합니다. 드라이브하다 보면 바람에 살랑이며 초록 물결을 이루는 청보리를 곳곳에서 볼 수 있어요. 청보리가 익어 금색으로 변한 황금 벌판의 풍경 역시 멋스럽습니다. 가파도 청보리 축제 기간에 서둘러 방문해 보세요.

가파도

주소 제주도 서귀포시 대정읍 가파도 **문의** 064-794-7130 **운영 시간** 24시간 **휴무** 연중무휴 **가격** 입장료 없음 ※ **가파도 배편 요금** 어른 1만3100원, 청소년 1만3100원, 어린이 6600원, 노인 1만500원 **주차장** 모슬포항 주차장 이용

개구리 왕자가 나타날 것만 같은 곳

연꽃

광고 촬영지로 인기 있던 더럭 분교. 이제는 늘어난 학생으로 더럭 초등학교로 승격되었어요. 더럭초등학교 근처에 여름이 되면 더욱 예뻐지는 연꽃세상 연화못이 있습니다. 연화못을 가로지르는 나무 덱을 따라 연꽃을 가득 만날 수 있는데 연꽃, 수련을 비롯해 각종 수생식물이 서식합니다. 가운데 육각정을 따라 산책하기에도 좋고 중간중간 운동기구가 있어 마을 주민들이 산책하며 많이 찾는 곳입니다.

연화지

주소 제주도 제주시 애월읍 하가리 1569-2 **문의** 없음 **운영 시간** 24시간 **휴무** 연중무휴 **가격** 무료 **주차장** 이용객 무료

유럽 어딘가에 온 듯한 이색 풍경

스위스마을

'찐' 스위스 느낌은 아니지만 유럽 어디쯤에서 볼 법한 이국적 분위기가 물씬 나는 곳입니다. 비슷한 건물과 알록달록한 외관은 어디서 찍든 감각적인 색감을 자랑합니다. 1층에는 상점과 카페가, 그 위층으로는 숙박 시설이 주로 자리 잡고 있어요. 입장료가 따로 없고 규모도 큰 편이 아니라서 짧은 시간 산책하며 사진 찍기 좋아요.

info

주소 제주도 제주시 조천읍 함와로 566-27 **문의** 064-744-6060 **운영 시간** 24시간 **휴무** 연중무휴 **가격** 무료 **주차장** 이용객 무료

- 지붕 위 스위스 악기 알펜호른을 불고 있는 아저씨 찾아보기
- 각 나라 거리가 나와 있는 이정표 기념 사진도 필수
- 익살스러운 벽화, 알록달록 계단에서 인증숏 잔뜩 남기기

12 Highlight

최고의 베롱베롱 제주 명소

여러 색이 알록달록한 무늬를 이룬다는 뜻을 지닌 제주어 베롱베롱. 이름만큼이나 알록달록 예쁜 제주 여행지를 소개합니다. 다채로운 무지갯빛 색상 덕에 사진을 찍으면 너무 예쁘게 나와 놓치면 아까운 곳들이니 잊지 말고 방문해보세요.

제주를 대표하는 5마리의 새를 만나는 곳

더 플래닛

제주를 대표하는 새인 팔색조, 동박새, 매, 종다리, 큰오색딱따구리를 캐릭터로 만들어 자연과 멸종 위기종에 대해 쉽게 배우고 접할 수 있도록 꾸민 생태 문화 전시관입니다. 제주 숲을 주제로 꾸민 버디 프렌즈 캐릭터 전시관과 생물 다양성 전시관을 만나볼 수 있어요. 변전소 건물이 멋진 전시관으로 재탄생한 것 또한 볼거리. 제주도의 자연과 우리가 지켜야 할 지구환경을 아이들의 시선으로 더욱 재미있게 소개합니다. 특히 바디프렌드의 알록달록한 깃털 숲은 환상적인 아름다움 그 자체. 사진 찍기에도 예쁘지만 박물관 자체가 의미 있어 가족 여행지로 더욱 좋습니다.

info

주소 제주도 서귀포시 천제연로 70 문의 064-798-2000 운영 시간 10:00~18:00 휴무 둘째·넷째 주 화요일 가격 어른 1만2000원, 청소년 1만 1000원, 어린이 1만 원 주차장 이용객 무료

- 아이와 함께라면 탐험 가이드북(2000원) 이용해보기
- 중문관광단지이니 다른 여행지와 함께 둘러보기
- 도슨트 투어로 더욱 알차게 즐기기

SNS 인증숏 필수

도두동무지개해안도로

제주에 알록달록한 색감을 뽐내는 해안도로는 많고 많지만, 그중에서도 도두동무지개해안도로는 SNS를 통해 최고 인기를 누리는 곳입니다. 도두봉 키세스 존과 함께 도두항 근처 핫 플레이스로 유명합니다. 막상 도착하면 '이게 다야?' 싶을 만큼 제주의 흔한 해안도로지만 알록달록 무지개 방호벽 위에서 찍은 사진은 기대 이상이라 많은 사람이 좋아해요. 차가 많이 다녀서 위험하니 항상 주의해야 합니다.

info

주소 제주도 제주시 도두일동 1734 문의 064-742-8861 운영 시간 24시간 휴무 연중무휴 가격 무료 주차장 갓길 주차 주의 자동차 도로인 만큼 아이와 함께라면 더욱 주의하기

- 알록달록 무지개 돌 위에 앉아 낚시하는 조형물과 인증숏은 필수
- 도두봉, 이호테우해변 말 등대 근처 사진 명소와 함께 둘러보기

13 Highlight

최고의 피톤치드 테라피 명소

맑은 공기와 걷기 좋은 길, 다른 지역에서는 보기 힘든 화산송이 길까지, 제주에서만 즐길 수 있는 자연과 피톤치드로 가득한 숲. 초록이 무성하고 신비롭기까지 한 제주 숲을 만나보세요. 초록 잎으로 가득한 숲길을 걸으면 피톤치드 테라피가 완성됩니다.

천 년의 비자나무 숲

비자림

수천 그루의 비자나무와 덩굴식물이 가득해 마치 원시림에 온 듯한 느낌이 듭니다. 피톤치드를 가득 흡수하며 걷다 보면 갈림길이 나옵니다. 조금 짧게 돌아보고 싶다면 송이길 A 코스를, 사랑 넘치는 나무 연리목을 보고 싶다면 조금 더 길게 오솔길 B코스를 둘러보세요. 화산송이길이 잘 조성되어 있어 유모차, 휠체어로도 부담 없이 방문할 수 있어 더욱 좋습니다.

info

주소 제주도 제주시 구좌읍 비자숲길 55 **문의** 064-710-7912 **운영 시간** 09:00~18:00 **휴무** 연중무휴 **가격** 어른 3000원, 어린이 1500원 **주차장** 이용객 무료

- 벼락 맞은 나무 찾아보기
- 부부의 연을 맺은 연리목 만나보기
- 비자림의 상징 새 천 년 비자나무 찾아보기

제주의 숨은 비경

사려니숲길

비 오는 날에도 눈 오는 날에도 산책하기 좋은 숲길입니다. 웨딩 촬영 장소로도 인기 만점. 빼곡하게 서 있는 삼나무가 이리 봐도 저리 봐도 멋스럽고 이국적인 모습을 연출합니다. 유네스코가 지정한 제주생물권 보전지역으로 트레킹 좋아하는 사람들에게 '강추'할 만한 장소. 거리는 약 15㎞지만 처음부터 끝까지 완주하지 않아도 사려니숲길의 매력을 충분히 느낄 수 있어요. 여름에는 산수국과 삼나무숲길이 더욱 멋집니다.

info

주소 제주도 제주시 조천읍 교래리 산137-1 **문의** 064-900-8800 **운영 시간** 09:00~17:00 **휴무** 연중무휴 **가격** 무료 **주차장** 이용객 무료 **주의** 가끔 야생 노루를 만나기도 하니 놀라지 말 것

- 입구에 위치한 푸드 트럭도 사려니숲의 또 다른 재미
- 무장애 나눔길 따라 산책하기

아름다운 숲

삼다수숲길

아름다운 숲 전국대회에서 수상한 삼다수숲길에서는 1·2·3코스 중 선택해 트레킹을 할 수 있습니다. 꽃길로 불리는 1코스는 봄철 다양한 야생화를 볼 수 있고, 부담스럽지 않은 30분 정도의 코스라서 인기가 좋습니다. 사려니숲처럼 멋진 삼나무숲길도 있지만 특히 유명한 건 가을에 볼 수 있는 단풍입니다. 비교적 최근에 조성된 탐방로인 만큼 사려니숲처럼 인기쟁이가 되기 전에 서둘러 다녀오세요.

info

주소 제주도 제주시 조천읍 교래리 산70-1 **문의** 없음 **운영 시간** 24시간 **휴무** 연중무휴 **가격** 무료 **주차장** 이용객 무료

- 사려니숲길에 비해 사람이 없으니 조용히 사색하는 기분으로 걸어보기
- 산수국이 가득한 여름에 방문하는 것도 추천

BEST 01

바다와 한 몸이 되리

정방폭포

대한민국 명승 제43호인 정방폭포는 동양 유일의 해안 폭포입니다. 제주 영주 12경 중 하나답게 멀리서부터 압도하는 폭포의 카리스마가 예사롭지 않아요. 높이 23m, 너비 10m에 달하는 거대한 폭포가 떨어져 바다로 이어집니다. 수직 암벽에 노송이 우거진 거대한 폭포는 마치 한 폭의 동양화를 보는 듯한 느낌을 줍니다. 폭포를 보며 해녀들이 판매하는 해산물에 소주 한잔 즐기면 여기가 바로 지상 낙원.

info

주소 제주도 서귀포시 칠십리로214번길 37 **문의** 064-733-1530 **운영 시간** 09:00~18:00(일몰 시간에 따라 변경) **휴무** 연중무휴 **가격** 어른 2000원, 군인·청소년·어린이 1000원 **주차장** 이용객 무료

- 한여름에도 시원한 이곳에 잠시 앉아 발을 담그면 최고의 피서
- 해녀가 직접 잡은 해산물에 소주 한잔은 외국인들에게도 인기 만점
- 시간이 있다면 이어지는 소정방폭포까지 방문하기

천상의 선녀들이 다녀간 곳

천제연폭포

3개의 폭포로 나누어진 곳으로, 우리가 흔히 사진에서 접한 곳은 1폭포 아래 연못입니다. 주상절리가 병풍처럼 펼쳐진 에메랄드빛 영롱한 호수는 그야말로 선녀탕! 선녀들이 다녀갔다는 전설 속 이야기처럼 아름다움 그 자체입니다. 참고로 1폭포는 비가 오는 날에만 폭포수가 떨어집니다. 그래서인지 더욱 신비로운 느낌이 들죠. 1·2폭포만 봐도 만족스럽지만 이왕 방문했다면 3폭포와 2·3폭포 사이 칠선녀 다리 선임교까지 다 둘러보는 걸 추천합니다. 옥황상제를 모시던 칠선녀가 옥피리를 불며 내려와 노닐다 갔다는 선임교에 서면 마치 하늘에 떠 있는 듯한 느낌이 들 거예요.

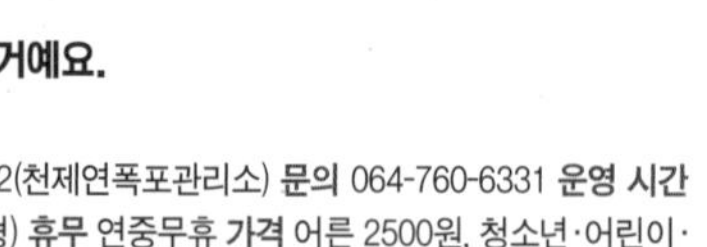

info **주소** 제주도 서귀포시 천제연로 132(천제연폭포관리소) **문의** 064-760-6331 **운영 시간** 09:00~18:00(일몰 시간에 따라 변경) **휴무** 연중무휴 **가격** 어른 2500원, 청소년·어린이·군인 1350원, 노인·장애인·제주도민 등 무료 **주차장** 이용객 무료

- 저질 체력이라면 1·2폭포만 봐도 만족
- 3폭포 쪽으로는 계단이 많으니 주의

최고의 자연 미스트 명소

14 Highlight

제주에서 만나는 거대한 폭포들. 그중에서도 유명한 세 곳은 정방폭포와 천지연폭포, 천제연폭포입니다. 제주 3대 폭포라 불리는 이곳들은 각각의 매력이 있어 순위를 정하기 어려울 정도. 탁 트인 시원한 뷰를 원한다면 정방폭포, 아기자기한 곳을 좋아한다면 천제연폭포, 온 가족 모두 산책하며 걷고 싶다면 천지연폭포가 제격. 각자 여행 스타일에 맞춰 선택해보세요.

밤에도 볼 수 있는 폭포

천지연폭포

제주 3대 폭포 중 유일하게 밤늦게까지 개방하며 유모차, 휠체어도 입장 가능합니다. 입구에서 폭포까지 제법 걸어야 하지만 폭포 중 딱 하나만 선택해야 한다면 천지연폭포를 추천합니다. 22m의 거대한 폭포수, 20m 깊이의 깊은 못까지 하늘과 땅이 만나는 연못이라는 찬사가 그야말로 찰떡입니다. 참고로 폭포 아래쪽은 제주도 무태장어 서식지로 천연기념물 제27호로 지정되었습니다.

info

주소 제주도 서귀포시 천지동 667-7 **문의** 064-733-1528 **운영 시간** 09:00~22:00(입장 마감 21:20) **휴무** 연중무휴 **가격** 어른 2000원, 청소년·어린이 1000원, 노인·장애인·제주도민 무료 **주차장** 이용객 무료

- 폭포까지 가는 산책로 걸어보기
- 제주 야간 명소로도 추천

용의 머리를 닮은 제주 최고(最古) 화산체

용머리해안

제주가 화산 폭발로 생성되었다는 건 누구나 알 거예요. 이런 제주가 품은 세월과 만들어진 과정을 볼 수 있는 곳이 바로 용머리해안입니다. 자연이 허락해야 입장 가능한 용머리해안은 제주에서 꼭 봐야 할 멋진 경치 중 하나죠. 파이처럼 한 겹 한 겹 쌓인 퇴적층에는 여느 외국 유명 관광지 부럽지 않은 제주만의 멋스러움이 가득합니다. 단, 미리 입장 가능 여부를 확인하고 방문하세요.

info

주소 제주도 서귀포시 안덕면 사계리 112-3 **문의** 064-760-6321 **운영 시간** 09:00~17:00 **휴무** 연중무휴(만조 및 기상 악화 시 통제) **가격** 어른 2000원, 청소년·어린이 1000원 **주차장** 이용객 무료 **주의** 방문 가능 여부 미리 체크할 것

 • 스릴 넘치는 바이킹이 있는 산방산랜드도 방문해보기

최고의 MUST SEE 명소

동서남북의 매력이 각각 다른 제주. 여행 기간은 짧기만 하고 갈 곳은 많죠. 제주는 처음이라 어디로 가야 할지 모르겠다고 하는 분들을 위해 "제주에 왔다면 일단 꼭 가야 해!"라고 이야기할 만한 유네스코 세계자연유산 세 곳을 추천합니다.

제주 최고(最高)의 일출 명소

성산일출봉

생성 당시에는 본섬과 떨어진 또 다른 섬이었으나 도로가 생기면서 완벽하게 본섬에 속하게 된 성산일출봉. 이름에서 느껴지듯 제주에서 일출을 보기에 가장 좋은 곳일 뿐 아니라, 독특한 모습으로 제주의 랜드마크가 되었습니다. 또 유네스코 세계자연유산에 등재될 만큼 지질학적으로 가치를 지니고 있어요. 사람에 따라 차이가 있기는 하지만 20분이면 정상에 올라 제주 동쪽의 멋진 경치를 한눈에 조망할 수 있습니다.

info

주소 제주도 서귀포시 성산읍 성산리 1 **문의** 064-783-0959 **운영 시간** 3~9월 07:00~20:00, 10~2월 07:30~19:00 **휴무** 첫째 주 월요일 **가격** 어른 5000원, 청소년·어린이 2500원 **주차장** 이용객 무료

- 성산일출봉 정상 뷰를 감상했다면 광치기해변에서 성산일출봉을 담은 사진을 남겨볼 것
- 정상 등반이 어렵다면 성산일출봉 주변을 돌아보는 우뭇개해안산책로 걸어보기

바람이 불어오는 최고(最高)의 해안 절경

섭지코지

곶을 의미하는 제주 방언 코지. 서귀포시 성산읍 신양리 해안에 돌출된 섭지코지는 탁 트인 제주 바다와 성산일출봉 뷰까지, 두 마리 토끼를 다 잡을 수 있는 곳입니다. 코지 가는 길은 두 갈래로, 해안을 낀 산책로와 넓은 길이 있으며, 그 끝에서 봉수대를 만날 수 있어요. 이국적인 정취 부럽지 않은 해안 절경을 온몸으로 느끼기에 이만한 곳이 또 없습니다. 유채가 가득할 땐 피크닉을 즐기며 일출봉을 배경으로 사진 찍기에도 참 좋습니다.

info

주소 제주도 서귀포시 성산읍 섭지코지로 107 **문의** 064-733-1528 **운영 시간** 09:00~21:20 **휴무** 연중무휴 **가격** 무료 **주차장** 이용객 무료

- 드라마 <올인> 촬영지인 성당 세트는 태풍으로 훼손되었으니 그 대신 귀여운 캔디하우스 만나보기
- 민트카페 뒤쪽 그랜드 스윙 포토 존에서 성산일출봉을 담은 그네 사진 찍기
- 유민 미술관도 함께 만나보기

16 Highlight

최고의 '코뻥', 안구 정화 명소

제주에는 한라산 정상에 오르지 않아도 충분히 좋은 공기를 마실 수 있는 곳이 많습니다. 다음에 소개하는 세 곳 역시 온 가족 편하게 좋은 공기를 마실 수 있는 곳입니다. 초록이 가득해 안구 정화는 물론, 거동이 불편한 사람도 편하게 드라이브하며 힐링할 수 있는 곳도 있죠. 어린이 숲속 놀이터도 잘 갖추어 어린이 동반 가족 여행객이 부담 없이 방문할 수 있답니다. 나쁜 도시 공기에 답답했던 코가 도착하자마자 뻥 뚫릴 거예요.

도심에서 멀지 않아 더욱 좋은

절물자연휴양림

사계절 푸르름이 가득한 삼나무가 빼곡한 곳이에요. 여러 코스의 산책로가 숲의 세계로 안내합니다. 도심에서 멀지 않아 방문하기도 편리하고 관리도 잘되어 중간중간 쉬어 가기 좋습니다. 잘 조성된 나무 덱 덕분에 유모차 끌기가 편해 가족 단위로 산책하는 모습을 많이 볼 수 있어요. 하얀 눈이 내릴 땐 겨울 왕국이 되고, 여름에는 시원한 휴양림이 되어 사계절 언제 가도 좋습니다.

info

주소 제주도 제주시 명림로 584 **문의** 064-728-1510 **운영 시간** 07:00~18:00 **휴무** 연중무휴 **가격** 어른 1000원, 청소년 600원, 어린이 300원 **주차장** 경차 1500원, 중·소형차 3000원, 대형차 5000원

tip

- 숲 해설을 운영하니 미리 신청하고 둘러볼 것
- 휴양림 숙소에서 하룻밤 보내는 것도 추천
- 곳곳에 있는 어린이 놀이터 이용해보기

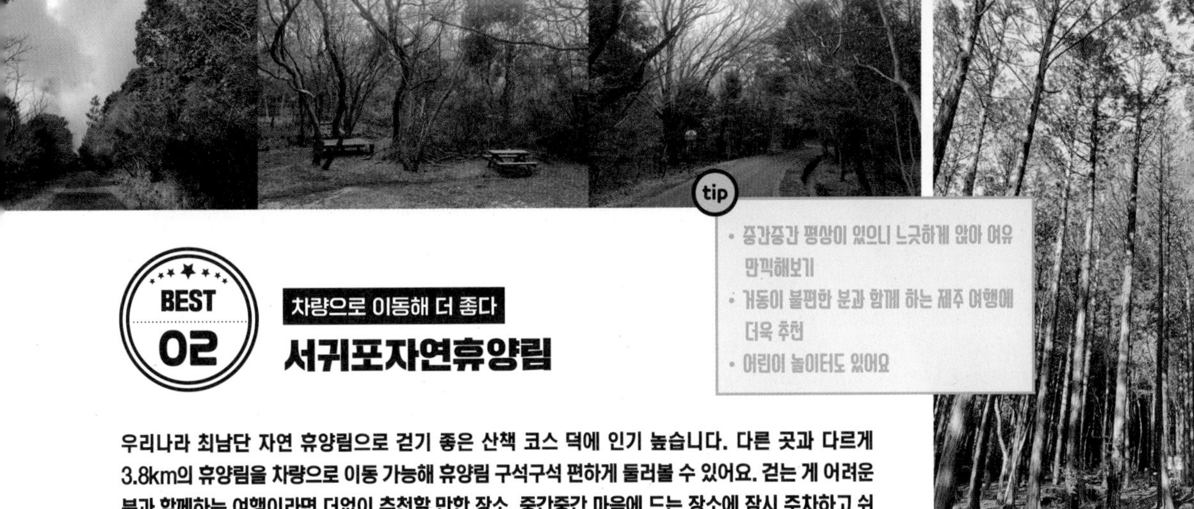

tip

- 중간중간 평상이 있으니 느긋하게 앉아 여유 만끽해보기
- 거동이 불편한 분과 함께 하는 제주 여행에 더욱 추천
- 어린이 놀이터도 있어요

BEST 02

차량으로 이동해 더 좋다

서귀포자연휴양림

우리나라 최남단 자연 휴양림으로 걷기 좋은 산책 코스 덕에 인기 높습니다. 다른 곳과 다르게 3.8km의 휴양림을 차량으로 이동 가능해 휴양림 구석구석 편하게 둘러볼 수 있어요. 걷는 게 어려운 분과 함께하는 여행이라면 더없이 추천할 만한 장소. 중간중간 마음에 드는 장소에 잠시 주차하고 쉬어 가기 좋아요.

info

주소 제주도 서귀포시 1100로 882 **문의** 064-738-4544 **운영 시간** 숲길 이용 시간 09:00~18:00(입장 마감 17:00) **휴무** 연중무휴 **가격** 어른 1000원, 청소년 600원, 어린이 300원, 유아·장애인·제주도민 무료 **주차장** 경차 1000원 중·소형차 2000원, 대형차 3000원

한라산의 정기를 그대로

한라생태숲

한라산에 서식하는 동식물을 모두 만나볼 수 있는 곳이에요. 산책로도 잘 닦여 있고 중간중간 쉼터가 위치해 피크닉을 즐기기에도 좋습니다. 어린이 놀이터가 잘 조성되어 있고 주말 숲 체험 탐방 프로그램도 풍성해 가족이 함께 방문하기 좋습니다. 특히 크리스마스트리로 알려진 한국 특산 구상나무를 볼 수 있을 뿐 아니라 제주도에 자생하는 다양한 벚꽃나무를 한곳에서 즐길 수 있는 것도 장점입니다.

info

주소 제주도 제주시 516로 2596 **문의** 064-710-8688 **운영 시간** 3~10월 09:00~18:00, 11~2월 09:00~17:00 **휴무** 연중무휴 **가격** 무료 **주차장** 이용객 무료

tip

- 매일 오전 10시와 오후 2시에 진행하는 숲 해설 프로그램에 참여해보기
- 어린이 자연놀이터가 잘 조성되어 있어 가족 여행지로도 추천

17 Highlight

최고의 안구 힐링 드라이브 코스 명소

렌터카 여행 비중이 많은 제주도. 그래서인지 드라이브 코스도 잘되어 있어요. 그중에서도 피톤치드를 마실 수 있는 초록이 가득한 안구 힐링 드라이브 코스를 소개합니다. 꼬불꼬불한 길이라 운전자는 힘들지만, 초록이 가득한 숲 터널은 사계절 내내 아름답고 양쪽으로 빼곡하게 올라온 삼나무들 사이로 달리면 드라이브는 황홀 그 자체. 봄이 되면 유채와 벚꽃을 함께 즐기며 드라이브하기 좋은 곳까지, 제주는 드라이브 코스도 고퀄리티입니다.

BEST 01

초록의 싱그러움이란 이런 것

5·16도로 숲 터널

제주시에서 서귀포로 넘어가는 길에 나무들이 터널을 이루는 구간으로 초록의 싱그러움을 가득 느끼며 드라이브할 수 있습니다. 길이 꼬불꼬불해 운전할 때 주의가 필요한 구간이니 저속 주행하며 피톤치드를 가득 흡수해보세요. 여름의 초록 가득한 숲 터널도 멋지지만 겨울에 눈꽃이 피었을 때도 또 다른 아름다움을 느낄 수 있는 드라이브 코스예요. 왕복 2차선 도로 40km 구간에서 사계절 아름다움을 느껴보세요.

info 주소 제주도 서귀포시 남원읍 신례리

tip

- 꼬불꼬불한 길에서 만나는 숲 터널인 만큼 운전자는 못 보고 지나칠 수도 있으니 초행길이라면 잘 찾아보기
- 눈 크게 뜨고 숲 터널을 찾았다면 잠시 창문을 열어 깨끗한 한라산 공기를 마시며 드라이브해보기

BEST 02

대한민국에서 가장 아름다운 길

비자림로 1112도로

평대리에서 봉개동까지 이어진 1112번 도로에 양쪽으로 삼나무가 병풍처럼 펼쳐져 있어요. 약 27km 거리의 왕복 2차선을 달리면 이국적인 풍경을 만끽할 수 있습니다. 유명한 코스인 만큼 양쪽으로 드라이브하는 차량이 많은 편이라 길 한가운데서 사진 찍는 건 어려워요. 근처에 유명한 오름부터 카페가 많이 모여 있어 동쪽 여행지를 선택한 분이라면 한 번쯤 지나게 될 거예요.

info 주소 제주도 제주시 구좌읍 송당리 2341-1

tip

사려니숲의 일부분으로 드라이브하기 좋지만, 도로에 주차하기는 어려우니 드라이브하며 눈에 가득 담을 것

BEST 03

유채와 벚꽃을 동시에 즐기는 곳

녹산로

한국의 아름다운 길 100선에 선정될 만큼 유려한 풍경을 자랑하는 녹산로. 봄에는 유채와 벚꽃을 동시에 보며 드라이브할 수 있어 인기 만점입니다. 넓은 유채꽃밭에서는 매년 유채꽃축제가 열립니다. 규모도 크고 유채와 더불어 벚꽃까지 즐길 수 있어 4월엔 상춘객들이 꼭 찾는 스폿이죠. 주변에 조랑말 박물관을 비롯해 즐길 거리가 많고 억새로 가득한 유채꽃프라자와도 이어져 있어 가을에 방문하기에도 좋습니다.

info 주소 제주도 서귀포시 표선면 가시리

tip

조랑말 박물관 앞 승마체험과 국내 최초 리립 박물관인 조랑말박물관, 체험장도 함께 즐겨볼 것

18 Highlight

최고의 해변 드라이브 명소

창문을 절로 열게 만드는 제주의 에메랄드빛 바다를 보면서 드라이브하기에 좋은 해안도로 세 곳을 소개합니다. 수국으로 유명한 종달 해안도로, 멋진 카페가 많은 애월 해안로, 선셋 명소로 더욱 유명한 한경 해안로까지, 렌터카 타고 꼭 달려보세요.

tip
• 여름에 수국 보며 드라이브하기

동쪽 최고 꽃길 드라이브

종달 구좌 해안도로

종달에서 구좌까지 약 31km의 해안도로로 김녕부터 월정리, 세화해변까지 유명한 동쪽 해변을 모두 둘러볼 수 있어요. 분위기 좋은 카페와 잠시 쉬면서 사진 찍을 에메랄드빛 해안이 많아 중간중간 절로 멈출 수밖에 없는 곳이죠. 예쁜 동쪽 해변을 달리길 원한다면 종달 구좌 해안도로는 필수 코스. 특히 끝자락에 위치한 종달리는 여름 수국 명소로도 유명해 드라이브하며 수국을 즐기기 좋습니다.

코스 김녕성세기해수욕장(제주도 제주시 구좌읍 김녕리)~성산일출봉인증센터(제주도 서귀포시 성산읍 오조리) / 김녕입구삼거리에서 해안도로 진입

서쪽 최고 '핫플'

하귀애월 해안도로

동쪽에 해맞이 해안로가 있다면 서쪽에는 애월 해안로가 있어요. 서쪽에서 가장 핫한 길로 애월로 향하는 약 10km 길이의 해안선을 따라 예쁜 카페와 맛집을 가득 만날 수 있어요. 해안선이 제법 굴곡지니 운전 중 경치에 한눈팔지 않도록 조심해야 합니다. 제주 환상 자전거길로도 유명해 중간중간 쉼터가 잘 조성되어 있으니 잠시 들러 해안로를 즐겨보세요.

코스 가문동포구(제주도 제주시 애월읍 하귀2리)~애월항(제주도 제주시 애월읍 애월리) / 가문동입구교차로에서 해안도로 진입

• 카페부터 맛집까지 해안도로 중 단연 최고의 인기 도로인 만큼 드라이브 필수
• 제주 올레 16코스가 지나는 곳이자 자전거 라이딩, 트레킹 명소로도 유명
• 더욱 멋진 일몰 풍광 감상하기

손꼽히는 일몰

신창 풍차 해안도로

바다에 가득한 풍력발전기가 이국적 풍경으로 다가오는 곳으로, 제주에서 손꼽히는 드라이브 코스 중 하나입니다. 선셋 명소로 인기가 좋고 스노클링 포인트로 유명한 판포포구, 선인장으로 유명한 월령리 선인장마을과 함께 둘러볼 수 있어요. 특히 풍력발전기 아래로 해상 다리가 놓여 있어 싱계물공원에서부터 산책하며 경치를 감상하기에 좋습니다.

코스 한국남부발전국제풍력센터(제주도 제주시 한경면 한경해안로 5212)~용수리 방사탑(제주도 제주시 한경면 용수리 4238) / 신창교차로에서 해안도로 진입

tip
• 일몰 시간에 드라이브하며 더 멋진 경치 즐기기
• 월령리 선인장마을 산책로도 함께 돌아보기

신경통, 관절염, 비만, 피부염에 효과 좋은 검은 모래 해변

삼양 검은모래해변

철분을 가득 함유한 모래로 찜질하기 좋은 검은 모래 해수욕장입니다. 곱디고운 검은 모래로 찜질을 하면 신경통부터 관절염, 피부염, 감기, 비만, 무좀까지 다양한 증상이 완화되는 효과가 있다고 해서 7~9월에 모래찜질하기 위해 이곳을 찾는 사람들이 많아요. 아쉽게도 모래사장이 크지 않아 해수욕장으로서 인기는 없지만 그 덕분에 다른 곳보다는 조금 한산하게 해변을 만끽할 수 있어요. 도심이랑 가까운 일몰 예쁜 해변으로 인기가 좋습니다.

info 주소 제주도 제주시 삼양동 문의 064-728-3991 운영 시간 24시간 휴무 연중무휴 가격 무료 주차장 공영 주차장(제주도 제주시 삼양이동 2110-6) 무료 이용

- 여름에 방문했다면 검은 모래해변축제를 놓치지 말 것
- 다른 해변보다 사람이 적은 편이라 한산한 바다를 찾는다면 강추
- 일몰 시간 필수 방문

동글동글 자갈로 가득한 해변

몽돌해변

해수욕을 즐기기 좋은 바다는 아니지만 한라산에서부터 운반되어 퇴적된 동글동글한 돌로 채워진 신비한 해변입니다. 돌멩이를 뜻하는 '작지'라는 제주도 말이 더해져 알작지해변이라고도 불립니다. 파도와 자갈이 만나 차르르 떨어지는 소리가 매우 아름답습니다. 내도동 마을에 있는 작은 해변이지만 공항이랑 가까워 잠시 들러보기에 좋아요.

info 주소 제주도 제주시 테우해안로 60 문의 064-742-8861 운영 시간 24시간 휴무 연중무휴 가격 무료 주차장 없음(갓길 이용)

- 인적 드문 바다를 찾는다면 꼭 방문할 것
- 내도동 마을 산책부터 이호테우해변까지 함께 둘러보기
- 바다에서 물수제비 뜨기는 필수

삼양 검은모래해변

조금 남다른 해변 명소

19 Highlight

"사면이 바다인 제주에서 다르긴 뭐가 달라? 바다가 바다지"라고 이야기한다면 진짜 제주 바다를 몇 번 만나지 못한 사람일 겁니다. 에메랄드빛 제주 바다만 있다고 생각하셨다면 놀랄 준비하세요. 에메랄드빛 해변은 기본이고 파도에 돌이 흘러가는 소리가 아름다운 몽돌해변, 신경통에 좋아 모래찜질하기에 좋은 검은 모래해변, 밀물과 썰물 때 전혀 다른 모습을 보여주는 비밀의 바다 광치기해변도 있답니다. 하나의 섬에 존재하는 다양한 바다를 만나보는 것 역시 제주에서 꼭 해야 할 일.

tip
- 간조 시간에 맞춰 다양한 바다 생물 만나보기
- 광치기해변과 성산일출봉을 배경으로 승마 체험하기
- 체력과 시간이 허락한다면 일출 사진 담아보기

물이 빠지면 초록색 세상이 펼쳐지는 곳

광치기해변

간조와 만조의 모습이 이렇게 다르기도 쉽지 않은 해변입니다. 물이 빠지고 나면 제주 용암이 만들어낸 멋진 작품을 만날 수 있어요. 넓은 스케치북에 녹색 이끼로 가득 색칠한 모습. 그 모습과 어우러진 성산 일출봉이 그림 같은 장면을 연출해 많은 관광객에게 사랑받는 곳입니다. 성산 일출봉과 함께 떠오르는 태양을 한 컷에 담을 수 있기에 일출 명소로도 인기가 좋습니다.

info **주소** 제주도 서귀포시 성산읍 고성리 224-33 **문의** 064-742-8861 **운영 시간** 24시간 **휴무** 연중무휴 **가격** 무료 **주차장** 이용객 무료

지구가 만든 명소

화산섬 제주도에서는 자연의 신비를 산과 바다, 오름에서 다양하게 경험할 수 있어요. 용암이 흘러내려 급속도로 굳어버린 조각들은 마치 신이 빚어낸 듯 정교한 모습을 보여줍니다. 세월의 흔적으로 파이처럼 한 겹 한 겹 쌓인 용머리해안은 외국 유명 관광지 부럽지 않아요. 지질 트레킹의 명소, 제주가 빚어낸 멋스러운 경치를 만나봅시다.

Highlight

BEST 01

신이 조각한 육각 기둥

중문 대포해안 주상절리대

주상절리란 화산이 분출한 후 용암 표면의 균등한 수축에 따라 수직으로 형성된 돌기둥을 말합니다. 이곳 대포동에서 만나는 주상절리는 눈으로 보고 있어도 믿기지 않는 신기함 그 자체. 사람 손으로 만든 것과 같은 정교함을 자랑하는 육각 기둥 대포 주상절리는 천연기념물 제443호입니다. 30~40m 높이의 육각 기둥을 약 2km 해안에서 감상할 수 있어요. 주상절리대만큼이나 좋은 건 이국적 분위기를 자아내는 야자수와 나무 덱으로, 산책하기 더없이 좋습니다.

info 주소 제주도 서귀포시 이어도로 36-24 문의 064-738-1521 운영 시간 09:00~18:00(입장 마감 17:40) 휴무 연중무휴 가격 어른 2000원, 청소년·어린이 1000원 주차장 경차 1000원, 중형 2000원, 대형 3000원

tip

- 거대한 뿔소라 만나보기
- 바다에서 주상절리대를 감상할 수 있는 중문 요트 투어 해보기
- 전망대에서 주상절리대 배경으로 인증숏 찍기

허락받은 자만이 볼 수 있는 곳

용머리해안

바다와 맞닿은 산책로를 걸으며 절벽을 감상하는 용머리해안. 날씨 복이 많은 사람만 볼 수 있는 여행지예요. 바닷속으로 들어가는 용의 머리를 닮았다 하여 '용머리해안'이라는 이름이 붙었습니다. 웅장한 용머리해안의 절벽을 실제로 마주하면 더욱 감동적입니다. 층층이 쌓인 사암층의 기암절벽은 미국 그랜드캐니언 부럽지 않은 제주만의 자랑입니다.

info **주소** 제주도 서귀포시 안덕면 사계리 112-3 **문의** 064-760-6321 **운영 시간** 09:00~17:00 **휴무** 만조 및 기상 악화 시 통제 **가격** 어른 2000원, 청소년·어린이 1000원 **주차장** 이용객 무료 **주의** 방문 가능 여부 전화로 미리 확인 필수

tip
- 산방산랜드도 함께 즐기기
- 노점에서 해녀들이 잡은 신선한 해산물 경험해보기

제주 숨은 비경

엉알해안산책로

화산재가 차곡차곡 쌓여 이루어진 해안 절벽을 따라 산책하기 좋은 엉알산책로. 수월봉과 이어져 많은 사람이 수월봉으로 알고 있어요. 정확하게 말하면 수월봉 해안 절벽을 따라 이어지는 지질 트레일 코스가 바로 이곳입니다. 화산이 폭발해 생겨난 수월봉을 따라 멋진 일몰을 감상하기에도 제격. 파이처럼 겹겹이 쌓인 절벽을 보고 있으면 어디선가 공룡 화석이 나타날 것만 같은 기분이 듭니다. 자연의 신비에 다시 한번 감동받을 거예요.

info **주소** 제주도 제주시 한경면 고산리 3653-2 **문의** 064-742-8861 **운영 시간** 24시간 **휴무** 연중무휴 **가격** 무료 **주차장** 없음(갓길 혹은 수월봉 주차장 이용)

tip
- 날씨 좋은 날 가끔 만날 수 있는 돌고래 기다려보기
- 일몰 시간에 방문하면 더욱 감동적!
- 전기 자전거 타고 수월봉 한 바퀴 돌아보기

서쪽 해변의 베스트

금능해수욕장

협재해수욕장보다 주차하기 좋은 금능해수욕장을 추천합니다. 얕은 수심과 눈앞에 펼쳐진 비양도의 모습은 마치 《어린 왕자》 속 코끼리를 잡아먹은 보아 뱀 같아요. 물이 빠진 해변, 그리고 선셋. 무엇 하나 부족함 없는 해변입니다. 온수 샤워장까지 완비한 것은 물론 주변에 맛집이 모여 있어 근처에 숙소를 잡고 놀기 딱 좋아요. 캠핑족에게는 야자수가 근사한 집이 되어주기도 합니다.

info 주소 제주도 제주시 한림읍 금능리 119-10 문의 064-728-3983 운영 시간 24시간 휴무 연중무휴 가격 무료 주차장 이용객 무료

tip • 예쁜 선셋 사진 꼭 찍기 • 야자수 아래에서 캠핑해보기 • 비양도 뷰 놓치지 말기

몰디브 부럽지 않은 제주 해변

김녕해수욕장

금능, 함덕해변과 비교하면 조용한 편이에요. 주변에 편의 시설도 별로 없는 편이라 오히려 불편할 수도 있고요. 하지만 물감을 통째로 부어놓은 듯한 맑고 맑은 바다 색, 그 뒤로 보이는 거대한 바람개비는 그림이 따로 없어요. 저 멀리 요트까지 떠 있으면 그야말로 화룡점정. 하얀 모래 사이에 모래게가 가득한 이 해변에서 스노클링으로 낙지를 잡는 행운까지 기대해볼 만한 곳입니다.

info 주소 제주도 제주시 구좌읍 구좌해안로 237 문의 064-728-3987 운영 시간 24시간 휴무 연중무휴 가격 무료 주차장 이용객 무료

- 흰 모래 속 모래게, 성게, 조개 잡기 도전해보기
- 풍력발전소와 에메랄드빛 바다 인증숏은 필수
- 김녕금속공예벽화마을도 둘러보기

Highlight

물놀이하기 좋은 최고의 해변 명소

제주시 서쪽에서 동쪽까지 유명한 해수욕장을 일렬로 만날 수 있지요. 그중에서도 물놀이하기 좋고 이왕이면 예쁘고, 늦은 시간 바다에 나와도 배부르게 먹고 즐길 수 있는 다양한 스타일의 제주 해변을 소개합니다. 취향과 동선에 맞춰 제주 바다를 선택해보세요.

BEST 03

24시간 지겨울 틈 없는 해수욕장

함덕해수욕장

강릉에는 경포대, 부산에는 해운대, 그렇다면 제주엔? 함덕! 많은 카페와 맛집으로 밤늦도록 불이 꺼지지 않는 해수욕장입니다. 놀기도 좋은데 에메랄드빛 바다 색까지 그야말로 눈이 부셔요. 얕은 바다라 물놀이하기도 좋고, 동쪽 끝에 산책하기 좋은 서우봉 둘레길까지 이어져 있어 지겨울 틈이 없습니다. 주변 맛집부터 술집까지 밤늦은 시간까지 즐겨보세요.

info 주소 제주도 제주시 조천읍 조함해안로 525 문의 064-728-3989
운영 시간 24시간 휴무 연중무휴 가격 무료 주차장 이용객 무료

tip
- 서우봉둘레길에서 에메랄드빛 함덕해변 내려다보기
- 해루질이 허락된 해변에서 다양한 바다 생물 잡아보기
- 주변 상권이 발달한 야간 해변 산책 즐겨보기

Highlight

뷰포인트가 있는 걷기 좋은 명소

적당한 거리와 부담스럽지 않은 코스로 제주 경치도 즐기며 산책하기 좋은 세 곳을 소개합니다. 서귀포에서는 새연교와 외돌개, 제주시에서는 용두암. 주변에 맛집이 많아 식사하고 한 바퀴 쭉 둘러보기에 좋답니다.

낮과 밤 언제 가도 좋은 곳

새연교

서귀포항에서 새섬을 잇는 다리예요. 밤 10시까지 조명이 들어와 서귀포 야경 명소로도 인기 만점. 특히 불 밝힌 새연교 외관은 제주 전통배 테우를 모티브로 조성했어요. 새섬까지 이어지는 1.2km 산책로를 걸으며 만나는 새섬과 범섬, 섶섬이 어우러진 선셋까지 감동적입니다. 낮과 밤, 언제 가도 괜찮은 산책로로 추천합니다.

info **주소** 제주도 서귀포시 서홍동 707-4 **문의** 064-760-3471 **운영시간** 24시간 **휴무** 연중무휴 **가격** 무료 **주차장** 이용객 무료

- 15~20분이면 둘러볼 수 있는 새섬 둘레길도 놓치지 말 것
- 노래 나오는 뮤직벤치에서 잠시 쉬어 가기
- 밤낮 모두 멋진 모습 담기

tip

- 용두암에서 소원 빌어보기
- 해녀 할머니들의 분위기 좋은 용두암 노상 포차 이용해보기
- 용이 놀던 곳이라는 용연의 52m 구름다리 만나보기

tip

- 바로 옆 선녀탕(황우지해안)도 함께 둘러보기
- 멀리 범섬도 만나보기

용이 바다에서 솟구쳐 오른 곳

용두암

용연에 살던 이무기가 한라산 산신의 여의주를 훔쳐 승천하다 돌로 굳었다는 용두암은 제주에서 손꼽히는 관광 코스입니다. 공항에서 가까워 잠시 둘러보기 좋습니다. 용두암부터 이어진 기암괴석 계곡 용연까지 산책하는 사람이 많아요. 흔들거리는 현수교 용연구름다리는 저녁에도 산책하기 좋아 야간 명소로 인기 좋습니다. 흑룡을 상징하는 용두암에서 소원을 빌면 행운이 온다고 하니 제주를 여행한다면 꼭 한번 방문해보세요.

info **주소** 제주도 제주시 용두암길 15 **문의** 064-728-3601 **운영 시간** 24시간 **휴무** 연중무휴 **가격** 무료 **주차장** 이용객 30분 무료(60분 2000원, 120분 4000원, 240분 8000원)

장금이가 걷던 그곳

외돌개

바다 한복판에 홀로 우뚝 솟아 있는 외돌개는 드라마 〈대장금〉 촬영 장소로 더욱 유명합니다. 장군석이라고도 불리는데, 적을 토벌하기 위해 최영 장군의 형상으로 꾸민 외돌개를 보고 적들이 놀라 자결했다는 이야기로 유명합니다. 선녀탕으로 불리는 황우지해안까지 해안을 따라 산책로가 잘 조성되어 있어 천천히 둘러보기 좋습니다.

info **주소** 제주도 서귀포시 서홍동 791 **문의** 064-760-3192 **운영 시간** 24시간 **휴무** 연중무휴 **가격** 무료 **주차장** 이용객 무료

Highlight

최고의 일타이피 산책로 명소

제주에는 바다를 끼고 산책하기 좋은 코스가 무척 많아요. 산책로를 걸으며 건강도 챙기고 바다를 보며 눈 정화까지 가능한 일타이피 산책로를 소개합니다. 많은 배들이 제주항을 오가는 생기 넘치는 모습을 조망할 수 있는 별도봉 둘레길, 에메랄드빛 해변을 산 위에서 바라볼 수 있는 함덕 서우봉 둘레길, 다른 곳에서는 보기 힘든 선인장 꽃이 반겨주는 월령 선인장 군락지까지, 꼭 한번 걸어볼 만한 산책길이니 놓치지 마세요.

제주항의 뱃고동 소리는 BGM

별도봉

사라봉과 커플처럼 붙어 있는 별도봉(베리오름)은 바다를 끼고 걷는 산책로가 특히 예술입니다. 제주항이 눈앞에 펼쳐지고 크루즈선의 뱃고동 소리가 BGM처럼 울려 퍼집니다. 오가는 선박, 푸른 제주 바다를 보며 천천히 산책하기에 좋습니다. 제주항의 산지 등대와 사라봉까지 함께 둘러보세요.

info **주소** 제주도 제주시 화북1동 4472 **문의** 064-728-3602 **운영 시간** 24시간 **휴무** 연중무휴 **가격** 무료 **주차장** 사라봉공원 주차장 혹은 우당도서관 주차장 이용(무료)

- 제주항의 선박들 타임랩스로 촬영해보기
- 사라봉까지 함께 둘러보기
- 우리나라 아름다운 등대 16경 산지등대 둘러보기

함덕해수욕장의 특별한 선물

서우봉

함덕해수욕장 동쪽에 있는 오름입니다. 봄에는 유채, 가을엔 코스모스와 함께 함덕해수욕장의 에메랄드빛 바다 사진을 찍을 수 있어 인기 만점. 몇 해 전부터는 서우봉의 황화코스모스까지 인기몰이를 하면서 급기야 서우봉만 찾는 관광객이 많아지고 있습니다. 올레길 19코스로, 부담 없이 산책하면서 바다와 함께 사진 찍기에 더없이 좋습니다.

info **주소** 제주도 제주시 조천읍 함덕리 169-1 **문의** 064-783-8014 **운영 시간** 24시간 **휴무** 연중무휴 **가격** 무료 **주차장** 이용객 무료

- 정자에 앉아 유채와 함덕 바다를 배경으로 인증숏 필수
- 황화코스모스 꽃밭에 혼자 있는 사진 연출하기
- 유채꽃 필 때도 인기 만점

선인장 꽃 본 적 있니?

월령선인장군락지

제주 바다에 멕시코 선인장? 듣기만 해도 생소한 느낌이 들어요. 구로시오해류를 따라 멕시코에서 이사 온 선인장 씨앗이 월령리 모래와 바위틈에 자리 잡고 제주 바람에 피어 올랐습니다. 손바닥선인장이 바위 사이사이에서 노란 꽃을 피워 색다른 볼거리를 연출합니다. 걷기 좋은 덱과 풍력발전소까지 더해져 더욱 멋스럽고 이국적인 경치를 볼 수 있어요. 〈강식당〉 촬영지로 알려지면서 인기가 더 좋아졌습니다.

info **주소** 제주도 제주시 한림읍 월령리 359-4 **문의** 064-728-2752 **운영 시간** 24시간 **휴무** 연중무휴 **가격** 무료 **주차장** 이용객 무료

- 선인장에 달린 백년초 관찰하기
- 백년초 초콜릿 먹어보기
- 선인장 꽃이 피는 5~6월에 방문 추천

닭이 흙을 파헤치고 앉아 있는 모습

닭머르해안길

가을엔 양쪽으로 억새가 가득해 더욱 멋스러운 경치를 보여주는 닭머르해안길. 제주스러운 경치를 다 갖춘 나무 산책로입니다. 마치 닭이 흙을 파헤치고 그 안에 앉아 있는 모습을 닮았다 해서 지은 이름도 재미있어요. 덱을 따라 걷다 보면 그 끝에서 제주 바다가 한눈에 들어오는 해안 정자를 만날 수 있습니다. 산 위에서 보던 정자와 다르게 바다 위에 서 있는 정자는 또 다른 느낌을 줍니다. 해안 절경과 멋진 일몰까지 멋스러운 기암괴석과 함께 즐기며 산책해보세요.

info **주소** 제주도 제주시 조천읍 신촌북3길 62-1 **문의** 064-728-3602 **운영 시간** 24시간 **휴무** 연중무휴 **가격** 무료 **주차장** 없음(갓길 이용)

tip

- 가을에 방문해 멋스러운 억새 감상하기
- 선셋 명소로도 인기 만점
- 코스가 짧아 아이와 함께 걷기에도 안성맞춤

300여 년의 세월이 담긴 소금밭

구엄리돌염전

애월 해안도로를 달리다 보면 거대한 고등어가 반겨주는 곳이 있어요. 그곳이 바로 소금빌레라 부르는 구엄리돌염전입니다. 빌레는 제주어로 넓고 평평한 바위를 뜻해요. 우리가 기존에 알고 있는 소금 생산 방식과는 달리, 제주에선 흔하고 흔한 현무암으로 소금을 만든다는 것만으로도 둘러볼 만한 장소랍니다. 넓은 바위 옆으로 둑을 만들어 바닷물이 고이게 한 뒤 물이 마르면 소금을 얻는 방식입니다. 독특한 소금빌레 사이 살짝 고인 바닷물 위로 파란 하늘이 비치는 날이면 더욱 멋진 사진을 찍을 수 있어요. 애월 해안도로는 일몰 명소로도 유명한 만큼 해 지는 시간에 맞춰 방문하면 더욱 멋진 돌 염전을 만나볼 수 있어요.

info **주소** 제주도 제주시 애월읍 애월해안로 708 **문의** 064-742-8861 **운영 시간** 24시간 **휴무** 연중무휴 **가격** 무료 **주차장** 이용객 무료

tip

- 거대한 고등어 입에 쏙 들어가 기념사진 남기기
- 제주 바다에 반해 돌아가지 못한 채 슬픈 표정으로 굳어 버린 포세이돈 얼굴 찾아보기
- 물이 조금 깔려 있을 때 반영 사진 찍는 명소로도 인기

tip
- 게와 아이들을 그리고 있는 모습을 담은 멋진 조형물 만나보기
- 이중섭거리부터 자구리해안까지 4.9km에 달하는 유토피아로에 도전해보기
- 야간 산책도 해보기

이중섭 가족이 게를 잡으며 놀던 곳

자구리공원

이중섭 작가의 작품 '그리운 제주도 풍경'의 배경이 된 자구리해안입니다. 그가 다섯 살, 세 살 두 아들과 게를 잡으며 행복한 시간을 보냈던 장소로 지금은 멋스러운 공원으로 만날 수 있어요. 섶섬과 문섬, 서귀포항이 한눈에 들어오는 전망대는 이중섭 작가가 충분히 반할 만하다 싶을 거예요. 자구리해안에는 바다 생물도 다양해 아이들과 함께 게를 잡아보는 것도 좋습니다. 그림 같은 제주 바다와 이중섭 작가의 혼이 느껴지는 이곳에서 영감을 받아보세요.

info **주소** 제주도 서귀포시 칠십리로 145 **문의** 064-760-3192 **운영 시간** 24시간
휴무 연중무휴 **가격** 무료 **주차장** 이용객 무료

더 소문나기 전에 얼른 다녀와야 할 명소

아직 아는 사람보다 모르는 사람이 더 많은 곳은 어디일까요? 워낙 여행할 곳 많은 제주라 대부분 유명하지만 사이사이에 지나치기 아쉬운 곳이 많습니다. 더 유명해지기 전에 서둘러 다녀와야하는, 아직까지는 관광객이 조금 덜 찾는 세 곳을 소개합니다.

25 Highlight

최고의 설경 명소

겨울에 눈이 많이 오는 제주도. 한라산 고도가 워낙 높다 보니 겨울에는 대부분 한라산 정상에서 눈을 볼 수 있어요. 물론 제주 곳곳 한라산 근처에서도 눈을 가득 볼 수 있답니다. 하얀 겨울 왕국은 어느 곳이든 예쁘지만 그중에서도 특히 눈이 오면 더욱 멋스러워지는 장소 세 곳을 소개해드릴게요.

BEST 01

제주 최고의 설경 명소

1100고지

한라산 중턱에 위치한 해발고도 1,100m의 1100고지는 제주 설경 명소로 단연 톱. 한라산을 등반하지 않아도 멋진 설경을 감상할 수 있는 곳으로 유명해 겨울이 되면 주차할 자리가 없을 정도예요. 차량으로 방문 가능해 남녀노소 누구든 편하게 한라산 설경을 감상할 수 있어요. 특히 한라산을 보고 있는 노루상 뒤쪽으로 자연 눈썰매장을 만들어놓아 아이들이 더욱 좋아합니다. 1100고지 습지를 따라 나무 덱이 있어 한 바퀴 돌며 산책하기에도 좋습니다.

info **주소** 제주도 서귀포시 1100로 1555 **문의** 064-728-6200 **운영 시간** 24시간 **휴무** 연중무휴 **가격** 무료 **주차장** 천백고지휴게소 이용(무료) **주의** 겨울 눈꽃 필 때는 차량 통제 가능성 높으니 확인할 것

tip
- 눈썰매는 반드시 챙겨 갈 것
- 안전한 운동화와 따뜻한 복장 준비하기
- 겨울에는 화장실 이용이 어려우니 주의

수백 가지 부처상을 만나는 곳

관음사

한라산 등산의 기점으로, 여러 등반 코스 중 경사가 제법 급하지만 다양한 자연을 즐기기 좋아 많은 사람이 찾는 곳입니다. 제주 30여 개 사찰을 관장하는 제주 불교의 중심이자 4·3 사건의 피해를 입은 사찰로 더욱 의미가 있어요. 관음사 입구로 가는 길이 특히 인기 만점. 일주문부터 사천왕문까지 108불의 각각 다른 부처상을 만날 수 있습니다. 눈이 쌓인 부처상과 그 뒤에 배경이 되어주는 삼나무까지 겨울의 관음사는 더욱 멋스럽습니다.

info **주소** 제주도 제주시 구좌읍 비자림로 1456 **문의** 064-724-6830 **운영 시간** 24시간 **휴무** 연중무휴 **가격** 무료 **주차장** 이용객 무료

tip

- 일주문에서 사천왕문까지 108불의 부처상 둘러보고 인증샷 찍기
- 사찰 음식 문화 체험과 아미헌에서 스님이 들려주는 봄날의 사찰 밥상 프로그램 참여해보기
- 템플스테이 체험해보기

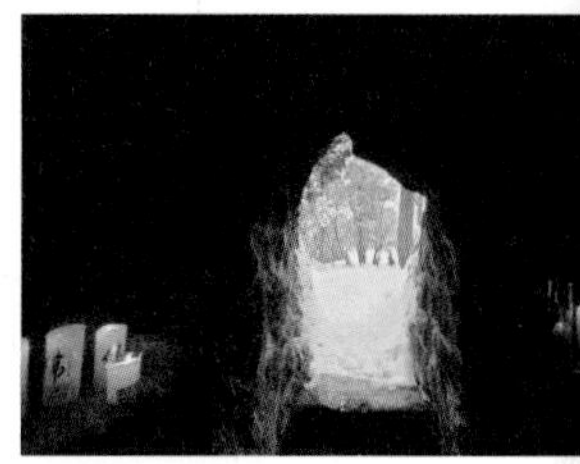

삼나무숲 겨울 왕국

절물자연휴양림

사계절 언제 방문해도 좋은 삼나무 숲입니다. 겨울 눈꽃이 가득한 높은 삼나무 사이사이로 까마귀들이 날아오르는 덕분에 쉬지 않고 눈이 내립니다. 수령이 30년 이상인 삼나무들 사이 산책로가 잘 조성되어 있을 뿐 아니라 절물오름까지 오를 수 있어요. 제주시에서 접근성도 좋아 언제든 추천합니다.

info **주소** 제주도 제주시 명림로 584 **문의** 064-728-1510 **운영 시간** 07:00~18:00 **휴무** 연중무휴 **가격** 어른 1000원, 청소년 600원, 어린이 300원 **주차장** 경차 1500원, 중소형 3000원, 대형 5000원 **주의** 눈이 가득한 날에는 덱을 확인하기 어렵습니다. 빠질 수 있으니 주의하세요. 주차장에서 바로 입장료를 계산할 수 있습니다. 미리 준비하세요.

tip

- 가까운 노루생태관찰원도 함께 방문해보기

Highlight

모세의 기적 명소

큰 본섬 외에도 부속 섬이 가득한 제주. 배를 타고 들어가는 제법 큰 부속 섬도 많지만 물때만 잘 맞추면 걸어 들어가거나 가까이 갈 수 있는 작은 무인도 부속 섬도 많아요. 모세의 기적처럼 바닷물이 빠져 길이 보여야만 다가갈 수 있는 신비로운 섬들을 만나보세요.

제주판 모세의 기적

서건도

- 다양한 바다 생물을 채집할 수 있으니 작은 통 준비하기

하루에 두 번 썰물 때마다 만날 수 있는 섬으로, 물이 빠진 뒤 다양한 바다 생물을 잡는 재미가 쏠쏠합니다. 물 빠진 구덩이에서 빠져나가지 못한 고래가 죽어서 썩게 되었다 해서 일명 '썩은섬'이라 하지만 서건도라는 이름으로 알려져 있어요. 둘레길이 잘되어 있어 한 바퀴 둘러보는 것도 좋지만 해안에서 섬까지 연결되는 300m 길은 그야말로 바닷속 보물 창고. 가끔은 돌고래 떼를 만나는 행운도 누릴 수 있으니 타이밍 잘 맞춰 들러보세요. 방문 전 물때 확인은 필수입니다.

info **주소** 제주도 서귀포시 강정동 산1 **문의** 064-760-2674 **운영 시간** 썰물 시 이용 가능 **휴무** 연중무휴 **가격** 무료 **주차장** 이용객 무료(협소) **주의** 방문 전 간조 시간 확인하기

한국 유일 문주란 자생지

토끼섬

6~8월이면 섬 전체가 문주란으로 하얗게 덮여 멀리서 바라보면 토끼처럼 보이는 섬이에요. 하도리해안에서 약 50m 떨어진 곳에 위치한 무인도로 간조 시간에는 가까이까지 걸어서 갈 수 있어요. 7월쯤에는 은은한 문주란 향기로 가득한 진짜 토끼섬을 만나볼 수 있습니다. 현재 천연기념물 제19호로 지정돼 보호받는 섬입니다.

info **주소** 제주도 제주시 구좌읍 하도리 **문의** 064-783-3001 **운영 시간** 24시간 **휴무** 연중무휴 **가격** 무료 **주차장** 하도해수욕장 주차장 혹은 해안도로 갓길 주차 ※ 방문이 어려운 편이니 맞은편에서 감상하는 것도 좋아요.

- 토끼섬 앞 카페에서 피크닉 세트를 대여해 토끼섬 배경으로 사진 찍기
- 스노클링 포인트로도 인기

바다로 가는 초록 길

김녕바닷길

물때를 맞춰야만 만날 수 있는 바다로 가는 길. 김녕 봉지동 복지회관 앞에서 신비의 바닷길을 만날 수 있습니다. 바닷물이 빠지고 서서히 드러나는 길을 보는 순간 바닷속으로 들어가는 입구가 열린 듯합니다. 간조 시간 2시간 전후 하루 두 번밖에 못 만나는 길인 만큼 일정에 맞춰 부지런히 다녀오세요. 해녀들이 작업한 해산물을 조금 더 쉽게 육지로 옮길 수 있도록 하기 위해 조성했다는 김녕바닷길은 제주 동쪽 해변의 아름다움을 느끼기에 완벽합니다.

info 주소 제주도 제주시 구좌읍 김녕로1길 51-3 문의 064-740-6000 운영 시간 물때 맞춰 방문(바다타임 www.badatime.com/308.html 참고) 휴무 연중무휴 가격 무료 주차장 공용 주차장 주의 바닷물이 빠진 후라 바닥에 이끼가 많아 미끄러울 수 있으니 주의

tip

- 미처 빠져나가지 못한 바다 생물을 찾는 재미를 느껴볼 것

Highlight

요정 출몰 명소

언제 봐도 눈부신 에메랄드빛 바다를 품은 제주. 예쁜 바다는 전 세계 어느 곳도 부럽지 않을 정도예요. 그중에서도 마치 요정이 나올 것처럼 신비로운 물색을 띠는 곳이 있답니다. 한라산에서 내려오는 물줄기가 눈부신 원앙폭포, 신선놀음하기 좋은 쇠소깍, 예쁜 제주 바닷물을 모아 둔 듯한 황우지 선녀탕까지. 기대하세요, 진짜 요정이 나올지 몰라요.

영롱한 에메랄드빛 물색

원앙폭포

한 쌍의 원앙새처럼 2개의 물줄기가 사이좋게 내려와 에메랄드빛 폭포를 이루고 있어요. 따사롭게 비추는 햇빛에 한라산에서 내려온 물줄기가 비추어 반짝반짝 빛나죠. 영롱한 물색이 너무 맑아 한참 바라보고 있어도 지겹지 않아요. 산속 요정이 앉아 노래할 것만 같은 예쁜 장소입니다. 돈내코 입구에서 나무 덱과 제법 가파른 계단을 타고 숨을 몰아쉴 때까지 내려와야 만날 수 있어 더욱 신비롭게 느껴집니다.

info

주소 제주도 서귀포시 돈내코로 137 **문의** 064-742-8861 **운영 시간** 24시간 **휴무** 연중무휴 **가격** 무료 **주차장** 이용객 무료 **주의** • 가파른 계단! 다음 날 다리 근육통에 주의하기 • 내려가는 길에 머리랑 딱 부딪히는 나무가 있으니 전방 주의

tip • 떨어지는 물줄기를 바라보며 명상해보기

선녀탕이 바로 이곳

황우지해안

여름 스노클링 명소로 불리는 황우지해안. 여름엔 구명조끼 입은 사람들이 인산인해를 이룹니다. 바다를 앞에 두고 검은 현무암이 둘러싼, 자연이 만들어낸 천연 해수 풀장으로 바닷물이 계속 순환되는 터라 그 어떤 곳보다 맑은 바닷속을 볼 수 있어요. 동화 〈선녀와 나무꾼〉 속 연못을 제주에서 찾으라 한다면 바로 여기가 아닐까 싶어요.

info

주소 제주도 서귀포시 서홍동 766-1 문의 064-760-4601 운영 시간 24시간 휴무 연중무휴 가격 무료 주차장 올레길7코스 외돌개 주차장(유료 2000원)

- 여름에는 스노클링 체험해보기

신선이 쉬었다 가는 곳

쇠소깍

제주의 민물과 바닷물이 서로 만나 멋진 풍경을 만들어낸 자연 하천. 나무 사이사이로 내려다보이는 쇠소깍의 맑은 물색은 그야말로 눈이 정화되는 느낌을 줍니다. 한때는 에메랄드빛 쇠소깍에서 투명 카약을 타고 노 젓는 사람들이 가득했어요. 지금은 미관상 투명 카약 대신 나무 카약을 타거나 전통 기구인 테우를 타고 즐길 수 있어요. 짙은 회색의 기암괴석과 바닥이 훤히 보일 듯한 물색. 어디선가 신선이 도를 닦고 있을 것만 같은 느낌입니다. 나무 덱을 따라 걸으며 정취에 빠져보세요.

info

주소 제주도 서귀포시 남원읍 하례로 378 문의 064-732-1562 운영 시간 하절기 09:00~18:00, 동절기 09:00~17:00 휴무 연중무휴 가격 입장료 무료 / 승선료 테우 어른 1만 원, 어린이 5000원 / 전통 조각배 어른 2만 원, 어른 1인+어린이 1인 2만5000원 / 깡통열차 어른 7000원, 어린이·청소년 5000원 주차장 이용객 무료

- 전통 배 테우, 카약 체험해보기
- 깡통열차를 운행하니 아이와 함께라면 체험해보기
- 산책하기에도 좋은 장소

28 Highlight

돌돌돌, 제주에서 가장 많은 돌

돌, 바람, 여자가 많다 하여 삼다도라 불리는 제주. 화산이 굳어 만들어진 현무암은 제주에서 흔히 볼 수 있는 돌입니다. 이처럼 신기한 돌이 많다 보니 제주에는 돌을 테마로 한 여행지가 많아요. 돌을 이용해 다양한 작품을 감상할 수 있는 박물관과 익살스러움이 가득 담긴 하르방은 제주로 여행 온 기분을 배가해줍니다.

BEST 01

돌 세상이란 이런 곳

제주돌문화공원

화려하지는 않지만 제주스러움을 가득 느낄 수 있는 공원. 제주 민간신앙인 설문대 할망과 오백장군의 돌에 관한 전설을 테마로 약 3,305,700㎡(100만 평)의 넓은 대지 위에 설립된 생태 공원입니다. 총 3개의 코스로 둘러볼 수 있어요. 1코스 돌박물관 안에서는 지구와 제주의 탄생, 2코스에서는 시대별 돌 문화, 3코스에서는 제주 전통 초가 마을을 관람할 수 있습니다. 워낙 넓은 공원이라 여유 있게 시간을 갖고 방문하는 게 좋습니다. 특히 모아이 석상처럼 쭉 늘어선 오백장군 군상 코스는 꼭 사진으로 남겨보세요.

tip

- 모아이 하르방 인증샷은 필수
- 박물관 지붕을 거대한 연못으로 만들어두었으니 놓치지 말 것
- 하늘연못 가운데 포토 존도 인기

info **주소** 제주도 제주시 조천읍 남조로 2023 **문의** 064-710-7733 **운영 시간** 09:00~18:00(매표는 17:00까지) **휴무** 월요일, 1월 1일, 추석 당일 **가격** 어른 5000원, 청소년·구민 3500원, 13세 이하·만 65세 이상 무료 **주차장** 이용객 무료

tip · 불공을 들일 수 있는 2개의 동굴이 있으니 불교 신자라면 더욱 추천

BEST 02

조각가의 공든 탑

금능석물원

50여 년간 돌하르방을 제작한 장광익 명장의 다양한 작품을 감상할 수 있어요. 제주 전설 속 인물을 돌로 표현한 작품은 물론, 제주의 전통 집, 옛날 사람들의 얼굴과 모습을 자세히 표현한 작품까지 있어 더욱 감동적입니다. 약 3500점의 석물을 관람할 수 있어요. 현무암으로 만든 다양한 작품에 놀라고 기대 이상의 볼거리에 두 번 놀라는 곳으로 다녀온 사람들의 만족도가 높습니다.

info 주소 제주도 제주시 한림읍 한림로 176 문의 064-796-2174 운영 시간 08:00~17:30 휴무 연중무휴 가격 어른 4000원, 초·중·고등학생 3000원, 7세 이하 무료 주차장 이용객 무료

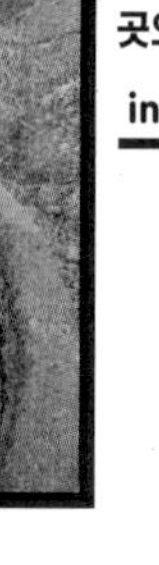

BEST 03

익살스러운 돌하르방이 반겨주는 곳

돌하르방미술관

김남흥 원장이 15년간 개인의 힘으로 일구어온 제주다운 관광지 중 하나입니다. 익살스러운 돌하르방부터 원형 그대로를 갖춘 돌하르방까지, 250여 개가 넘는 다양한 조형물을 야외 곳곳에서 만나볼 수 있어요. 예쁜 글귀와 제주의 특징을 가득 담은 하르방 사진을 찍을 곳이 아주 많으니 천천히 둘러보세요. 참고로 다양한 원데이 클래스도 진행 중이니 SNS를 확인해주세요.

info 주소 제주도 제주시 조천읍 북촌서1길 70 문의 064-782-0570 운영 시간 4~10월 09:00~17:00, 11~3월 09:00~17:00 휴무 연중무휴 가격 어른 7000원, 청소년·어린이 5000원, 36개월 미만 무료 주차장 이용객 무료

tip · 현대판 하르방 포토 존 놓치지 말기

Highlight

오감 만족 해산물 맛보기

신선놀음하기 좋은 경치에서 제주 해녀가 갓 잡아 올린 해산물까지 맛보면 오감이 즐거운 여행이 됩니다. 경치 하나는 최고인 정방폭포, 비행기가 오가는 걸 바라볼 수 있는 용두암, 제주의 세월이 켜켜이 쌓인 용머리해안을 배경으로 먹는 신선한 해산물은 입에서 살살 녹아요. 소주와 함께 이 분위기 꼭 즐겨보세요. 비싼 건 분위기 값인 걸로.

시원한 폭포 앞 신선놀음

정방폭포

모둠 해산물
3만 원

제주 3대 폭포 중 하나인 정방폭포. 한라산에서 내려와 절벽을 타고 떨어지는 폭포수는 넓은 제주 바다로 이어집니다. 웅장한 폭포로 치면 제주 최고. 23m 높이에서 떨어지는 물줄기를 배경 삼아 해녀가 잡아 올린 신선한 해산물을 맛볼 수 있어요. 해삼, 멍게, 뿔소라, 전복 등 그날그날 싱싱한 해산물과 소주 한잔은 그야말로 꿀맛. 바다를 테이블 삼아, 폭포수를 배경 삼아 해산물을 즐기니 신선놀음이 따로 없습니다.

info

주소 제주도 서귀포시 칠십리로214번길 37 **문의** 064-733-1530 **운영 시간** 09:00~17:20 **휴무** 연중무휴 **가격** 입장료 어른 2000원, 청소년 1000원, 노인·장애인·제주도민 등 무료 **주차장** 이용객 무료 **주의** 오르내리는 계단이 가파르니 주의할 것

제주에서 가장 빨리 만나는 신선함

용두암

전복, 소라,
문어, 멍게
2종류 3만 원,
3종류 5만 원

하루에도 수백 번 비행기가 오르내리는 용두암. 공항에서 가장 가까운 관광지로 제일 먼저 제주를 만나는 곳이에요. 이곳 용두암 아래에서 해녀들이 해산물을 판매하는 걸 볼 수 있어요. 가격은 기분 따라 오르고 내리는 것이 아닌 깔끔한 정찰제. 조금 비싼 감은 있지만 제주 여행을 신선한 해산물과 소주 한잔으로 시작할 수 있다고 생각하면 모든 것이 용서됩니다. 툭 튀어나온 바위에 대충 걸터앉아, 그저 플라스틱에 멋없이 담아낸 해산물을 먹는 것뿐이지만 횟집에서 깔끔하게 차려 나오는 해산물보다 더 맛있게 느껴질 거예요. 위생에 민감한 사람은 도전하기 힘든 곳이지만 제주 바다 앞이라 모든 것이 아름다운 걸로.

info

주소 제주도 제주시 용두암길 15 **문의** 064-728-3601 **운영 시간** 24시간 **휴무** 연중무휴 **가격** 입장료 무료 **주차장** 30분 무료 ※ 용두암 가까이 내려가야 해산물 노점을 찾을 수 있어요.

날씨 요정아 해산물을 허락해

용머리해안

모둠 해산물
2만 원

허락된 날씨에만 볼 수 있는 용머리해안. 그 멋진 해안에 정점을 찍는 것이 있으니, 바로 해녀들의 신선한 해산물과 소주. 겹겹이 쌓인 제주의 세월 앞에 놓인 비비드 컬러의 앉은뱅이 의자와 바구니를 뒤집어놓은 테이블이 제법 잘 어울려요. 무심하게 툭 놓인 해산물 한 접시와 제주에서만 맛볼 수 있는 한라산소주 한잔은 여행의 피로를 잊게 합니다. 원한다고 무조건 입장할 수 있는 것이 아니기에 더욱 특별한 노천 맛집. 비싼 횟집보다 더 분위기 좋은 용머리해안의 해녀 할머니 해산물, 용머리해안을 방문했다면 그냥 지나칠 수 없을 거예요.

info

주소 제주도 서귀포시 안덕면 사계리 112-3 **문의** 064-760-6321 **운영 시간** 09:00~17:00 **휴무** 연중무휴 **가격** 입장료 어른 2000원, 청소년·어린이 1000원 **주차장** 이용객 무료 **주의** 방문 전 미리 입장 가능 시간 확인 전화 필수

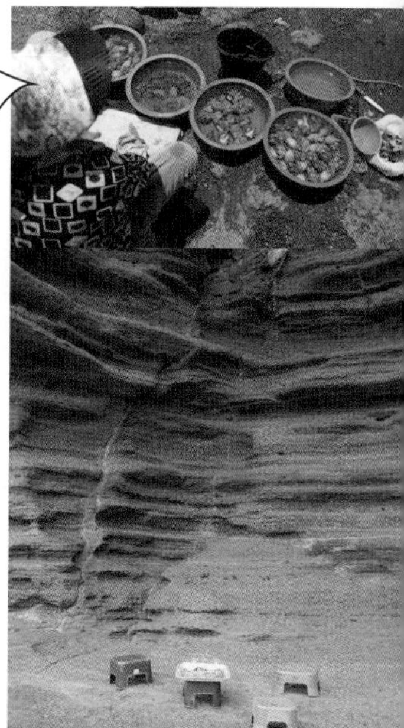

풍력발전기와 억새의 컬래버레이션

유채꽃프라자

유채와 벚꽃을 함께 즐길 수 있는 아름다운 길 녹산로에서는 풍력발전기를 여럿 볼 수 있어요. 녹산로를 가다 보면 억새로 유명한 유채꽃 프라자를 만날 수 있습니다. 풍력발전기의 모습이 억새와 함께 그림처럼 펼쳐지죠. 가끔 바람이 너무 많이 불어 머리카락이 마구 날려도 제주에서만 볼 수 있는 이국적 풍경이기에 많은 사람들이 사진 찍으러 방문하는 곳입니다.

info **주소** 제주도 서귀포시 표선면 녹산로 464-65 **문의** 064-787-1665 **운영 시간** 24시간 **휴무** 연중무휴 **가격** 무료 **주차장** 이용객 무료

- 봄에 방문했다면 벚꽃과 유채꽃을 한곳에서 즐겨보기
- 가을에 방문했다면 억새가 만들어낸 금빛 물결 감상하기

에메랄드빛 바다와 바람

김녕해수욕장

동쪽 대표 에메랄드빛 해변. 보고만 있어도 힐링이 되는 예쁜 바다가 펼쳐지는 곳입니다. 속이 훤히 들여다보이는 코발트빛 바다와 풍력발전기가 제주스러움을 느끼게 해줍니다. 다른 해변과 다르게 주변 상권이 발달하지 않아 조용하게 즐길 수 있으며, 물놀이하기도 좋고 해변과 이어진 김녕마을 지질 트레일을 여유롭게 둘러보기도 좋습니다.

info

주소 제주도 제주시 구좌읍 구좌해안로 237 **문의** 064-728-3988 **운영 시간** 24시간 **휴무** 연중무휴 **가격** 무료 **주차장** 이용객 무료

- 액자 속 그림 같은 요트와 풍력발전기, 에메랄드빛 바다를 배경으로 사진 찍기
- 김녕금속공예벽화거리 함께 둘러보기
- 용천수가 솟아나는 청굴물도 함께 만나보기

30 Highlight

바람 많은 제주, 풍차 뷰

바람 많은 제주인 만큼 동쪽과 서쪽 해안도로를 따라가다 보면 거대한 풍력발전소를 종종 볼 수 있어요. 이처럼 풍력발전소가 모여 멋스러운 경치를 연출해내는 풍차 뷰 스폿 세 곳을 소개합니다. 억새가 피어 오른 가을 황금 벌판이 펼쳐지는 유채꽃프라자, 에메랄드빛 바다까지 더해 그야말로 그림이 된 김녕해변과 선셋 명소 싱계물공원까지. 바람이 만들어낸 제주의 더 멋진 곳을 만나보세요.

선셋과 함께 즐겨요

싱계물공원

동쪽 김녕해변의 풍력발전소가 바다와 함께라면 서쪽 대표 주자는 신창 풍차 해안도로에서 만날 수 있어요. 관광객들에게는 신창 풍차해안이라는 이름으로 더 많이 알려진 싱계물공원입니다. 풍력발전기 방향으로 덱이 잘 조성되어 있어 사진 찍으며 산책하기 좋습니다. 대표적인 선셋 명소로 일몰 시간에는 바다와 풍차가 멋진 그림이 됩니다. 공원 가운데 용천수가 나와 예전에 목욕탕으로 쓰이던 장소를 볼 수 있어요. 바다 한가운데 세운 다금바리 조형물이 반짝 빛날 때는 마치 바다에서 튀어 오른 물고기 한마리를 보는 것 같습니다.

info **주소** 제주도 제주시 한경면 신창리 1322-1 **문의** 064-742-8861 **운영 시간** 24시간 **휴무** 연중무휴 **가격** 무료 **주차장** 맞은편 무료 주차장

- 일본 노천탕 느낌 나는 용천수 목욕탕 이용해보기
- 바로 옆 월령선인장 마을도 함께 가보기

31 Highlight

저질 체력도 도전 가능 명소

고운 비단 사봉낙조

사라봉

높이 184m로 산 정상에 운동기구가 잘 갖춰져 있어요. 덕분에 동네 주민들에게 인기 만점입니다. 사라봉 정상으로 가는 길은 두 가지. 계단으로 빠르게 올라가는 길과 전국 아름다운 숲 대회에서 수상한 오르막길 중 선택 가능해 각각 다른 경치를 즐길 수 있어요. 사봉낙조라 해서 일몰 시간이 되면 사라봉 정상 팔각정에 관광객과 도민이 가득합니다.

info **주소** 제주도 제주시 사라봉동길 61 **문의** 064-722-8053 **운영시간** 24시간 **휴무** 연중무휴 **가격** 무료 **주차장** 사라봉 앞 무료 주차장 이용

tip
- 올라갈 때는 계단길로 오르며 일본군이 구축한 동굴 진지 보기
- 내려올 때는 반대 길로 내려오며 제주 바다 만나보기
- 멋진 야경을 볼 수 있는 야간 산행하기

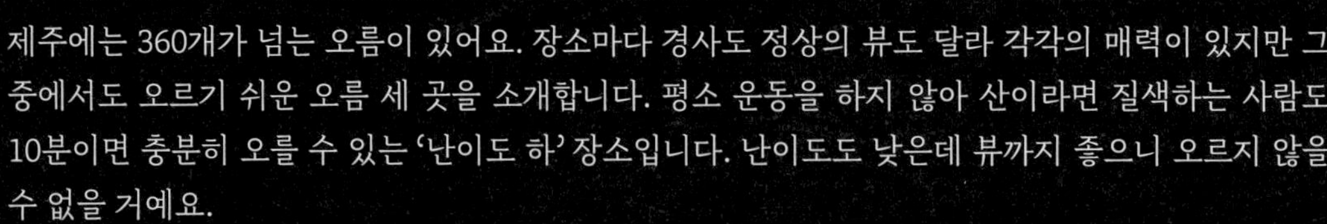

제주에는 360개가 넘는 오름이 있어요. 장소마다 경사도 정상의 뷰도 달라 각각의 매력이 있지만 그 중에서도 오르기 쉬운 오름 세 곳을 소개합니다. 평소 운동을 하지 않아 산이라면 질색하는 사람도 10분이면 충분히 오를 수 있는 '난이도 하' 장소입니다. 난이도도 낮은데 뷰까지 좋으니 오르지 않을 수 없을 거예요.

BEST 02

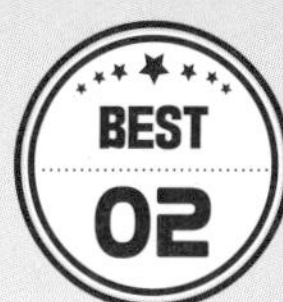

액자에 담긴 섶섬

제지기오름

서귀포에서 가장 따뜻한 마을이라 불리는 보목마을을 지키는 제지기오름. 해발 400m로 약 10~20분이면 정상에 오를 수 있어 가볍게 도전해볼 만합니다. 정상에 있는 나무들 사이로 액자처럼 보이는 섶섬의 경치는 혼자만 알고 싶은 비경 중 하나. 센스 있게 설치해둔 망원경 덕분에 섶섬, 문섬, 범섬까지 구경하는 재미가 있어요. 정상은 평평하고 운동기구와 평상이 있어 쉬어 가기 좋습니다.

info **주소** 제주도 서귀포시 보목동 275-1 **문의** 064-742-8861 **운영 시간** 24시간 **휴무** 연중무휴 **가격** 무료 **주차장** 이용객 무료

tip
- 무료 망원경으로 섶섬 관찰하기
- 아기자기한 보목마을과 서귀포 바다 섶섬 인증숏은 필수

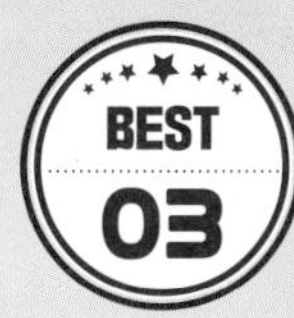

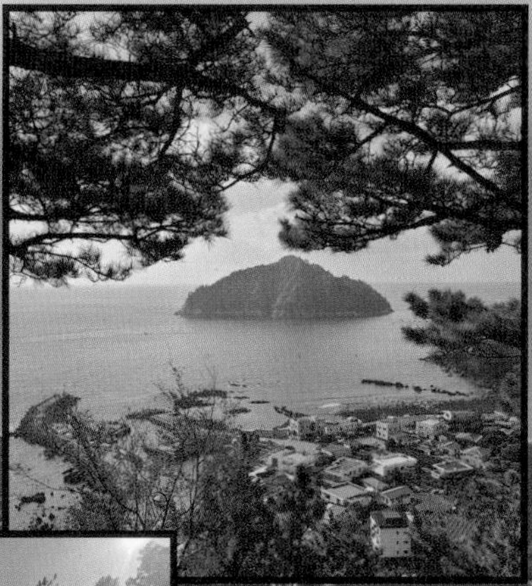

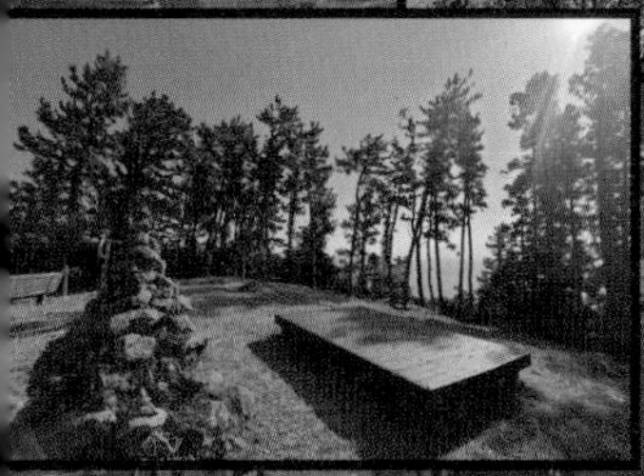

BEST 03

키세스존으로 유명한 포토 스폿

도두봉

제주공항에서 가장 가까운 오름으로 공항으로 가기 전 애매한 시간에 방문하기에 딱 좋은 코스입니다. 해발 63.5m로 누구나 쉽게 올라갈 수 있고 무엇보다 정상에서 보이는 제주공항의 활주로 뷰가 멋집니다. 바다 전망은 물론 비행기가 뜨고 내리는 것도 볼 수 있어 볼거리가 가득합니다. SNS에서 인기몰이 중인 키세스존에서는 도두봉을 올라가고 내려가는 시간보다 더 긴 시간을 줄 서서 사진을 찍어야 할 정도입니다. 기다림은 길지만 구실잣밤나무 끝 키세스 초콜릿 모양의 장소에서 역광으로 찍은 사진은 SNS에서 '좋아요'를 불러올 거예요.

info **주소** 제주도 제주시 도두일동 산1 **문의** 064-742-8861 **운영 시간** 24시간 **휴무** 연중무휴 **가격** 무료 **주차장** 이용객 무료

tip
- 바쁜 여행객들에게 안성맞춤인 일출 감상하기, 키세스 존 인증숏을 포기한다면 왕복 30분 컷
- 넓은 제주공항의 활주로 한눈에 내려다보기

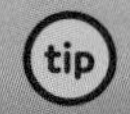

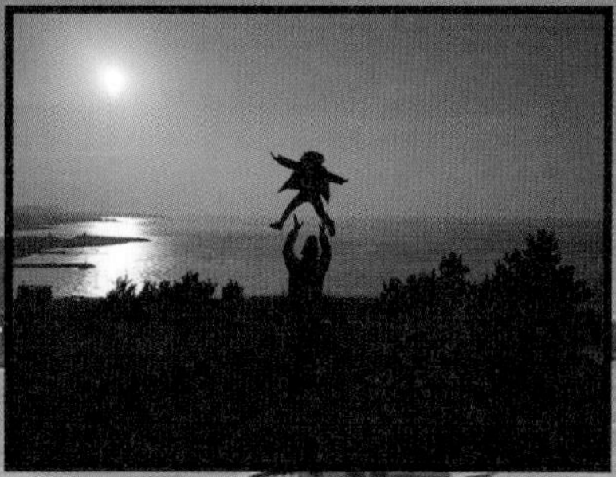

여행 기간은 짧고 오름은 많다. 시간 관계상 오름만 갈 수도 없으니 과연 300개가 넘는 곳 중 어디에 가야 할까 고민하는 그대에게 추천하는 베스트 오름. 인기도 좋고 뷰도 좋고 SNS '좋아요'를 불러올 만한 멋스러움까지 갖춘 인기 좋은 오름 세 곳을 소개합니다.

Highlight

무조건 가야 하는 최고의 오름

용이 누워 있는 듯 부드러운 능선을 자랑하는 오름

용눈이오름

마치 용이 누워 있는 듯한 모습으로 동쪽 명소들을 한눈에 아우르는 용눈이오름. 능선이 완만해 누구든 어려움 없이 정상까지 오를 수 있어요. 정상에 올라서면 성산일출봉, 우도, 지미봉 동쪽의 멋진 경치가 파노라마처럼 펼쳐집니다. 일출과 일몰 시간 모두 인기가 좋아 관광객들이 많이 찾아요. 안식년을 끝내고 2023년 2월부터 다시 만날 수 있게 되었어요.

info 주소 제주도 제주시 구좌읍 종달리 산28 문의 제주도 환경정책과(064-710-6041~3) 운영 시간 24시간 휴무 연중무휴 가격 무료 주차장 이용객 무료

- 지미봉, 우도, 성산일출봉, 다랑쉬오름 찾아보기

BEST 02

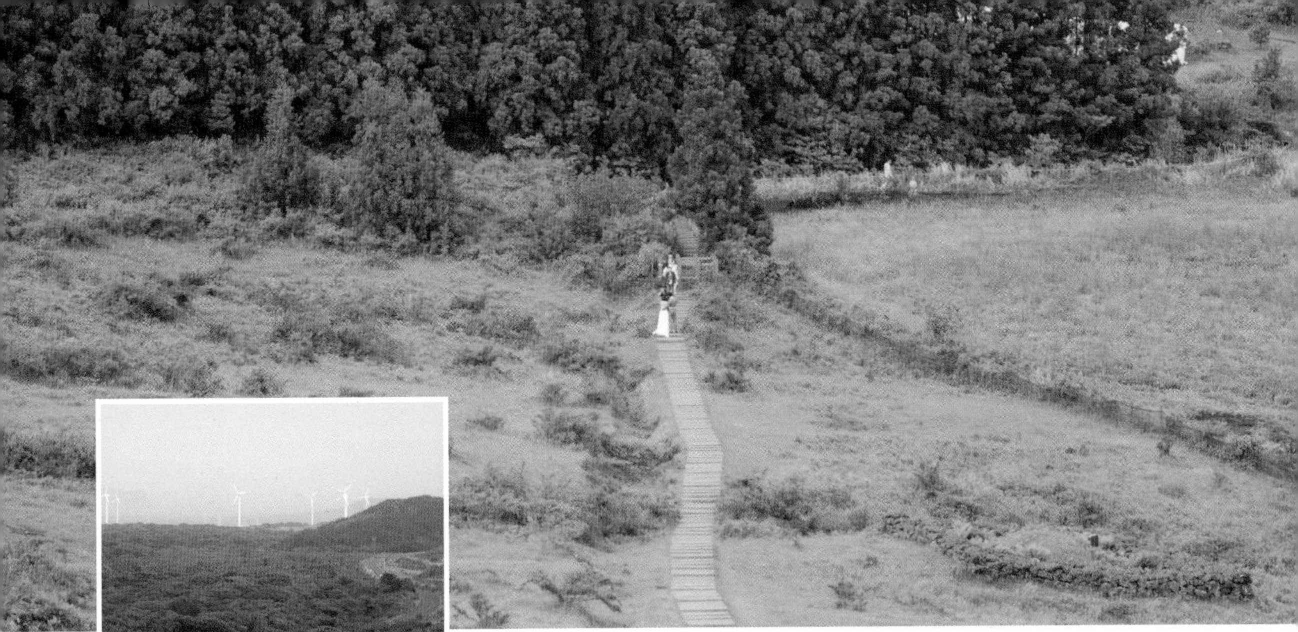

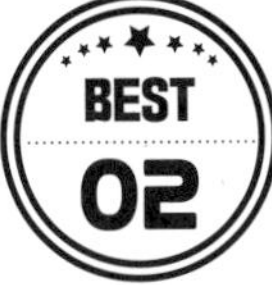

웨딩 사진 성지

백약이오름

100가지 넘는 약초가 자생하고 있다 해서 이름 붙인 곳. 잡초로 뒤덮인 듯 보이지만 알고 보면 약초로 가득합니다. 이곳의 단연 인기 톱은 초입에 위치한 나무 계단. 웨딩 촬영하는 커플부터 커플 스냅, 가족사진을 찍는 사람 등 많은 이가 찾는 핫한 촬영지 중 하나예요. 정상으로 올라가며 곳곳에 자연 방목하는 소들을 볼 수 있어요.

info 주소 제주도 서귀포시 표선면 성읍리 산1 문의 064-760-4451 운영 시간 24시간(정상 봉우리에는 들어갈 수 없음) 휴무 연중무휴 가격 무료 주차장 이용객 무료 주의 방목한 소는 멀리서 촬영할 것

tip
- 인생사진 찍기 좋은 계단 세어보기

BEST 03

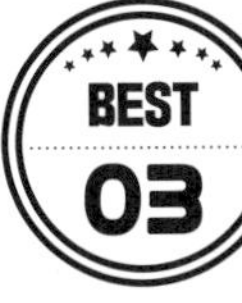

이효리가 선택한 오름

금오름

서쪽의 아름다움을 가득 담은 금오름. 가수 이효리의 뮤직비디오 촬영 장소로 유명해 많은 관광객이 일몰 시간에 모이곤 해요. 정상 화구호 수량이 점점 줄어들어 요즘은 비가 오면 물이 고이는 정도입니다. 덕분에 다른 오름과는 또 다른 느낌의 사진을 연출할 수 있어요. 특히 일몰 사진 명소로 추천합니다. 서쪽 대표 오름답게 정상에 서면 서부의 멋진 경치와 멀리 금능해변의 비양도까지 조망할 수 있어요.

info 주소 제주도 제주시 한림읍 금악리 산1-1 문의 제주관광정보센터(064-740-6000) 운영 시간 24시간 휴무 연중무휴 가격 무료 주차장 이용객 무료

tip
- 이효리 뮤직비디오 따라 사진 찍기
- 비양도 찾아보기
- 패러글라이딩 도전해보기

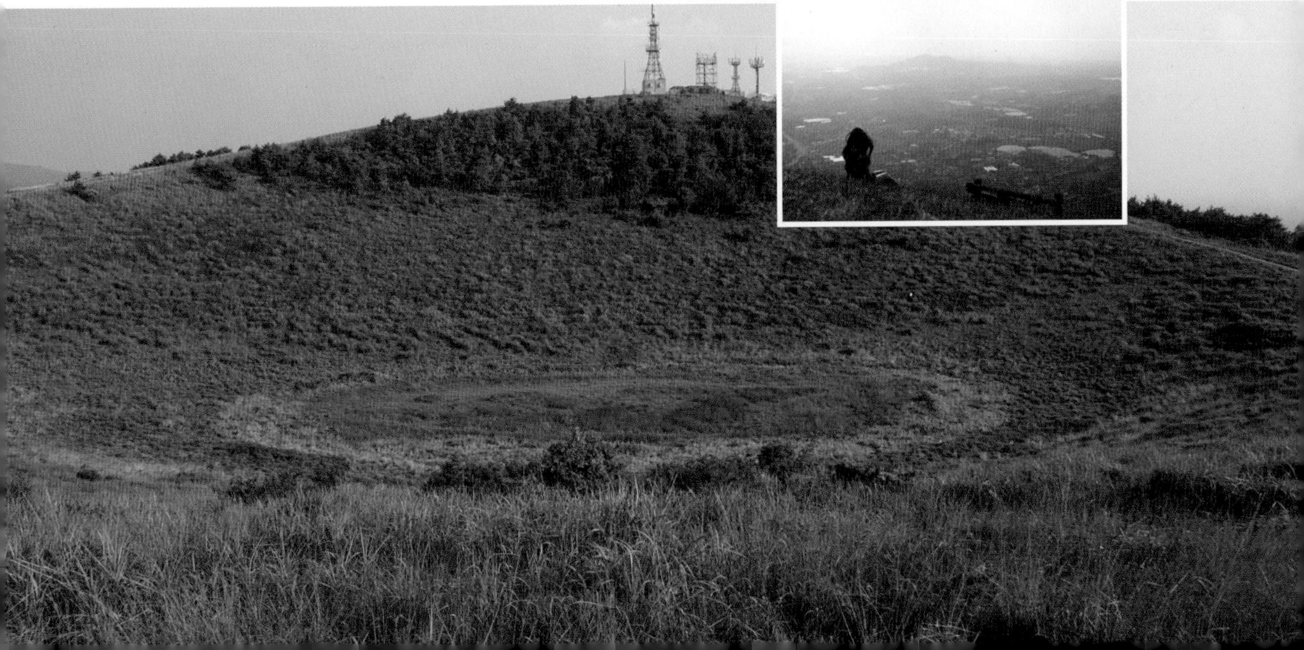

우도, 성산일출봉, 종달 바당의 감동

지미봉

제주 동쪽 맨 끝에 위치한 마을 종달리가 한눈에 내려다보이는 지미봉입니다. 지미봉은 성산일출봉과 함께 일출 명소로 유명해요. 해발 164m로 낮은 편이지만 경사가 가파르고 계단이 많은 편이라 평소 운동 부족인 사람은 몇 번이고 숨을 몰아쉬어야 할지 몰라요. 하지만 값진 고생 끝 정상에서 보이는 알록달록한 종달리 마을과 성산일출봉 뷰는 진한 감동을 줄 거예요. 날씨 맑은 날에는 우도까지 한눈에 보입니다.

info **주소** 제주도 제주시 구좌읍 종달리 산3-1 **문의** 064-742-8861 **운영 시간** 24시간 **휴무** 연중무휴 **가격** 무료 **주차장** 이용객 무료 **주의** • 편한 운동화는 필수 • 가방에 생수를 반드시 챙길 것

• 종달마을 산책도 추천

천국의 계단을 만나는 곳

영주산

하늘로 이어지는 듯한 천국의 계단을 만날 수 있는 영주산은 산수국이 피는 여름에 특히 아름다운 곳입니다. 나무 계단 양쪽으로 산수국이 만개해 천국으로 가는 꽃 계단을 연상시킵니다. 정상길과 둘레길, 성읍 지수지길 등 총 세 가지 코스를 만나볼 수 있어요. 단거리 코스인 정상길은 약 2.3km로 조금 가파르고 길지만 나무 계단을 하나하나 오를 때마다 뒤로 보이는 경치가 힘든 것도 잠시 잊게 해줄 거예요. 정상에 도착하면 동쪽의 풍력발전소와 철새들이 찾아오는 성읍저수지도 만나보세요.

info **주소** 제주도 서귀포시 표선면 성읍리 산18-1 **문의** 064-760-4413 **운영 시간** 24시간 **휴무** 연중무휴 **가격** 무료 **주차장** 이용객 무료 **주의** 방목한 소 덕분에 소똥 지뢰 주의 필요

• 산수국이 필 때 방문하길 추천(개화 시기 6~7월)

최고의 에너자이저를 위한 베스트 오름

"나 산 좀 타!" 한다면 조금 더 높고 경치 좋은 오름에 도전해보는 건 어떨까요? 물론 한라산에 비하면 새발의 피. 사람마다 다르지만 그래도 "내 체력이면 이 정도는 괜찮다" 싶은 자신감 있는 여행자라면 이 세 곳에 도전하지 않을 이유는 없겠죠?

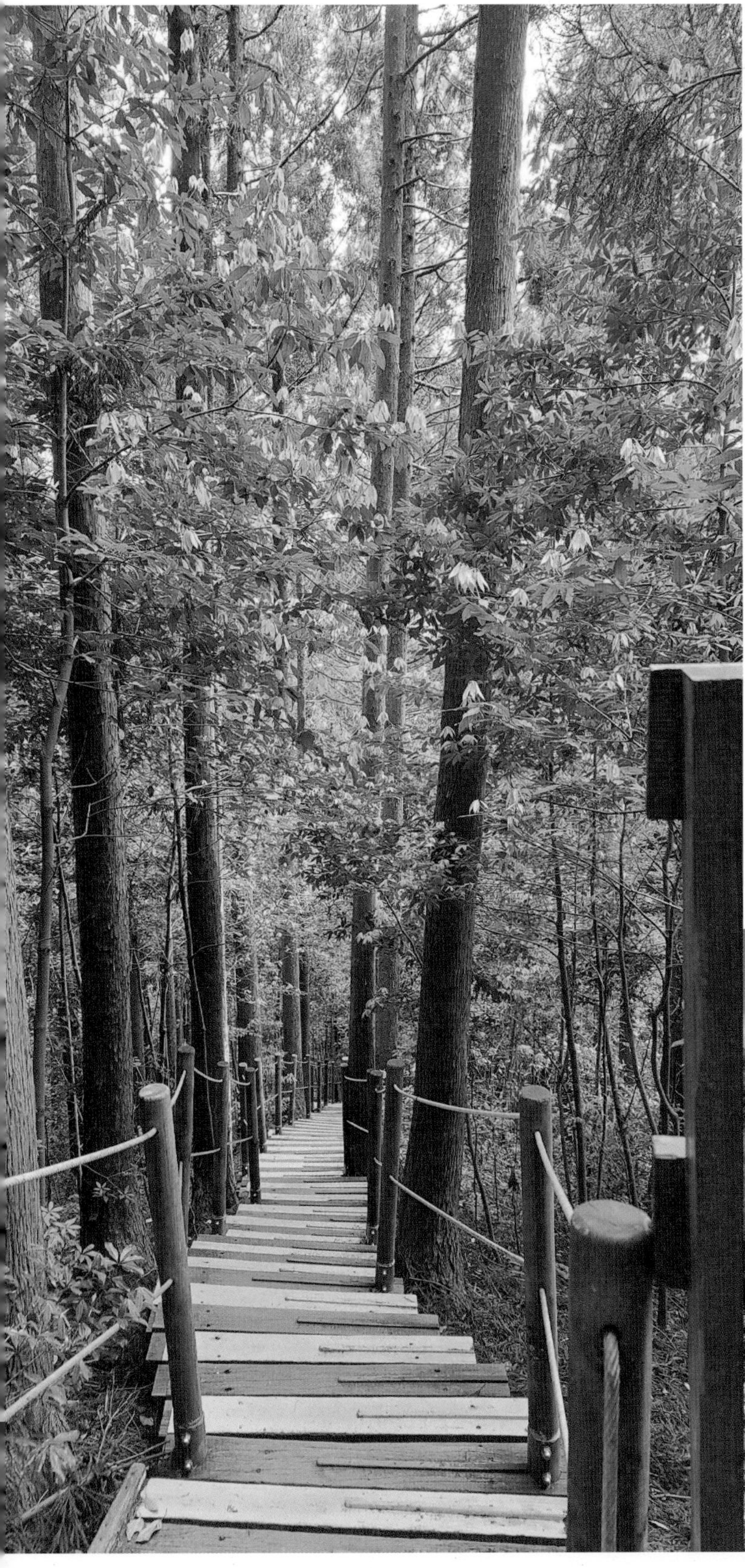

BEST
03

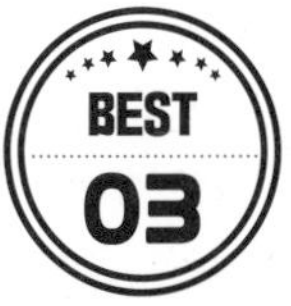

물의 수호신이 산다

물영아리오름

세계적 규모의 환경 협약인 '람사르협약'에서 지정한 람사르 습지입니다. 물영아리오름 습지를 만나는 길은 총 세 가지인데, 그중 경사가 가파른 계단길을 따라 정상의 습지까지 오른 후 능선길을 따라 둘레길로 내려오는 코스가 다양한 모습을 확인할 수 있어 좋아요. 계단길은 경사가 가파르지만 3개의 쉼터가 단물 같은 역할을 해요. 둘레길은 중잣성 생태 탐방로와 이어집니다. 노약자나 아이와 함께한다면 2개의 둘레길로 정상에 도전해보세요. 오름 초입의 넓은 초원에서 가끔 노루를 볼 수도 있습니다.

info 주소 제주도 서귀포시 남원읍 태수로 552 문의 064-728-6200 운영 시간 24시간 휴무 연중무휴 가격 무료 주차장 이용객 무료

tip
- 더욱 몽환적인 물영아리오름을 만나려면 비 오는 날 추천
- 탐방 해설 안내 받아보기
- 영화 <늑대소년> 촬영지

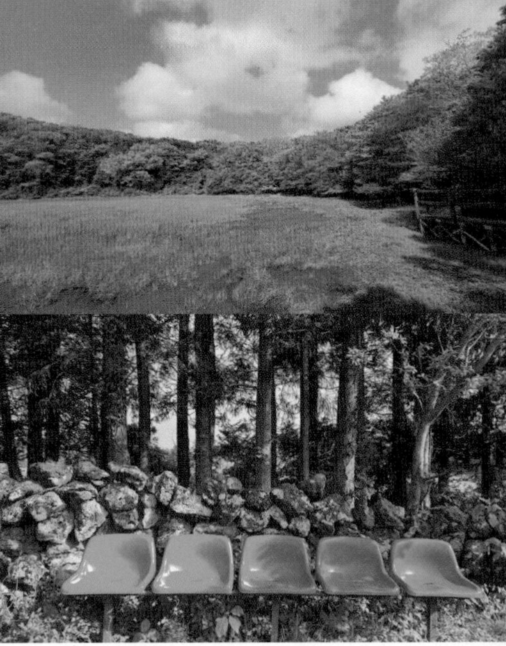

타임머신 타고 탐라국 여행

34 Highlight

제주의 전통 마을을 그대로 살린 곳. 타임머신을 타고 탐라국 시절로 돌아간다면 드라마 속 세트장 같은 이곳으로 날아갈 것만 같아요. 제주의 전통 가옥과 탐라국의 중심 제주목 관아, 제주의 큰 마을이었던 곳에 후손들이 그대로 터를 잡고 문화를 이어가는 성읍민속마을까지. 제주 여기 저기에서 과거로 여행을 떠나보세요.

가장 제주다운 곳 제주민속촌

제주의 산촌, 중산간촌, 어촌, 유배소 등 100여 채의 전통 가옥을 만나볼 수 있는 곳입니다. 용인 한국민속촌과 비슷한 듯하지만 제주스러움을 가득 담아 예전 제주의 모습을 직접 체험하고 보고 느낄 수 있어요. 여기에서 인기 드라마 〈대장금〉을 촬영했던 흔적을 찾아볼 수 있어요. 그 외에 전통체험장과 조류사육장, 미로동산은 아이와 함께하기에도 좋아요.

info 주소 제주도 서귀포시 표선면 민속해안로 631-34 문의 064-787-4501 운영 시간 08:30~19:00 휴무 연중무휴 가격 입장료 어른 1만5000원, 청소년 1만2000원, 어린이 1만1000원 주차장 이용객 무료 ※ 반려견 동반 가능

- 금·토요일은 민속 공연도 진행하니 관람해보기
- 오직 제주민속촌에서만 볼 수 있는 재미있는 풍경인 전통 가옥 편의점 만나보기
- 민속촌 주요 관람로 순환버스 이용하기

tip

- 제주목을 거쳐 간 제주목사들을 볼 수 있는 제주목 역사관부터 둘러보길 추천
- 도심 속에 있어 접근성이 좋으니 꼭 들러볼 것
- 동문시장이 바로 길 건너에 있으니 함께 둘러보기

탐라국의 중심 제주목 관아

조선시대 제주목의 관아 터로 탐라국 시대부터 사용한 주요 시설입니다. 제주도 정치, 행정, 문화의 중심지였던 이곳은 동문시장에서 가까워 접근성이 좋고, 현재와 과거가 공존하는 모습을 볼 수 있어요. 투호, 널뛰기 등 전통 놀이도 즐길 수 있습니다. 제주에 현존하는 건물 중 가장 오래된 건물인 관덕정도 바로 앞에 위치하니 함께 관람해보세요.

info 주소 제주도 제주시 관덕로25 문의 064-710-6717 운영 시간 09:00~18:00 휴무 연중무휴 가격 입장료 어른 1500원, 어린이 400원 주차장 이용객 무료

BEST 03

살아 있는 제주 전통 마을 성읍민속마을

현재 실제로 사람들이 거주하는 제주 전통 마을입니다. 순천의 낙안읍성, 안동 하회마을처럼 500여 년 전 그 시절 그 모습을 아직까지 보존하고 있어요. 한때는 동부 지역의 중심이었던 곳으로 정의현성에서 내려다보이는 초가집들 모습이 드라마 배경 같은 느낌을 줍니다. 성벽을 따라 노랗게 물든 유채꽃밭은 꽃구경 명소로도 인기 만점. 무료 방문 가능하니 편하게 둘러보세요.

info 주소 제주도 서귀포시 표선면 성읍리 3294 문의 064-710-6797 운영 시간 24시간 휴무 연중무휴 가격 무료 주차장 이용객 무료

- 문화 관광해설사 해설 신청 가능(10:00~17:00)
- 제주 전통 술인 고소리술, 오메기술 만드는 전통 체험 교육 프로그램도 사전 예약하고 체험해보기
- 투숙 가능한 옛 전통 가옥 체험해보기

제주 유적지

35 Highlight

원시시대부터 제주에도 사람이 머물렀을까? 교과서에서 보던 빗살무늬토기부터 제주의 고인돌까지. 옛 원주민들의 자취를 찾아볼 수 있는 곳으로 오래전 제주에 사람이 살기 시작한 흔적과 저 멀리 육지와 교류한 흔적까지 확인할 수 있어요. 제주에 남은 원시인의 흔적을 찾아 제주 유적지 여행을 떠나보세요.

BEST 01

청동기시대 후기로 떠나봐요

제주삼양동유적

1996년 삼양동에서 발견된 청동기시대 집터를 만날 수 있어요. 이곳 제주 삼양동 유적지가 청동기시대 후기 움집 터일 뿐 아니라 제주 최대 규모의 마을 유적이었다는 걸 알 수 있어요. 야외에는 그 시절 움집과 원시인들의 조형물을 만나볼 수 있어 더욱 리얼합니다. 실내 전시관에서 선사 유적 발굴 체험도 해보고 제주 옛 원주민들의 사냥 채집 도구도 만나보세요.

info 주소 제주도 제주시 선사로2길 13 문의 064-710-6806 운영 시간 09:00~18:00 휴무 연중무휴 가격 무료 주차장 이용객 무료

tip
- 교과서에서 보던 고인돌 살펴보기
- 목판 떠보기, 유적 발굴 체험 무료로 즐기기
- 삼양 검은모래해변도 함께 만나보기

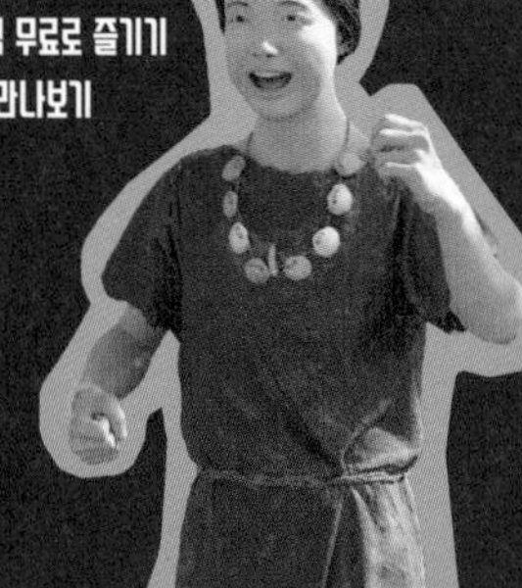

• 우리나라에서 가장 오래된 고토기 고산리식 토기 만나기
• 1박 2일 고산리 선사 캠프 참여해보기

우리나라 가장 오래된 신석기 문화

제주고산리유적

교과서에서나 볼 법한 석기와 토기를 직접 눈으로 확인할 수 있어요. 찌르개, 긁개, 새기개, 뚜르개, 신석기시대 대표 유물이라 불리는 빗살무늬토기 등 신석기시대에 사용한 토기들이 그저 신기합니다. 한반도에서 가장 오래된 마을이라는 것 자체만으로도 역사적 의미가 있는 장소예요. 고산리식 토기 만들기부터 지상식 움집 만들기, 사냥 체험 등 다양한 체험 프로그램을 진행하니 예약 방문을 추천합니다.

info 주소 제주도 제주시 한경면 노을해안로 1100 문의 0507-1406-0061 운영 시간 09:00~17:30 휴무 월요일, 공휴일 가격 무료 주차장 이용객 무료

추사 김정희 선생 기념관

추사관

<알쓸신잡>에 나와 더 많이 알려진 추사관. 학자이자 예술가인 추사 김정희 선생이 제주에 유배되어 9년간 머물던 집과 작품을 만나볼 수 있습니다. 유명한 작품 '세한도'와 제주 유배 당시 김정희 선생이 만든 추사체와 선생이 쓴 편지, 업적을 직접 살펴볼 수 있어요. 특히 건물은 '세한도'를 바탕으로 지은 것이 유명합니다. 제주도 유배 가는 길처럼 천천히 걸어보라는 의미를 지닌 건물 입구의 독특한 경사길도 관전 포인트입니다.

info 주소 제주도 서귀포시 대정읍 추사로 44 문의 064-710-6801 운영 시간 09:00~18:00 휴무 월요일, 1월 1일, 설날·추석 당일 가격 무료 주차장 이용객 무료

• '세한도'를 그대로 옮긴 듯한 추사관 건물 사진에 담기 • 붓글씨 체험해보기

제주 알기

36 Highlight

제주의 탄생 배경과 제주의 의식주, 통과의례, 제주에 사는 동식물은 물론 해양 생물까지 제주에 대해 먼저 알아보고 여행을 시작해보세요. 제주를 가장 가까이에서 자세히 배울 수 있는 곳을 선정했습니다. 제주 교육의 역사부터 제주의 모든 것을 알아가는 시간. 그 어떤 곳보다 교육적으로 좋은 장소입니다.

BEST 01

어린이박물관
어린이박물관
어린이박물관
어린이박물관

제주 여행 전 여기부터

국립제주박물관

제주 여행을 앞두고 있다면 가장 먼저 이곳을 방문해볼 것을 추천합니다. 훨씬 더 알찬 제주 여행을 할 수 있을 거예요. 탐라국부터 지금의 제주가 되기까지 역사와 문화를 모두 만나볼 수 있어요. 어느 지역에 어떤 사람들이 귀양을 오게 되었는지, 제주 감귤에 대한 이야기 등 선사 시대부터 지금까지 제주의 모든 것을 영상과 전시물로 재미있게 배울 수 있습니다. 아이와 함께라면 뮤지엄 숍에서 판매하는 체험 재료를 구입해 체험해보세요. 2021년 개장한 어린이박물관도 필수입니다.

info 주소 제주도 제주시 일주동로 17 문의 064-720-8000 운영 시간 10:00~18:00 휴무 월요일, 1월 1일, 설날·추석 당일 가격 무료 주차장 이용객 무료

- 로비 천장의 제주를 그대로 담은 스테인드글라스는 꼭 볼 것
- 아이와 함께라면 어린이박물관은 필수
- 지하 1층 실감영상실 빼놓지 말것

거대한 산갈치 박제를 보고 놀라지 말 것

제주의 모든 것 제주도민속자연사박물관

국립제주박물관과는 또 다른 느낌으로 제주 사람들의 전통문화, 제주 신화 등을 바탕으로 한 제주 생태계, 의식주를 만날 수 있는 곳. 옛 제주 사람들의 주거 환경, 제주 바다에서 잡히는 다양한 생물, 영상으로 만나는 설문대할망 이야기도 재미있어요. 제주 하면 떠오르는 해녀들의 모습, 제주 전통 의복 갈옷, 전통 음식 등 육지와는 다른 문화를 다양하게 만나볼 수 있습니다. 생각보다 규모도 크고 볼거리도 다양해 만족도가 높습니다. 박물관에서 바로 이어지는 신산공원은 벚꽃 명소로도 유명하니 봄에 찾는다면 함께 둘러보세요.

info 주소 제주도 제주시 삼성로 40 문의 064-710-7708 운영 시간 09:00~17:00 휴무 월요일, 1월 1일, 설날 및 설날 다음 날, 추석 및 추석 다음 날 가격 입장료 어른 2000원, 청소년 1000원 주차장 이용객 유료

tip • 전통 의상 갈옷 입고 허벅 체험해보기

제주 교육의 모든 것 제주교육박물관

제주 교육의 변천 과정을 볼 수 있는 곳입니다. 제주 교육과 탐라시대 교육, 조선시대로 이어지는 옛 서당의 모습 등 다양한 볼거리를 제공합니다. 옛날 교과서, 교복 등 '그때 그랬지~' 하고 공감하게 되는 다양한 전시물을 보면 추억이 새록새록. 제주에서 학교에 다니지 않았어도 재미있어요. 사라져가는 제주어도 배워보세요. 교과서 표지나 퍼즐을 맞추는 등 아이들이 흥미로워할 만한 체험 거리도 가득합니다.

info 주소 제주도 제주시 오복4길 25 문의 064-720-9114 운영 시간 09:00~18:00 휴무 월요일, 1월 1일, 설날·추석 당일, 임시 공휴일 가격 무료 주차장 이용객 무료

tip • 학창 시절 추억해보기 • 옛날 문구점과 학교의 모습을 재현한 곳에서 기념사진 필수

이색 박물관

타 지역에서도 볼 법한 국립박물관이 아닌 오직 제주에서만 볼 수 있는 이색 테마 박물관이 있다면 안 가볼 수 없죠. 2016년 유네스코 인류무형문화유산으로 등재된 제주 해녀의 모든 것을 보고 느낄 수 있는 제주해녀박물관, 조선 후기 제주의 자선사업가로 알려진 실존 인물 김만덕의 삶을 만나보는 김만덕기념관, 바람 많은 제주의 에너지를 이용해 지구를 지켜나가고 새로운 에너지를 배우는 의미 있는 제주신재생에너지홍보관. 이외에도 다양한 주제와 제주만의 특색 있는 이야기를 만나볼 수 있는 전시관이 많아요. 아이와 함께라면 더더욱 제주 박물관으로 떠나보세요.

BEST 01

해녀의 모든 것 제주해녀박물관

해녀들이 기부한 물품을 전시해 해녀 삶의 모든 것을 만날 수 있는 곳. 유네스코 인류무형문화유산으로 등재될 만큼 제주 하면 해녀를 빼놓을 수 없어요. 해녀들의 쉼터 불 턱, 해녀들의 필수 장비는 물론 엄마로서의 삶을 영상으로 관람할 수 있어요. 어린이해녀관에는 아이의 시선에서 해녀의 삶을 만나보고 체험해볼 수 있죠. 제주에 왔다면 한번은 둘러볼 만한 의미 있는 전시관입니다.

info 주소 제주도 제주시 구좌읍 해녀박물관길 26 문의 064-782-9898 운영 시간 09:00~18:00 휴무 월요일 가격 25~64세 1100원, 13~24세 500원 주차장 이용객 무료

tip
- 해녀들이 물질하다 나와 몰아 쉬는 숨비 소리 들어보기
- 각 계절 해녀들이 잡는 바다 생물 알아보기

BEST 02

tip
• 가까운 거리에 위치한 거상 김만덕 객주 터 방문해 막걸리 한잔 즐겨보기

조선 최초 여성 CEO 김만덕기념관

나눔과 봉사 정신을 계승하는 김만덕기념관에서는 김만덕 정신을 주제로 그녀의 생애와 활동을 살펴볼 수 있어요. 거상이 된 김만덕은 흉년이 들자 본인의 재산을 내놓아 제주 사람들을 살렸어요. 그런 그녀의 삶을 재미있는 영상으로 감상할 수 있어요. 매년 제주 의녀 김만덕을 기리기 위해 제주시에서는 김만덕상을 뽑아 나눔 정신을 계승하고 있습니다.

info 주소 제주도 제주시 산지로 7 문의 064-759-6090 운영 시간 09:00~18:00 휴무 월요일, 1월 1일, 설날 · 추석 당일 가격 무료 주차장 산짓물 공영 주차장 1시간 무료 이용

BEST 03

지구를 지켜요 제주신재생에너지홍보관

현재 가장 큰 문제가 되는 환경오염. 지구의 건강을 지키기 위해 꼭 필요한 청정 에너지를 오감으로 체험하는 곳입니다. 바로 앞 풍력발전소를 보며 제주의 친환경 에너지를 눈으로 확인하고 배울 수 있어요. 오며 가며 제주 곳곳에 태양광, 전기차 충전소를 찾아보는 것도 교육적이에요. 무료로 즐기기엔 값진 곳이죠. 다양한 체험을 한 후 1층에서 만나는 4D 영상관도 기대 이상으로 재미있으니 꼭 들러보세요.

info 주소 제주도 제주시 구좌읍 해맞이해안로 712-3 문의 064-720-7490 운영 시간 09:00~18:00 휴무 월요일, 1월 1일, 명절(설 · 추석 연휴) 가격 무료 주차장 이용객 무료

tip
• 이번 여행엔 전기차를 이용해보는 것도 추천 • 전기차 충전하는 법 체험해보기 • 4D 영상도 꼭 즐겨보기

감각적인 전시관

하루에도 여러 번 다른 얼굴을 보여주는 변화무쌍한 제주 날씨. 흐린 날 야외 여행 계획이 틀어졌다면 감각적인 실내 전시관의 매력에 빠져보세요. 섭지코지의 아름다움을 아우르는 유민미술관, 제주 낡은 원도심 개발의 결정판 아라리오 뮤지엄과 아라리오 로드, 제주의 자연을 그 누구보다 사랑했던 작가 김영갑을 기리는 김영갑갤러리두모악 등 제주에는 감각적이고 볼거리 많은 실내 여행지도 가득합니다.

안도 다다오와 아르누보의 만남

유민 미술관

유민미술관은 노출 콘크리트 건축물로 유명한 일본 건축가 안도 다다오의 작품이며, 섭지코지의 아름다움과 잘 어우러지는 곳입니다. 실내 전시관에는 1894년부터 약 20년간 유럽 전역에서 일어난 공예 디자인 운동 '아르누보'풍 유리공예 작품을 만나볼 수 있어요. 영감의 방, 명작의 방, 아르누보 전성기의 방, 아르누보와 아르데코의 램프까지 자연주의적 소재를 모티브로 한 프랑스 아르누보 작가들의 작품을 감상해보세요. 섭지코지의 멋진 경치만큼 매력적인 안도 다다오의 건축물과 아르누보의 만남은 동서양의 아름다움을 한눈에 보여줍니다.

info **주소** 제주도 서귀포시 성산읍 섭지코지로 93-66 **문의** 064-731-7791 **운영 시간** 09:00~18:00 **휴무** 화요일 **가격** 어른 1만2000원, 청소년 · 어린이 9000원 **주차장** 휘닉스리조트 주차장 이용

tip
- 한 폭의 그림 같은 안도 다다오 건축물과 성산일출봉, 섭지코지 경치 한눈에 담아보기
- 섭지코지 산책도 함께 즐겨볼 것

버려진 건물의 새로운 탄생

아라리오 뮤지엄

원도심의 버려지고 쇠퇴한 모텔과 극장이 새로운 공간으로 탈바꿈했어요. 어디에서든 강렬하게 시선을 사로잡는 빨간 외관과 예전 모습 그대로인 듯하면서도 새로운 전시관에서는 독특한 현대미술 작품을 만나볼 수 있습니다. 특히 골목에 위치한 아라리오 뮤지엄 동문모텔은 전시관 같지 않은 외관으로 더욱 이색적입니다. 모텔 구조를 그대로 살린 듯한 실내도 개성 넘쳐요. 적막감이 도는 전시관에 중간중간 무서운 느낌도 나서 또 다른 재미를 느낄 수 있어요. 탑동시네마, 탑동 바이크와 동문 모텔 1·2를 하나로 묶어 둘러보거나 통합권으로 모두 둘러봐도 좋습니다.

info **주소** 제주도 제주시 산지로 23(아라리오 뮤지엄 동문모텔2) **문의** 064-720-8203 **운영 시간** 10:00~19:00 **휴무** 월요일 **가격** 입장료 통합권 어른 2만4000원, 청소년 1만4000원, 어린이 9000원 **주차장** 뮤지엄 앞 탑동 공영 주차장 이용(무료)

tip • 오디오 트립 추천 • 건물 옥상에서 제주 산지천의 매력 느껴보기

어디에 있어도 올 사람은 오고, 오지 않을 사람은 오지 않는다

김영갑 갤러리 두모악

폐교인 삼달분교를 개조해 조성한 갤러리입니다. 이름 중 두모악은 한라산의 옛 이름입니다. 제주를 사랑한 김영갑 작가는 루게릭 병과 싸우면서 이곳을 완성했어요. 전시관에서는 중산간의 매력과 그가 사랑했던 용눈이오름 사진은 물론, 김영갑 작가의 유품을 소개하고 있습니다.

info **주소** 제주도 서귀포시 성산읍 삼달로 137 **문의** 064-784-9907 **운영 시간** 3~6·9~10월 09:30~18:00, 7~8월 09:30~18:30, 11~2월 09:30~17:00 **휴무** 수요일, 1월 1일, 설날·추석 당일 **가격** 어른 5000원, 청소년·어린이 3000원 **주차장** 이용객 무료

tip
- 사계절 다른 모습의 용눈이오름 작품 만나기
- 입장권 대신 주는 엽서 또한 좋은 기념품이 되니 꼭 챙기기

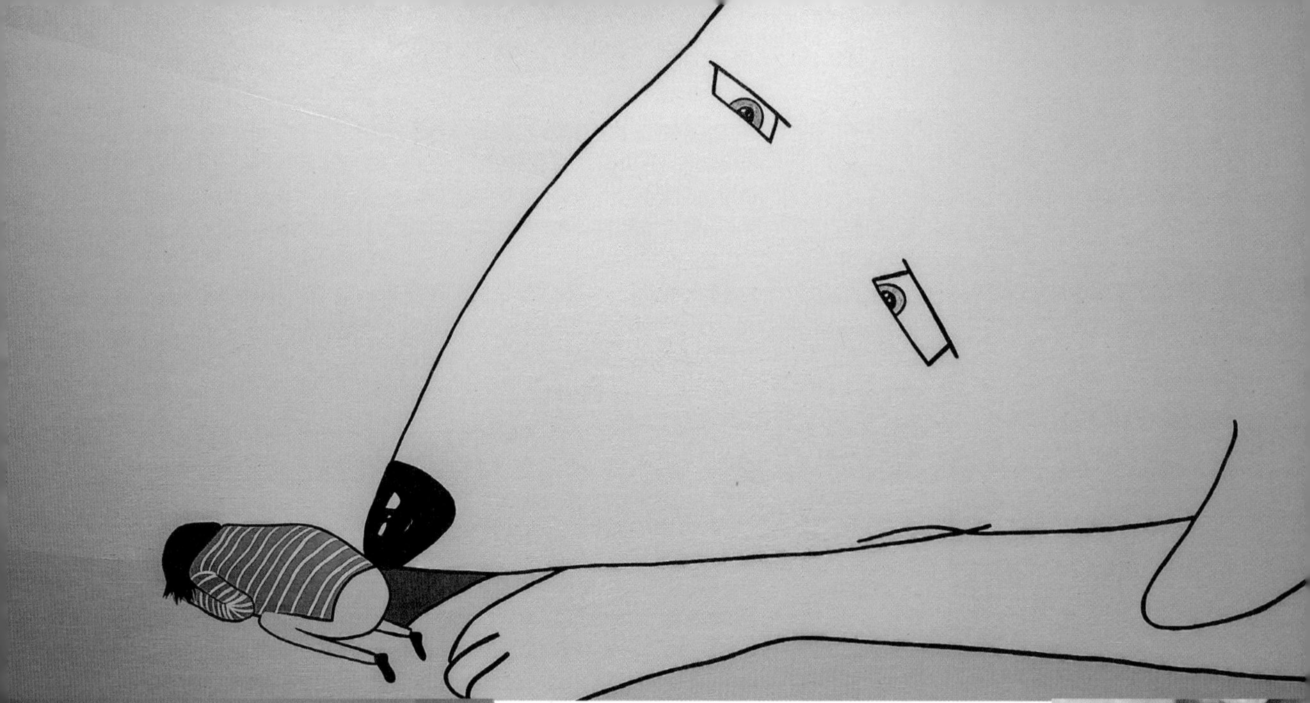

BEST 01

걸어가는 늑대들

전이수갤러리

SBS 〈영재발굴단〉으로 얼굴을 알린 전이수 군의 글과 그림을 만나는 곳. 여느 미술관과는 다르게 예스 키즈 존이라 아이와 함께 하는 여행에 추천할 만해요. 입장료 9000원 중 4000원, 굿즈 판매금을 제주 미혼모 센터와 국경 없는 의사회 등 좋은 곳에 후원한다고 하니 방문하는 것만으로도 뜻깊은 일에 동참하는 셈이에요. 아이와 함께라면 30분 간격으로 관람 가능하니 시간에 맞춰 방문하세요. 아이 눈으로 그린 세상과 글씨는 어른들에게는 따뜻한 감동을, 아이에게는 또래가 본 또 다른 세상을 선사합니다.

info **주소** 제주도 제주시 조천읍 조함해안로 556 **문의** 0507-1344-9482 **운영 시간** 10:30~19:30 **휴무** 화요일 **가격** 입장료 어른 9000원, 어린이 1000원 **주차장** 없음(걸어가는 늑대들 카페 뒤쪽 혹은 함덕해수욕장 주차장 이용) **주의** 아이와 함께라면 30분 간격으로 입장 가능하니 미리 시간을 확인할 것 ※ 〈영재발굴단〉 영상 미리 찾아보고 방문하기

tip • 아이와 함께하는 코스로 추천

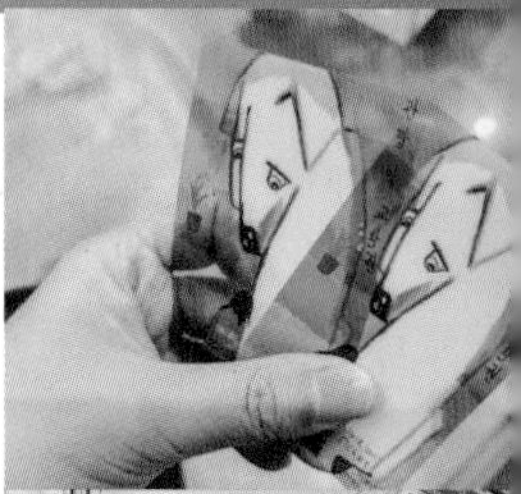

Highlight

미술관 나들이

건물 자체가 거대한 미술관

제주특별자치도립미술관

물 위에 둥둥 떠 있는 듯한 외관으로 사진작가들에게 인기 좋은 곳입니다. 2011년 한국공간디자인 대상에서 우수상을 수상한 건물인 만큼 건물과 제주 하늘이 비친 연못은 아마추어가 찍어도 멋스러운 작품을 안겨줍니다. 제주도에서 활동하는 미술인들의 다양한 작품을 미술관 1, 2층에 걸쳐 만나보세요.

info **주소** 제주도 제주시 1100로 2894-78 **문의** 064-710-4300 **운영 시간** 09:00~18:00 **휴무** 월요일, 1월 1일, 설날·추석 당일 **가격** 입장료 어른 2000원, 청소년 1000원, 어린이 500원 **주차장** 이용객 무료

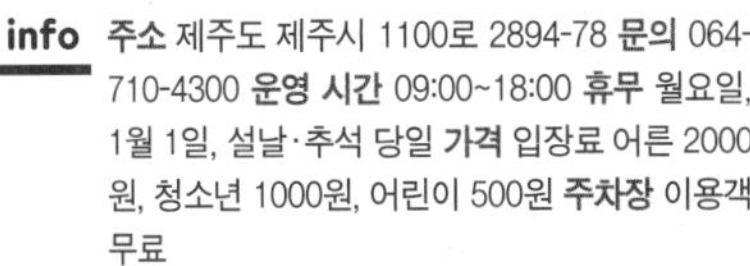

tip · 오른쪽 끝에서 건물과 연못을 50:50으로 촬영하면 더욱 멋진 사진을 남길 수 있으니 참고할 것

전통 가옥 미술관으로의 초대

서귀포시립기당미술관

제주가 고향인 재일 교포 사업가 기당 강구범 선생이 건립한 이곳은 전국 최초로 건립된 시립 미술관입니다. 전통 가옥 느낌이 나는 외관 역시 기당미술관의 특징. 상설전시실에서는 기당 강구범 선생의 친형이자 서예가 강용범 선생의 유작을 만나볼 수 있어요.

info **주소** 제주도 서귀포시 남성중로153번길 15 **문의** 064-733-1586 **운영 시간** 09:00~18:00(7~9월은 20:00까지) **휴무** 월요일, 1월 1일, 설날·추석 당일 **가격** 입장료 어른 1000원, 청소년 500원, 어린이 300원 **주차장** 이용객 무료

tip · 큰 창이 매력적인 아트 라운지 꼭 들러볼 것

아이 눈으로 그린 따뜻한 그림과 글로 가득한 전이수갤러리, 물에 비친 모습이 더욱 아름다운 제주도립미술관, 호젓한 매력이 느껴지는 서귀포시립기당미술관. 제주에는 특색 있는 미술관이 많습니다. 취향에 맞는 미술관 여행으로 잔잔한 감동을 느껴보세요.

40 Highlight 건축물 투어

다양한 주제를 담은 관광지도 인기 만점이지만, 독특한 건물은 그 자체만으로도 좋은 관광지가 됩니다. 다음에 소개하는 세 곳 역시 건축물이 볼거리인 곳입니다. 섭지코지와 조화를 이루는 유민미술관, 구사마 야요이의 작품으로 유명한 본태박물관과 방주교회는 건축물 자체만으로도 정말 멋스러워요.

본태박물관

성산일출봉을 담아낸 미술관

유민미술관

노출 콘크리트로 유명한 일본 건축가 안도 다다오가 설계한 건축물입니다. 제주 삼다라 불리는 돌, 바람, 물의 정원을 통과하면 성산일출봉이 한눈에 들어오는 멋진 액자를 만날 수 있어요. 비밀 통로 같은 길을 따라가다 보면 아르누보 유리공예 작품이 전시되어 있어요. 섭지코지의 멋스러운 뷰와 함께 자연의 일부가 된 건축물 여행을 떠나보세요.

info 주소 제주도 서귀포시 성산읍 섭지코지로 93-66 **문의** 064-731-7791 **운영 시간** 09:00~18:00 **휴무** 첫째 주 화요일 **가격** 입장료 어른 1만2000원, 청소년·어린이 9000원 **주차장** 이용객 무료 **주의** 전시관 관람 시 신발 벗기

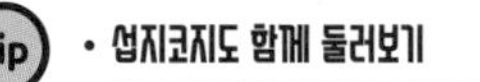

tip
- 섭지코지도 함께 둘러보기
- 바로 앞 안도 다다오의 작품 글라스하우스도 함께 즐기기

BEST 02

동서양의 컬래버레이션

본태박물관

세계적인 건축가 안도 다다오가 설계한 박물관입니다. 빛과 물을 건축 요소로 삼아 자연과의 통합을 이루어낸 작품으로 그의 트레이드마크인 노출 콘크리트도 만나볼 수 있어요. 2관은 안도 다다오 전시관으로 박물관 설계 중 만든 스터디 모형과 건축 과정, 비디오 아티스트 백남준의 작품이 전시되어 있어요. 건축물만큼이나 인기 있는 전시관인 구사마 야요이 무한거울방은 본태박물관의 매력을 느끼기에 충분합니다.

info 주소 제주도 서귀포시 안덕면 산록남로 762번길 69 **문의** 064-792-8108 **운영 시간** 10:00~18:00(입장 마감 17:00) **휴무** 연중무휴 **가격** 입장료 어른 2만 원, 청소년 1만4000원, 어린이 1만2000원 **주차장** 이용객 무료

tip
- 구사마 야요이의 노란 호박 만나보기
- 약 2분간 머무를 수 있는 무한 거울방에서 신비로운 분위기 느껴보기
- 5개 전시관에서 동서양의 다양한 작품 즐기기

BEST 03

노아의 방주

방주교회

잔잔한 수면 위에 배 한 척이 올라가 있는 듯한 이곳은 노아의 방주를 테마로 한 교회입니다. 실제로 예배를 보는 예배당도 외관만큼 멋스러워요. 물고기 비늘처럼 반짝이는 지붕과 물에 비친 건물, 푸른 잔디는 단아하면서도 깔끔한 외관을 더욱 빛나게 합니다. 많은 사람들이 사진을 촬영하기 위해 방문하는 곳이기도 합니다.

info 주소 제주도 서귀포시 안덕면 산록남로 762번길 113 **문의** 064-794-0611 **운영 시간** 외부 개방 5~9월 08:00~19:00, 10~4월 09:00~18:00/내부 개방 평일·공휴일 09:00~17:00, 토요일 09:00~13:00, 일요일 13:00~17:00 **휴무** 연중무휴 **가격** 무료 **주차장** 이용객 무료

tip
- 건물이 물 위에 떠 있는 듯한 느낌으로 정면에서 촬영하는 걸 추천
- 가을 핑크 뮬리 명소로도 유명

BEST 01

4·3 모르는 사람 없게 하소서

제주4·3평화공원

1947년 3월 1일을 기점으로 1948년 4월 3일까지 제주도에서 발생한 무력 충돌과 진압 과정에서 희생당한 수많은 제주 도민의 삶을 기억하고 추모하기 위해 설립된 공원입니다. 한국전쟁 다음으로 인명 피해가 많았던 비극적 사건이지만 널리 알려지지 않았고, 진상 규명을 시작한 것 역시 오래되지 않았습니다. 제주 4·3평화공원 내에 위치한 기념관에서는 4·3에 관련된 이야기와 전개 과정, 결과, 그리고 현재 진행되고 있는 진상 규명 운동을 차례로 확인할 수 있어요. 특히 피란민 11명을 학살한 상황과 질식사로 숨진 채 발견된 모습을 그대로 재현한 다랑쉬동굴 특별전시관은 그 시절 고통이 고스란히 느껴져 마음을 무겁게 합니다.

info 주소 제주도 제주시 명림로 430 문의 064-723-4344 운영 시간 09:00~17:30(입장 마감 16:30), 야외 공원 24시간 개방 휴무 첫째 · 셋째 주 월요일 가격 무료 주차장 이용객 무료 주의 규모가 크고 전시관에 볼거리가 많은 데다 어린이관도 따로 있으니 시간 배분 넉넉하게 할 것

tip • 4·3에 대해 아직 잘 모른다면 영상관에서 관련 영상을 보고 기념관 관람하기

BEST 02

아래 벌판 슬픈 역사

알뜨르비행장

대표적인 일제 군사 시설로 10년에 걸쳐 비행기 활주로와 격납고, 탄약고를 조성했어요. 각종 군수물자를 실어 나르며 비행기를 숨겨둔 일본 제국주의의 흔적과 민족의 아픔이 고스란히 남아 있습니다. 제주에는 이런 다크 투어 장소가 많은데, 이곳이 대표적입니다. 대정의 넓은 밭 중간중간 어울리지 않는 비행기 격납고가 보입니다. 평화로운 밭과 이질감이 느껴지는 비행기 모형을 보면 가슴 아픈 역사를 직접 마주한 느낌이 들 거예요.

info 주소 제주도 서귀포시 대정읍 상모리 1489 문의 064-742-8861 운영 시간 24시간 휴무 연중무휴 가격 무료 주차장 무료

tip • 가까운 거리에 있는 관제탑, 지하 벙커도 둘러보기
• 대형 조형물 파랑새 만나보기

BEST 03

4·3 사건의 후유증

무명천 할머니 생가

4·3 사건의 증거를 눈으로 확인할 수 있는 곳이에요. 무장대로 오인한 토벌대의 총에 맞아 턱을 잃은 진아영 할머니는 평생 아픈 턱을 무명천으로 가린 채 살아가셨어요. 선인장 마을로 유명한 월령리 마을에서 4·3 사건 희생자인 무명천 할머니의 생가를 만날 수 있습니다. 고향집 앞에서 영문도 모른 채 턱에 총을 맞고 그것을 가리기 위해 평생 무명천으로 얼굴을 감싸고 다닌 진아영 할머니. 사고 이후 음식이며 물 한 모금 제대로 먹지 못했고 아픈 역사를 간직한 채 평생을 보내셨다고 합니다. 이곳은 할머니 생가를 복원한 곳으로 살아생전 사용하던 모습 그대로 보존하고 있어요.

info 주소 제주도 제주시 한림읍 월령1길 22 문의 064-722-2701 운영 시간 24시간 휴무 연중무휴 가격 무료 주차장 선인장 군락지 입구 월령포구 이용(무료)

tip • 무명천 할머니 책도 함께 읽어보기

41 Highlight

제주 다크 투어

아픈 역사를 간직한 제주. 역사를 제대로 배우고 평화의 소중함을 다시 한번 느낄 수 있는 의미 깊은 장소를 방문해보세요. 특히 아직까지 제대로 알려지지 않은 4·3 사건에 대해 조금 더 자세히 알아보는 기회가 될 것입니다.

제주4·3평화공원

인생사진 건지는 실내 전시관

SNS에서 핫한 실내 전시관 세 곳을 소개합니다. 카메라 메모리를 미리 체크해야 할 만큼 사진 포인트가 많은 새로운 형태의 전시관으로, 그 어떤 실내 전시관보다 몰입도가 높습니다. 어떤 사진을 찍을지, 어떤 포즈가 좋을지 미리 생각해두면 훨씬 만족도 높은 인생사진을 남길 수 있어요.

몰입형 미디어 아트

아르떼 뮤지엄

스피커 제조 공장으로 사용하던 공간에서 10가지 콘셉트의 미디어 아트를 만나보세요. 거울로 반사된 공간에 꽃비가 쉼 없이 내리고 금빛 가득한 미디어 폭포는 쉼 없이 사진을 찍게 만듭니다. 오랫동안 줄 서도 아깝지 않은 4m 크기 달 토끼와의 만남은 마치 진짜 달에 온 듯한 느낌을 선사해요. 페이퍼 아트와 조명, 음악으로 가득 찬 공간은 신비로움 그 자체. 오로라가 가득한 하늘과 끝없이 펼쳐진 해변 등 미디어 아트의 세계에 감탄하다 보면 1시간이 1분처럼 느껴집니다. SNS에서 인기 있는 제주도 핫 플레이스임에 분명합니다.

tip

- 아르떼 뮤지엄의 인기 포토 존 비치(BEACH)에서 신비로운 사진 촬영 필수
- 달 토끼와 인생 사진 남기기
- 열대우림에서 동물 만나보기

info

주소 제주도 제주시 애월읍 어림비로 478 **문의** 064-799-9009 **운영 시간** 10:00~20:00(입장 마감 19:00) **휴무** 연중무휴 **가격** 어른 1만7000원, 청소년 1만3000원, 어린이 1만 원 **주차장** 이용객 무료

tip

- 처음에는 기둥에서 편하게 작품을 감상한 후 다음 회차에서 기념사진 남겨볼 것
- 미리 작가에 대해 작품을 알아보고 방문하기
- 작품 감상할 때 잠시 앉을 수 있는 나만의 스폿 찾기

tip

- 백남준 비디오 아트 전시도 놓치지 말 것
- 안도 다다오 건축물 사이로 보이는 산방산 풍경도 꼭 감상하기
- 무한거울방 들어가기 전 어떤 사진을 찍으면 좋을지 고민해보기

프랑스 미디어 아트

빛의 벙커

한국과 일본, 한반도와 제주도 사이에 구축한 해저 광케이블을 관리하던 지상 벙커에서 만나는 예술 작품. 이곳은 프랑스 몰입형 미디어 아트로 클림트, 폴 고갱, 반 고흐, 그리고 모네, 르누아르, 샤갈의 작품을 만나는 실내 전시관입니다. 그림을 좋아하는 사람의 취향을 만족시키는 살아 있는 명화를 감상할 수 있어요. 음악과 함께 감상하는 명화와의 만남은 오래오래 기억될 거예요.

info **주소** 제주도 서귀포시 성산읍 고성리 2039-22 **문의** 1522-2653 **운영 시간** 4~9월 10:00~19:00, 10~3월 10:00~18:00 **휴무** 연중무휴 **가격** 어른 1만8000원, 청소년 1만3000원, 어린이 1만 원 **주차장** 이용객 무료

인류 본연의 아름다움을 탐구하는 곳

본태박물관

세계적 건축가 안도 다다오가 설계한 건축물에 구사마 야요이의 대표작 호박을 볼 수 있는 곳으로 유명합니다. 특히 구사마 야요이의 '무한거울방-영혼의 반짝임'은 오롯이 한 팀만 전시 공간에 입장해 약 2분간 감상할 수 있습니다. 짧지만 강렬한 공간 외에도 백남준과 안도 다다오의 특별 공간, 현대미술부터 전통 공예까지 동서양의 모든 것을 한곳에서 경험해보세요.

info **주소** 제주도 서귀포시 안덕면 산록남로762번길 69 **문의** 064-792-8108 **운영 시간** 10:00~18:00(입장 마감 17:30) **휴무** 연중무휴 **가격** 어른 2만 원, 학생(초·중·고등학생) 1만2000원, 미취학 어린이 1만 원 **주차장** 이용객 무료

43

Highlight

예쁜 등대 찾기

사면이 바다인 제주. 포구마다 예쁜 등대와 마을 간판을 찾는 재미가 있어요. 그중에서도 조금 특별한 디자인으로 재미를 주는 예쁜 등대들이 있답니다. 공항과 가까워 쉽게 찾을 수 있는 이호테우해변의 말등대와 먼바다를 바라보고 있는 소녀등대가 있는 대평포구, 시를 읽으며 걷기 좋은 화북포구 등 제주에서 재미있고 특이한 등대를 찾아보세요.

바다를 보고 있는 소녀를 만나는 곳

대평포구 소녀등대

100m가 넘는 절벽을 병풍으로 삼고 제주 앞바다를 열심히 바라보고 있는 빨간 등대 위 모자 쓴 소녀 조각상을 만나볼 수 있어요. 멀리서 보면 진짜 모자 쓴 사람이 등대에서서 멀리 제주 바다를 응시하고 있는 듯한 느낌이 듭니다. 배경이 된 박수기정은 깨끗한 샘물이 솟아나는 절벽을 의미합니다. 그 앞으로 제주올레 9코스의 시작점 대평포구가 펼쳐져 있어요. 올레길 따라 조용한 마을 산책을 하기에 더없이 좋습니다.

info **주소** 제주도 서귀포시 안덕면 창천리 914-5 **문의** 064-742-8861 **운영 시간** 24시간 **휴무** 연중무휴 **가격** 무료 **주차장** 인근 주차장 이용(무료)

- 대평포구 뒤 군산오름도 추천
- 선셋 명소로 추천
- 박수기정 배경으로 사진 촬영 필수

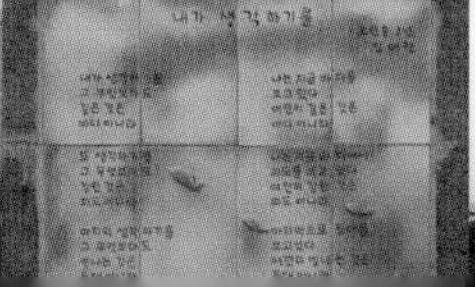

말등대와 거인 사진 도전

이호테우 말등대

제주공항에서 가장 가까운 해변이자 일몰 명소로 인기가 높은 곳입니다. 특히 빨간색, 흰색의 쌍둥이 말등대는 제주 랜드마크 중 한 곳이에요. 방파제 쪽에 위치한 2개의 말 등대를 배경 삼아 사진 찍는 사람으로 가득합니다. 각도를 잘 맞춰 말 등대와 더욱 재미있는 사진을 남겨보세요.

info 주소 제주도 제주시 이호1동 이호방파제 문의 064-742-8861 운영 시간 24시간 휴무 24시간 가격 무료 주차장 이용객 무료

- 공항에서 가까운 선셋 명소로도 유명
- 거인 사진에 도전해보기

시가 있는 방파제

화북포구 망원경 보는 어린이

화북포구에서는 학생들의 시와 그림으로 가득한 방파제를 만날 수 있어요. 제주, 바다, 포구, 등대 이야기를 가득 담은 시를 읽다 보면 방파제 끝, 빨간 등대와 망원경을 들고 바다를 보는 소년상과 등대 아래 그림 그리고 있는 소녀상을 볼 수 있어요. 등대 앞을 보고 있으면 삼양동에 위치한 원당봉이 거북이 등처럼 느껴지기도 합니다.

- 낚시 포인트로도 추천
- 제주 대표적 해상 관문이었던 화북포구 해신사 만나보기

info 주소 제주도 제주시 화북1동 문의 064-742-8861 운영 시간 24시간 휴무 연중무휴 가격 무료 주차장 인근 주차장 이용(무료)

비양도와 함께 즐기는 선셋

금능해수욕장

부드러운 모래, 에메랄드빛 해변, 얕은 수심, 비양도, 넓은 주차 공간, 캠핑장 등 없는 거 빼고 다 갖추어 놀기 좋은 금능해변. 물놀이하기에도 최고지만 하루를 마감하는 일몰을 만나기에도 더없이 좋습니다. 자작자작한 해변과 부드러운 모래 너머 살포시 내려오는 태양은 비양도와 함께 그림처럼 멋스러운 풍경을 연출합니다. 금능해변과 쌍둥이 해변 협재해수욕장에서 선셋을 즐겨보는 것도 좋아요.

info **주소** 제주도 제주시 한림읍 금능리 **문의** 064-728-3983 **운영 시간** 24시간 **휴무** 연중무휴 **가격** 무료 **주차장** 이용객 무료

- 비양도를 담은 멋진 선셋 사진 남겨보기
- 협재해수욕장에서도 같은 뷰와 선셋을 즐길 수 있으니 참고할 것

Highlight

바다에서 즐기는 선셋

지구 어느 장소에서 봐도 감동적인 그것, 바로 선셋입니다. 해가 지평선 너머로 떨어지는 감동적인 순간에 반짝이는 윤슬은 제주 어느 곳에서 만나도 아름답습니다. 그중에서도 예쁜 바다와 선셋의 만남이 가장 멋스러운 세 곳을 소개합니다.

제주에서 가장 유명한 해안 산책로

한담산책로

제주에서 가장 핫한 동네 애월에서도 그야말로 핫한 산책로. 예쁜 카페부터 곽지 과물해변까지 이어지는 1.2km 거리로, 멋진 해안선을 따라 바다를 바로 코 앞에서 즐기며 걸을 수 있어요. 날씨 좋은 날에는 아름다운 에메랄드빛 바다에 이국적인 카페까지 만날 수 있어 젊은이들 사이에서 제주 필수 코스로 손꼽힙니다. 이국적 풍경, 유명한 카페와 술집, 멋진 선셋까지 합해져 해외여행 온 듯한 기분을 물씬 느낄 수 있어요.

info 주소 제주도 제주시 애월읍 곽지리 1359 문의 064-742-8861 운영 시간 24시간 휴무 연중무휴 가격 무료 주차장 없음(주변 공영 주차장 이용)

- 산책로가 내려다보이는 카페에서 맥주 한잔 마시며 선셋 즐기기
- 장한철 생가 둘러보기
- 한담해변 '핫플' 카페는 선택 아닌 필수

한국의 아름다운길 100선 선정

형제해안로

형제섬이 반겨주는 형제해안로는 제주 올레길 10코스의 일부로 '한국의 아름다운 길 100선' 중 한 곳입니다. 2개의 섬이 마주 보고 있는 형제섬 사이로 보이는 햇살은 그야말로 눈부심 그 자체. 일출과 일몰을 보기 위해 일부러 이곳을 찾는 사람도 많습니다. 산방산, 송악산의 아름다움까지 덤으로 즐길 수 있고, 드라이브하며 선셋을 감상할 수도 있습니다.

info 주소 제주도 서귀포시 안덕면 사계리 문의 064-742-8861 운영 시간 24시간 휴무 연중무휴 가격 무료

- 드라이브 코스 중간중간 쉼터가 있으니 잠시 쉬어 가며 여유 즐기기
- 박수기정, 대평포구까지 함께 돌아보기
- 송악산과 산방산 사이가 하이라이트

Highlight

산 위에서 즐기는 선셋

여행지에서 선셋은 더욱 예쁘고 감동적일 수밖에 없어요. 지구 어디에서 보든 같은 선셋이지만 제주 오름 위에서 즐기는 선셋은 또 다른 감동을 줍니다. 제주 어느 곳에서 봐도 예쁘지만 그중에서도 단연 최고의 감동을 주는, 산 위에서 즐기는 선셋 뷰 맛집을 소개합니다.

군산오름

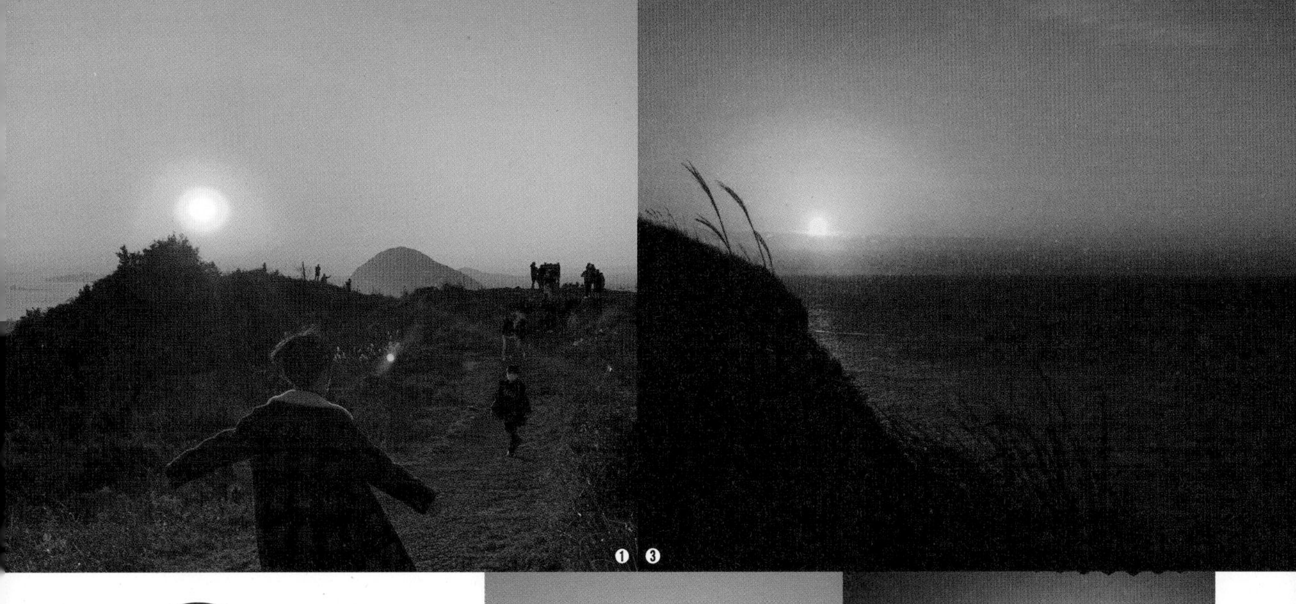

❶ ❸

남쪽 파노라마 뷰

군산오름

정상부 인근까지 차량으로 갈 수 있어 부담 없는 오름입니다. 하지만 길이 좁아 아슬아슬 위험천만. 초보 운전자라면 걸어서 올라가는 걸 추천합니다. 정상부 주차장에서 약 5분이면 만나게 되는 군산오름 정상에 서면 제주 남쪽 풍경이 파노라마로 펼쳐집니다. 앞으로는 대평포구와 송악산이, 뒤로는 한라산까지 보이는 완벽한 풍경 맛집이죠. 용머리 위에 2개의 봉우리가 솟았다 하여 이름 붙은 뿔바위와 선셋은 그야말로 장관입니다.

주소 제주도 서귀포시 안덕면 창천리 564 **문의** 064-742-8861 **운영 시간** 24시간 **휴무** 연중무휴 **가격** 무료 **주차장** 이용객 무료 **주의** 운전이 미숙하다면 꼭 걸어 올라갈 것

tip

- 가까운 곳에 위치한 진지동굴 코스도 방문해보기

❷ ❸

제주시 선셋 맛집

사라봉

사라봉에서 지는 붉은 노을 사봉낙조. 공항에서 그리 멀지 않아 비행기와 제주시 풍경, 그리고 선셋이 그림처럼 펼쳐집니다. 높이도 148m로 높지 않아 해 질 녘 시간에 맞춰 올라가면 제주에서 손꼽히는 일몰을 감상할 수 있어요. 팔각정 위에서 선셋을 바라보며 타임랩스 돌려보는 재미도 놓치지 마세요. 벚꽃이 한창일 때는 벚꽃나무와 선셋을 함께 즐길 수 있어 더욱 멋집니다.

주소 제주도 제주시 사라봉동길 61 **문의** 064-722-8053 **문의** 064-742-8861 **운영 시간** 24시간 **휴무** 연중무휴 **가격** 무료 **주차장** 공영 주차장 이용(무료)

tip

- 팔각정에 올라 더 멋진 일몰 감상하기
- 사라봉에서 뛰어다니는 토끼 만나기, 아이와 함께라면 미리 당근을 준비하기
- 별도봉과 함께 둘러볼 것

손꼽히는 일몰
차귀도 낙조

수월봉

제주에서 가장 쉽게 오를 수 있는 곳이라 수월봉이란 이름이 붙은 게 아닐까 싶어요. 주차장에서 1분이면 도착하는 곳이라 올랐다고 말하기도 민망하지만 그만큼 수월해 누구든 함께 일몰을 감상할 수 있을 듯합니다. 정상에 서면 차귀도, 와도 등 서남쪽 바다 명소가 한눈에 들어옵니다. 정상에는 기우제를 지내던 수월성과 우리나라 남서 해안 최서단에 위치한 고산기상대를 만나볼 수 있어요. 수월봉에서 멋지기로 소문난 차귀도 낙조를 만나보세요.

주소 제주도 제주시 한경면 고산리 **문의** 064-742-8861 **운영 시간** 24시간 **휴무** 연중무휴 **가격** 무료 **주차장** 이용객 무료

tip

- 유네스코 인정 지질공원 수월봉 해안 절벽은 일몰만큼 멋진 자연의 작품
- 정상의 망원경으로 차귀도, 와도, 멀리 마라도까지 만나보기

❷

❸

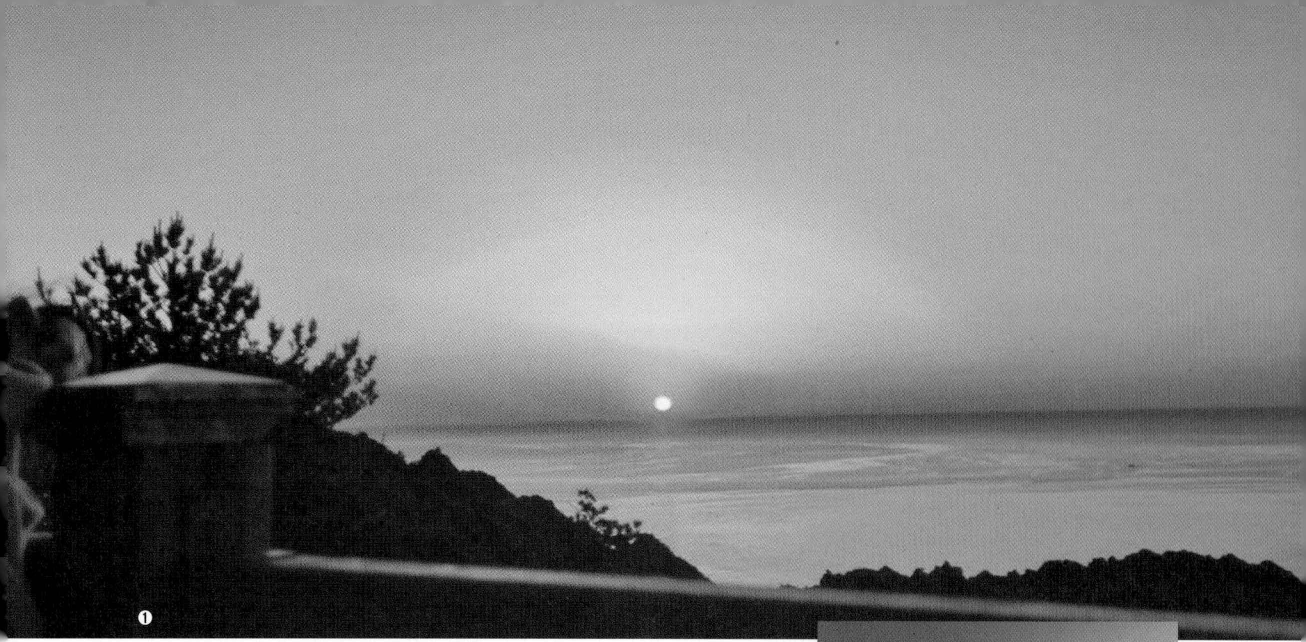
❶

매년 1월 1일 새해를 맞이해 일출을 보며 새해 소망을 빕니다. 작년에도 올해도 다가올 내년에도 마찬가지겠죠. 다음 새해 일출은 어디서 볼까 고민하고 있다면 바로 여기. 일출 보기에 최고의 장소인 성산일출봉과 시간 관계상 멀리 못 가는 분을 위한 도두봉, 제주 동쪽이 한눈에 내려다보이는 지미봉에서 내년 일출을 계획해봅시다.

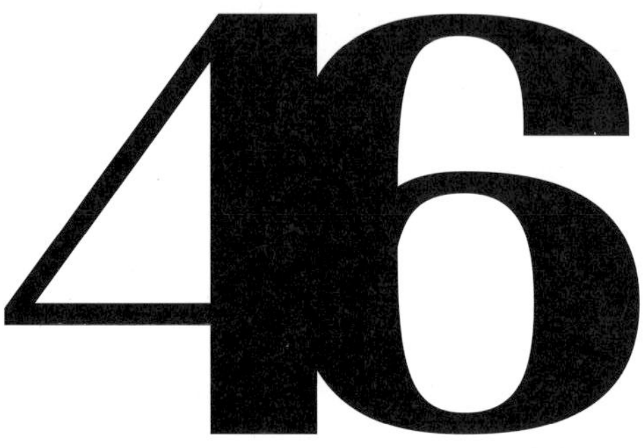

46 Highlight

일출 명소

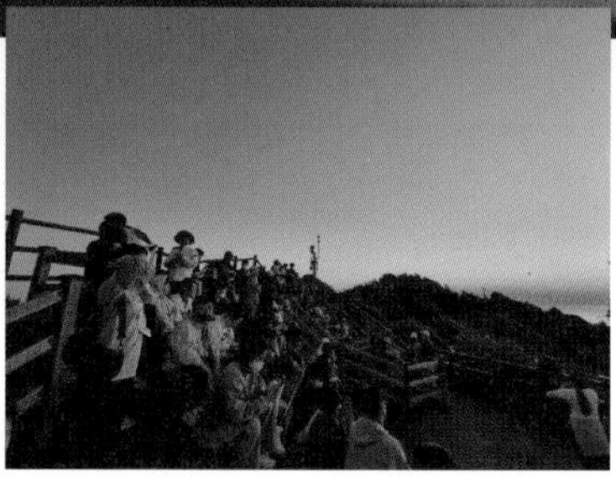

BEST 01

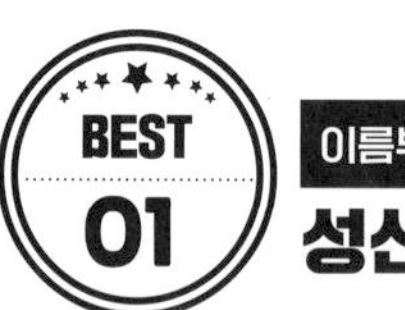

이름부터 핫 스폿

성산일출봉

제주 최고의 일출 명소로 손꼽히는 성산일출봉. 새해가 되면 성산일출축제가 열릴 만큼 제주에서 일출 명소로 인기 높아요. 일출 보러 정상까지 올라가는 게 너무 어렵다 하시는 분들은 성산일출봉과 일출 풍경을 함께 담은 광치기해변에서 일출을 보는 것도 좋은 방법입니다. 제주 대표 일출 맛집으로 유네스코 세계자연유산에 등재되었습니다.

info 주소 제주도 서귀포시 성산읍 성산리 1 문의 064-783-0959 운영 시간 07:30~19:00 **휴무** 첫째 주 월요일 **가격** 입장료 어른 5000원, 청소년·어린이 2500원 **주차장** 이용객 무료

tip • **12월 31일 성산일출봉 올라보기**

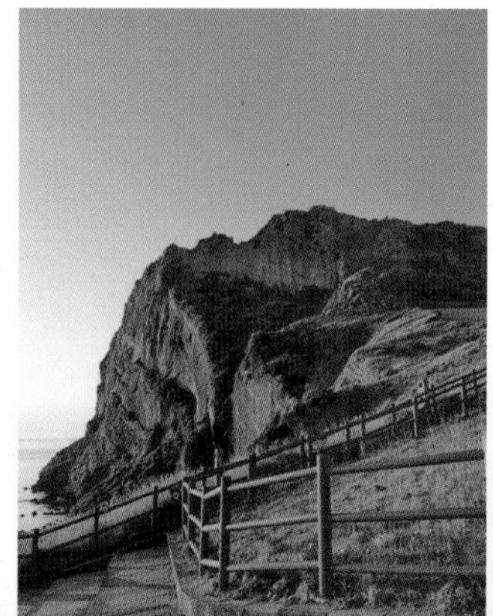

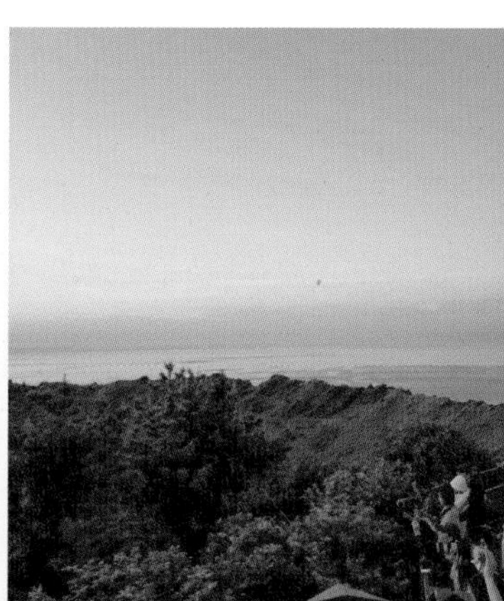

일출과 종달리, 우도까지 함께 즐겨요

지미봉

제주 동쪽 맨 끝 종달리에 위치한 지미봉 역시 손꼽히는 일출 명소예요. 해발 165m로 높지는 않지만 경사가 가파르고 전 구간이 계단으로 이루어져 끝까지 가려면 숨이 차오르는 오름 중 하나입니다. 정상에 오르면 성산일출봉부터 우도, 빨갛고 파란 지붕이 세상 귀여운 종달리 마을까지 한눈에 들어옵니다. 동쪽 마을과 우도까지 파노라마 뷰로 일출을 원하는 분이라면 마음에 쏙 들 장소예요.

info **주소** 제주도 제주시 구좌읍 종달리 산3-1 **문의** 064-742-8861 **운영 시간** 24시간 **휴무** 연중무휴 **가격** 주료 **주차장** 이용객 무료

- 해돋이 행사 참여하기

바쁜 현대인의 취향 저격 일출 스폿

도두봉

아침부터 동쪽 끝 산꼭대기까지 가는 건 너무 피곤하다고 생각하신다면 공항 가까이 짧고 빠르게 정상 찍고 일출까지 감상할 수 있는 도두봉을 추천합니다. 매년 새해 성산일출봉까지 가기 힘든 제주도민들도 일출을 보기 위해 많이 찾는 장소예요. 도심, 공항과 가까운 것도 장점이지만, 정상까지 5분 거리라 부담 없이 일출을 즐길 수 있다는 것이 가장 큰 장점입니다.

info **주소** 제주도 제주시 도두일동 산1 **문의** 064-742-8861 **운영 시간** 24시간 **휴무** 연중무휴 **가격** 무료 **주차장** 이용객 무료

- 제주공항과 한라산, 시원하게 뚫린 제주 바다와 함께 일출 만나보기

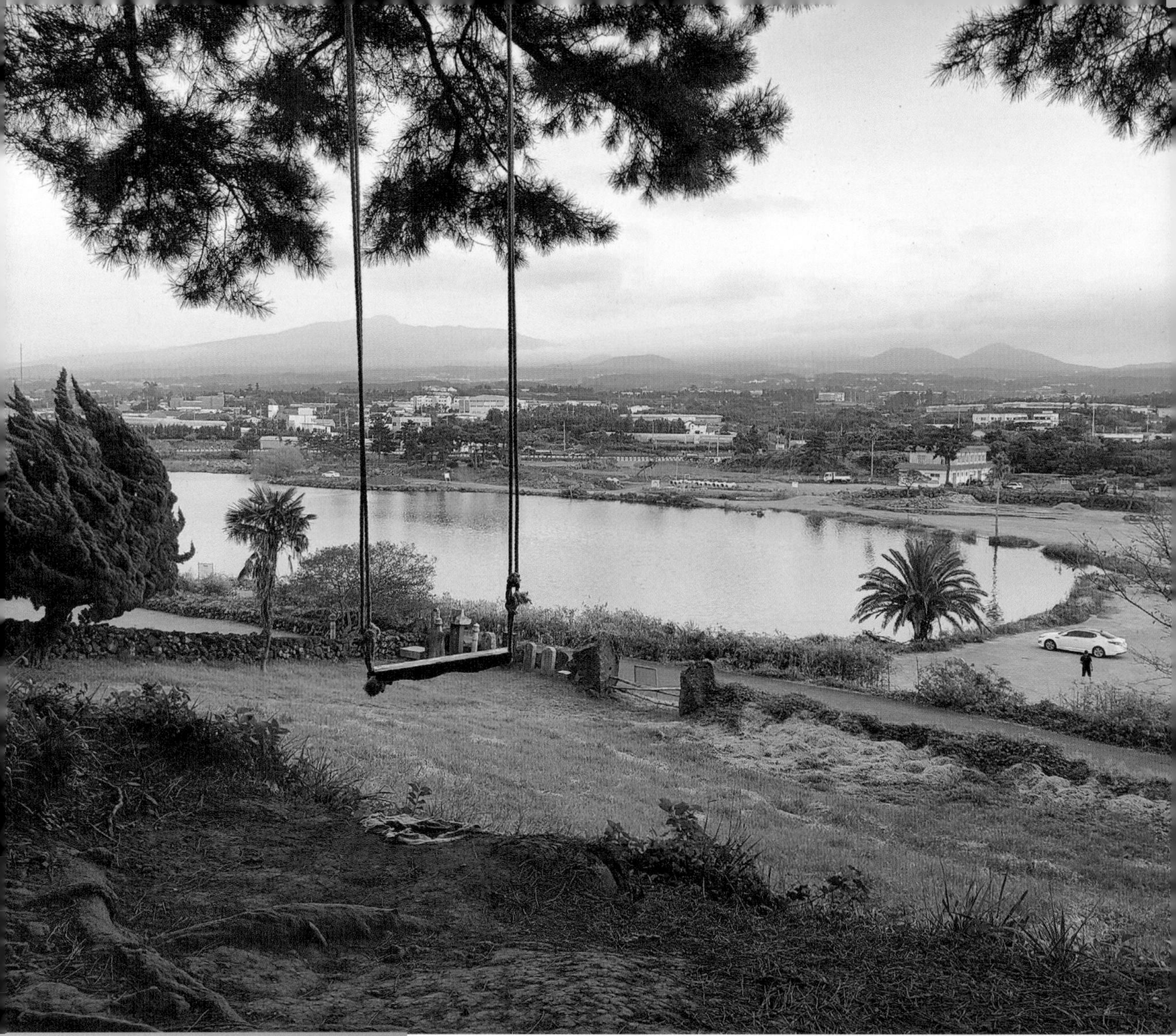

BEST 01

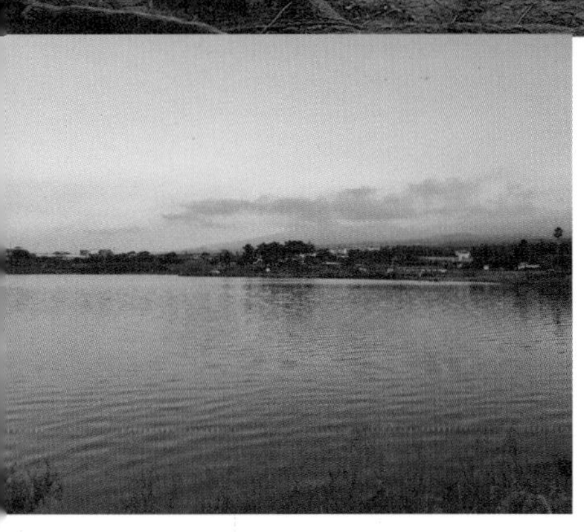

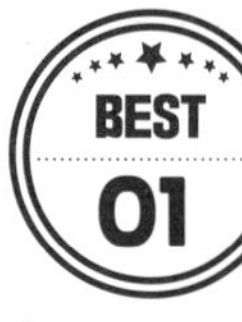

한라산 보며 그네 타기

수산리그네

400년 전통의 곰솔과 한라산, 그리고 수산저수지까지 함께 내려다보며 즐기는 그네 스폿입니다. 올레16코스 수산봉 올라가는 길 입구에서 멀지 않은 거리에 그네가 있습니다. 소나무에 달린 그네가 제법 스릴 넘치기에 탑승 시 조심 또 조심. 날씨 좋은 날 가면 더욱 멋진 뷰와 함께 예쁜 사진 찍을 수 있어요. 멋진 제주 경치 보며 하늘을 나는 기분을 느껴보세요.

info **주소** 제주시 애월읍 수산리 산1-1 **문의** 064-742-8861 **운영 시간** 24시간 **휴무** 연중무휴 **가격** 무료 **주차장** 이용객 무료

tip • 근처 새별오름이나 성이시돌목장 함께 방문하기

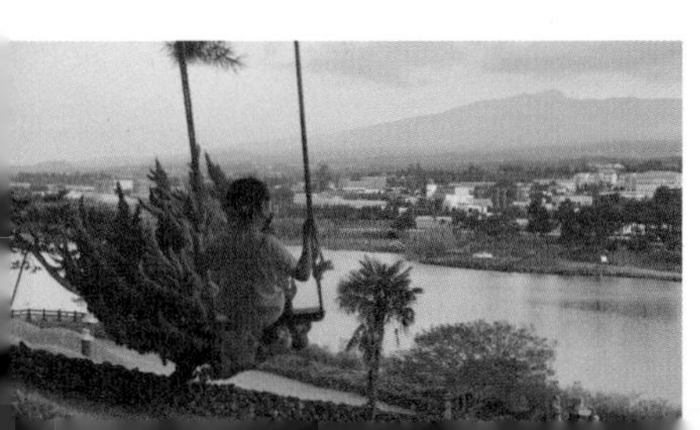

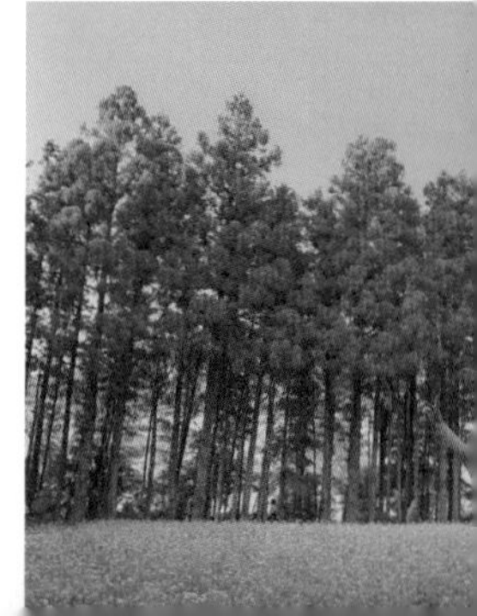

47 Highlight

최고의 SNS 업로드 명소

자고로 여행에서 남는 건 사진뿐. 이왕이면 예쁜 사진을 찍어 SNS에 자랑하고 싶은 게 사람 마음. '와, 여기 예쁘다~', '여기 어디야?' 같은 댓글과 '좋아요'를 불러오기로 소문난 제주 포토 스폿. 이미 다 알아도 안 갈 수 없는 인기 명소 세 곳을 만나보세요.

BEST 02 민트색 트레일러가 바로 여기
안돌오름 비밀의숲

'비밀의숲'이라고 불리기엔 민망할 정도로 유명해진 안돌오름 비밀의숲. 몇 해 전만 해도 아는 사람만 아는 '찐' 비밀 장소였지만, 이제는 많은 사람이 찾는 인기 관광지입니다. 사유지라 입장료를 지불해야 하지만, 그 덕에 관리되고 있는 것도 사실. 민트색 트레일러가 보이는 곳을 따라 키 큰 편백나무들이 반겨줍니다. 총 7개 코스로 약 30분 정도면 충분히 돌아볼 수 있어요.

안돌오름 비밀의숲

info **주소** 제주도 제주시 구좌읍 송당리 2173 **문의** 0507-1349-0526 **운영 시간** 09:00~18:30 **휴무** 인스타(@secretforest75)로 공지 **가격** 어른 2000원, 7세 이하 1000원, 3세 이하·70세 이상 무료 ※ 카드 결제 불가 **주차장** 이용객 무료 **주의** 화장실이 없으니 참고할 것

- 포토존인 오두막과 목초지에서 인증숏 남기기

BEST 03 비행기와 인생숏
도두동 비행기길

카리브해 마호해변의 에메랄드빛 바다와 거대한 비행기 사진을 보고 '나도 한번 찍어보고 싶다'고 생각했다면 에메랄드빛 해변과 함께는 아니지만 제주공항 활주로 옆에서도 거대한 비행기와 인증사진을 남길 수 있어요. 요즘 인스타그램에 인증숏이 속속 올라오며 인기 최고의 핫 스폿이 되었죠. 비행기가 올 때 셔터를 누르는 완벽한 타이밍이 필요하기에 몇 번의 도전이 필요합니다.

info **주소** 제주도 제주시 도공로 86-1(그라나다 카페 앞 언덕) **문의** 064-742-8861 **운영 시간** 24시간 **휴무** 연중무휴 **가격** 무료 **주차장** 없음(갓길 이용) ※ 무작정 기다리지 말고 제주공항 착륙 정보 확인하기

- 연속 촬영이나 영상으로 촬영 후 캡처하는 것도 방법
- 펜스는 나오지 않게 촬영해 더 예쁜 인생사진 남기기

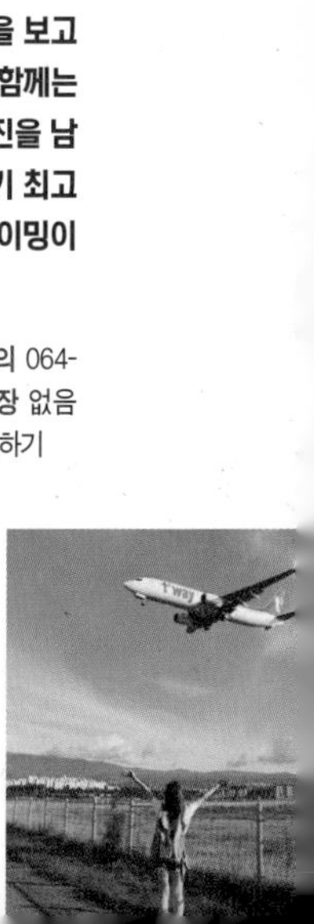

tip

- 벚꽃 명소로도 알려져 있으니 봄에 방문 해보기
- 3월 수양벚꽃 시즌 기차와 함께 사진 찍기

대통령이 선물한 기차

삼무공원

도심 속 주민들의 공원인 삼무공원에서 기차를 보기 어려운 제주 어린이들을 위해 박정희 대통령이 보낸 미카형 증기기관차 304호를 볼 수 있어요. 국내에 유일하게 남아 있는 석탄용 증기기관차로 기차가 없는 제주에는 그야말로 궁금증을 풀어줄 좋은 선물이 아니었을까 싶어요. 비둘기호 객차로 이루어진 실내는 어린이 도서관으로 운영하고 있습니다. 옛날 부산에서 신의주까지 달린 증기기관차를 이제 제주에서 만나보세요.

info **주소** 제주도 제주시 신대로10길 48-9 **문의** 064-742-8861 **운영 시간** 24시간 **휴무** 연중무휴 **가격** 무료 **주차장** 없음(주변 갓길 주차)

숲속에서 한반도를 찾아라

남원큰엉해안경승지

올레 5코스 해안절벽 약 2km 산책로를 따라 걷다 보면 한반도를 만날 수 있어요. 날씨가 좋으면 하늘과 바다의 경계가 마치 남북이 갈라진 것처럼 선명하게 보입니다. SNS에 한반도 사진으로 인기 만점. 제주에서도 손꼽히는 아름다운 해안 산책길인 만큼 산책하기에도 좋습니다. 한반도 숲과 함께 인디언 추장 얼굴도 찾아보세요.

info **주소** 제주도 서귀포시 남원읍 태위로 522-17(큰엄전망대) **문의** 064-760-4181 **운영 시간** 24시간 **휴무** 연중무휴 **가격** 무료 **주차장** 이용객 무료 **주의** 사람들이 줄 서 있는 쪽에서 한반도를 볼 수 있으니 참고! 진입 방향에서는 찾기 어려워요.

- 한반도 숲과 함께 인디언 추장 얼굴 찾기

백두산 천지 축소판

소천지

백두산 천지의 미니어처라 불리는 웅덩이, 바로 서귀포에 위치한 소천지입니다. 날씨가 맑고 바람 없는 날에는 한라산이 그대로 반영되어 더욱 멋스러운 사진을 남길 수 있어요. 바닷물이 들어왔다 나가지 못하는 구조라 높이는 차이 나도 늘 바닷물이 고인 모습을 볼 수 있어 한라산이 비치지 않아도 멋스러워요. 물속을 열심히 보고 있으면 운 좋게 뿔소라를 잡을 수 있을지도 몰라요.

info **주소** 제주도 서귀포시 보목동 1400 **문의** 064-742-8861 **운영 시간** 24시간 **휴무** 연중무휴 **가격** 무료 **주차장** 없음(갓길 주차) **주의** 소천지 쪽은 걷기가 불편하니 꼭 편한 신발을 신을 것

- 바닷물 속에서 보말, 뿔소라가 있는지 눈 크게 뜨고 찾아볼 것

48 Highlight

제주에서 숨은그림찾기

코에 걸면 코걸이, 귀에 걸면 귀걸이라지만 가끔은 어라, 진짜 같은데, 싶은 것들이 있어요. 제주 곳곳 자연적으로 형성된 남원큰엉해안경승지에서 보이는 한반도 모양의 포토 존은 대형 숨은그림찾기판. 기차를 보기 어려운 제주에서 진짜 기차를 찾고 소천지에서 백두산 천지를 찾아보세요. 제주 여행에 재미 한 스푼이 더해집니다.

남원큰엉해안경승지

tip
· 한여름에 아찔한 시원함 즐기기

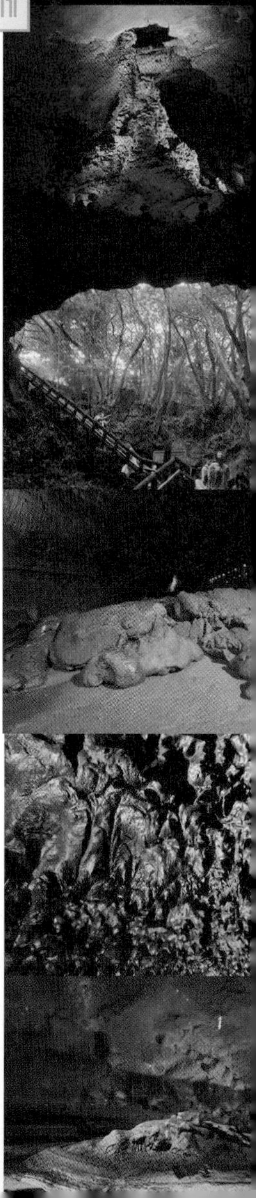

Highlight
신비한 동굴

여름에 이보다 더 시원한 곳이 있을까 싶어요. 바로 자연이 만들어낸 에어컨 바람을 쐴 수 있는 동굴입니다. 신비의 섬 제주 곳곳에서는 용암이 분출되면서 생성된 터널 동굴을 만나볼 수 있어요. 유네스코 세계자연유산으로 등재된 만장굴, 용암동굴이지만 석회동굴에서처럼 석순과 종유석을 볼 수 있어 더욱 신기한 협재굴, 사진 찍기 좋은 미천굴 외에도 신기한 동굴을 만나볼 수 있답니다. 더운 날 어디 갈까 고민된다면 무조건 여기!

깊고 깊은 용암동굴

만장굴

총 길이 7.4km에 달하는 거대한 용암동굴 만장굴. 주요 통로 폭이 18m에 높이가 무려 23m로 세계적으로 규모가 제법 큰 동굴입니다. 자연의 신비로움에 감탄하며 개방 구간 끝까지 걷다 보면 약 7.6m 높이의 세계에서 가장 큰 용암석주를 만나볼 수 있어요. 정수리까지 타오르는 뜨거운 여름, 시원한 만장굴만 한 여행지는 또 없습니다. 세계에서 가장 긴 용암동굴인 만큼 제주도에 왔다면 꼭 한번은 방문해봐야 할 장소입니다.

info **주소** 제주도 제주시 구좌읍 만장굴길182 **문의** 064-710-7903 **운영 시간** 09:00~15:00 **휴무** 첫째 주 수요일 **가격** 어른 4000원, 청소년·어린이 2000원 **주차장** 이용객 무료 ※ · 만장굴 끝까지 가는 길이 제법 기니 편한 신발 준비할 것 · 얇은 외투 준비하는 걸 추천

❷

BEST 02

세계 3대 불가사의 동굴

협재굴

협재리 바닷가 황무지에 야자수와 관상수를 심어 이국적인 한림공원은 사계절 다양한 꽃축제를 즐길 수 있는 제주 관광 명소 중 한 곳입니다. 한림공원에서 만날 수 있는 협재굴은 약 250만 년 전 생성된 용암동굴로, 천연기념물 제236호 용암동굴 지대에 속해 있어요. 1년 내내 15℃ 안팎을 유지해 더운 여름에 추천하는 관광지예요. 세계 3대 불가사의 동굴로 꼽히며 길이 160m, 높이 6m, 폭 12m 정도만 관람할 수 있습니다. 협재굴에서 나오면 바로 이어 용 2마리가 굴 내부에 있다 빠져나간 듯한 모양을 한 쌍용굴도 함께 관람할 수 있어요.

info **주소** 제주도 제주시 한림읍 한림로 300 **문의** 064-796-0001 **운영 시간** 3~5월 09:00~17:30, 6~8월 09:00~18:00, 9~10월 09:00~17:30, 11월~2월 09:00~16:30 **휴무** 연중무휴 **가격** 어른 1만5000원, 청소년 1만 원, 어린이 9000원 **주차장** 이용객 무료

tip

- 한림공원 안에 있어 공원 방문 시 이용 가능
- 협재굴, 쌍용굴이 바로 이어져 있으니 함께 둘러보기

BEST 03

예쁜 조명으로 구경하는 재미까지 더해진 곳

미천굴

협재굴처럼 미천굴 역시 유명한 관광지 일출랜드에 위치해요. 미천굴을 보기 위해서는 일출랜드 입장은 필수. 약 165,289㎡(5만 평) 대정원을 이루고 있는 일출랜드도 함께 둘러보기 좋습니다. 미천굴 안에 조명을 예쁘게 켜두어 관람하기 더 좋아요. 현재 365m 구간이 개방되어 있어요. 곳곳을 예쁜 조명과 용 조명, 조형물로 꾸며 다른 동굴보다 보는 재미가 있습니다.

info **주소** 제주도 서귀포시 성산읍 중산간동로 4150-30(일출랜드) **문의** 064-784-2080 **운영 시간** 08:30~18:00 **휴무** 연중무휴 **가격** 일출랜드 **입장료** 어른 1만2000원, 청소년 8000원, 어린이 7000원 **주차장** 이용객 무료

tip

- 일출랜드 공원 안에 있으니 함께 둘러볼 것
- 미천굴 안에 포토 존이 많으니 동굴 안에서도 예쁜 사진 남기기

❸

❷

50 Highlight

벽화로 가득한 골목길 투어

그냥 산책하기에도 좋지만 볼거리를 더한다면 여행의 재미가 배가됩니다. 일부러 찾아가지 않을 장소도 재미있는 벽화로 채워지면 또 하나의 관광 명소. 멋스러운 벽화와 이야기로 다소 평범한 마을과 도로가 두세 배 재미있어진 골목길 여행을 떠나보세요.

❸

tip
- 벚꽃 필 때 방문하면 더 예쁜 거리를 볼 수 있으니 참고
- 농경의 신 설화를 그림으로 만나보기

농경의 신 자청비

자청비 벽화거리

오곡의 종자와 메밀씨를 가져다준 여신 자청비. 듣기만 해도 생소한 자청비는 제주의 수많은 신 중 하나, 농경의 신입니다. 산지천을 따라 조성된 마을 주민들의 산책로에서 자청비에 대한 이야기를 만나볼 수 있어요. 벽화마다 자세한 이야기를 곁들여 천천히 둘러보며 산책하기 좋습니다. 일부러 찾아가기에는 아쉽지만 벚꽃 피는 봄에는 산지천을 따라 벚꽃을 감상할 수 있어 꽃놀이 삼아 방문하는 걸 추천합니다.

info 주소 제주도 제주시 남광로 65 **문의** 064-742-8861 **운영 시간** 24시간 **휴무** 연중무휴 **가격** 무료 **주차장** 마을 공영 주차장 이용

원도심의 벽화마을

남수각 하늘길 벽화마을

길이 220m의 거리를 따라 아름다운 벽화를 만나는 남수각 하늘길은 동문시장과 아주 가까운 곳에 위치해 함께 둘러보기 좋습니다. 1970~1980년대 동네 거리의 모습과 옛날 남수각 마을의 모습은 물론 제주스러운 그림이 마을을 가득 채우고 있어요. 주거 지역인 만큼 주민들에게 피해가 없도록 조심하세요.

info 주소 제주도 제주시 중앙로13길 34 **문의** 064-742-8861 **운영 시간** 24시간 **휴무** 연중무휴 **가격** 무료 **주차장** 없음(동문시장 공영 주차장 이용)

tip
- 동문시장과 함께 둘러보기
- 제주 민요, 속담 등 그림 외에도 즐길 거리가 많으니 둘러볼 것

바람코지에서 만나는 익살스러운 벽화

신천리 벽화마을

만화와 영화를 배경으로 그린 벽화가 가득한 신천리 벽화마을. 단연 인기 최고는 스펀지밥 벽화가 아닐까 싶어요. 조용한 마을 집집마다 외벽을 활용해 그린 감각적인 그림이 절로 셔터를 누르게 합니다. 바람이 머물다 가는 곳이라는 뜻을 지닌 바람코지라는 이름으로 더욱 유명한 신천리 곳곳에서 재미있는 그림을 만나보세요. 다른 벽화거리에 비해 규모가 크니 마음이 가는 곳을 선택해 관람해도 좋아요.

info 주소 제주도 서귀포시 성산읍 신천서로 5(신천리사무소) **문의** 064-742-8861 **운영 시간** 24시간 **휴무** 연중무휴 **가격** 무료 **주차장** 마을 공영 주차장 이용

tip
- 마을 입구 지도를 보고 마음에 드는 벽화 찾아 감상해보기
- 마을 전체에 벽화가 그려져 있으니 산책 삼아 구석구석 둘러보기

BEST 01

버려진 금속 제품의 대변신

김녕 금속공예거리

(김녕금속공예벽화마을)

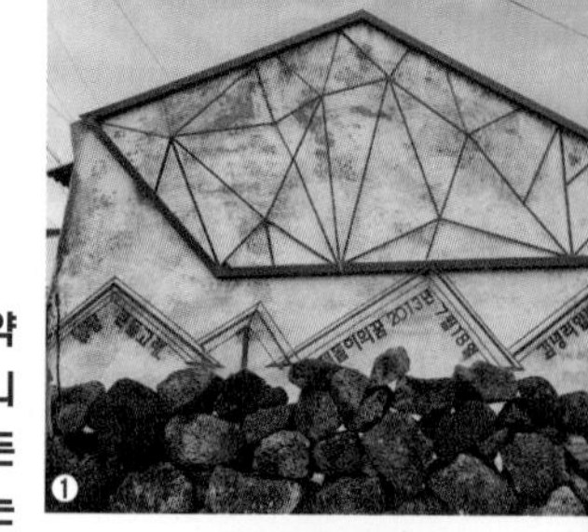

제주올레 20코스 시작점인 김녕부터 에메랄드빛 성세기해변까지 약 3km 이르는 마을이 예술가들의 금속 제품으로 멋스럽게 재탄생했습니다. 다시방 프로젝트를 통해 10명의 예술가가 버려진 금속 제품으로 만든 다양한 작품을 만나볼 수 있어요. 총 29점의 작품은 컬러감이 화려하지는 않지만 제주를 다양하게 표현했어요. 돼지, 제주, 해녀 등 골목 구석구석 걸으며 작품을 찾는 재미가 있죠. 걷다 보면 예쁜 제주 바다 가운데 지하수가 솟아오르는 청굴물도 만나볼 수 있어요.

info **주소** 제주도 제주시 구좌읍 김녕항3길18-16 **문의** 064-742-8861 **운영 시간** 24시간 **휴무** 연중무휴 **가격** 무료 **주차장** 마을 공영 주차장, 공터 이용

tip
- 김녕 지오트레일 청굴물, 성세기해변을 만나볼 것
- 구좌 마을 간판(GUJWA) 앞에서 인증숏 남기기
- 등대쪽 포구에 앉아 멋진 인생사진 남기기

BEST 02

제주를 사랑한 이중섭 생가가 있는 곳

이중섭거리

미술 시간에 누구나 한 번은 봤을 법한 '황소'를 기억하실 거예요. 작가 이중섭거리가 서귀포 올레시장 바로 앞에 위치해요. 이중섭 가족이 피란 왔을 당시 지낸 초가집, 이중섭미술관까지 이중섭과 관련된 모든 것을 만날 수 있습니다. 이중섭 작품 속 주인공으로 만든 가로등, 삽화가 들어간 기념품과 소품 숍을 다양하게 만날 수 있어요. 주말엔 프리마켓도 열리니 평일보다는 주말에 가보기를 추천합니다.

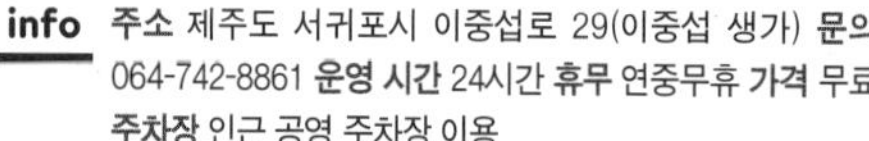

info **주소** 제주도 서귀포시 이중섭로 29(이중섭 생가) **문의** 064-742-8861 **운영 시간** 24시간 **휴무** 연중무휴 **가격** 무료 **주차장** 인근 공영 주차장 이용

tip
- 올레시장도 함께 구경하기
- 이중섭 작가의 작품 미리 보고 거리 속 작품 찾아보기

BEST 03

곳곳에 가득한 벽화와 함께하는 추억 여행

두멩이골목

2008년 문화 거리 조성 프로젝트를 통해 제주에서 가장 낙후된 마을을 벽화로 가득 채웠습니다. 제주 지역 대학생과 인근 초등학생의 솜씨로 가득한 두멩이골목. 제주시 숨은 비경 중 하나로 뽑힐 만큼 재미있는 벽화가 가득합니다. 옛 시절을 그대로 옮긴 듯한 그림부터 물질하는 해녀의 모습까지. 좁은 골목 재미있는 벽화를 따라 걸으며 추억 여행을 떠나보세요. 단, 주민들이 거주하는 동네인 만큼 조용히 관람해주세요.

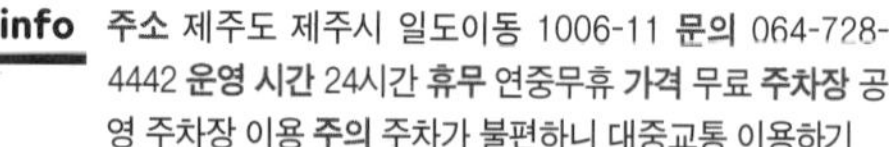

info **주소** 제주도 제주시 일도이동 1006-11 **문의** 064-728-4442 **운영 시간** 24시간 **휴무** 연중무휴 **가격** 무료 **주차장** 공영 주차장 이용 **주의** 주차가 불편하니 대중교통 이용하기

tip
- 다양한 테마로 그린 그림들 찾아보기
- 오렌지색 가이드 선 따라 걷기

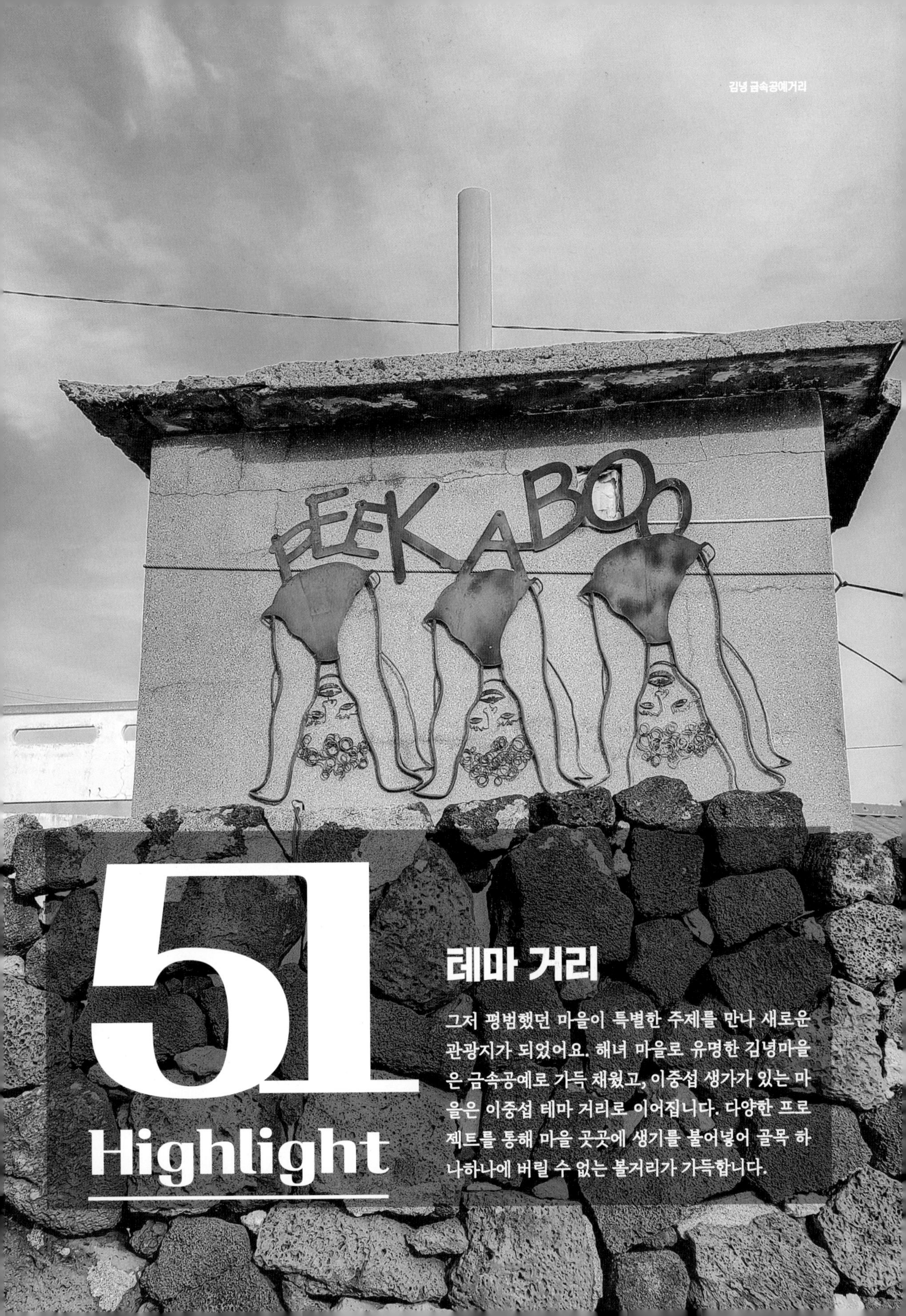

PEEKABOO

51 Highlight

테마 거리

그저 평범했던 마을이 특별한 주제를 만나 새로운 관광지가 되었어요. 해녀 마을로 유명한 김녕마을은 금속공예로 가득 채웠고, 이중섭 생가가 있는 마을은 이중섭 테마 거리로 이어집니다. 다양한 프로젝트를 통해 마을 곳곳에 생기를 불어넣어 골목 하나하나에 버릴 수 없는 볼거리가 가득합니다.

52 Highlight

온몸으로 즐기는 액티비티

자연 경치 위주의 제주 여행은 이제 그만. 날씨, 시간에 상관없이 신나게 즐길 수 있는 다양한 액티비티로 제주 여행에 재미를 더해보세요. 덜컹거리는 차를 타고 신나게 스릴을 즐기는 제주 오프로드, 암벽을 등반하는 액티브 파크와 실탄 사격장까지, 액티브한 여행을 원한다면 도전!

tip

- 오프로드 차 위에서 멋진 인생사진 남기기
- 달리는 차 안에서 복식호흡하며 쉼 없이 소리 지르기
- 곶자왈과 선새미못의 매력 느끼기

엉덩이가 들썩들썩

제주오프로드

6.5km의 광대한 코스를 온몸으로 즐기는 오프로드 체험. 베테랑 드라이버가 롤러코스터 부럽지 않은 스릴을 선사합니다. 넘어질 듯 넘어지지 않는 오뚝이 같은 차에서 시원하게 소리를 질러봅시다. 선새미 용천 연못과 조천, 세화 등 제주 동쪽의 멋진 뷰를 배경으로 인생사진을 찍을 수 있는 것은 물론 그동안 쌓인 스트레스를 한 방에 날리는 듯한 느낌. 오직 오프로드 체험자에게만 허락된 사유지에서 제주 야생을 만나보세요.

제라진어드벤쳐 info

주소 제주도 제주시 조천읍 선교로 33 문의 0507-1363-3900 운영 시간 10:00~18:00 휴무 연중무휴(기상 악화 또는 업체 사정으로 변경될 수 있음) 가격 1인 3만9000원(5세 이상 가능) 주차장 이용객 무료

제주오프로드

빵야빵야~ 내가 바로 명사수

실탄사격장

영화 속 주인공처럼 실탄을 쏠 수 있다? 실탄뿐 아니라 비비탄, 시뮬레이션 사격장까지 총 쏘기에 대한 모든 것을 체험할 수 있어요. 실탄의 경우 총 12발, 120점 만점 점수판에 성적을 받아오기에 함께한 분들과 대결해보는 것도 좋습니다. 실탄 사격 시 방탄조끼와 헤드셋까지 착용하고 쇠사슬로 고정된 총을 잡은 후 1:1 교육하에 도전하게 됩니다. 총 종류도 여러 가지. 수평을 잘 맞춰 집중하고 타깃을 정확하게 조준해 스트레스를 날려보세요.

제주실탄사격장 info

주소 제주도 서귀포시 소보리당로164번길 62 **문의** 064-739-7007 **운영 시간** 09:30~20:30 **휴무** 연중무휴 **가격** 실탄 사격 12발 3만5000원, 비비탄 사격 1만5000원, 시뮬레이션 사격 1만 원 **주차장** 이용객 무료 **주의** · 실탄을 사용하니 신분증 지참은 필수 · 14세 이하 어린이는 체험 불가

tip
• 만점 받아 명예의 전당 오르기

따따따~ 따따~ 실내 암벽 등반!

액티브파크 제주

영화 〈엑시트〉를 보면서 한 번쯤 '나도 암벽 등반해볼까' 생각해봤다면 제주 실내 암벽 등반 시설 액티브파크를 추천합니다. 뉴질랜드에서 시작해 전 세계에서 운영하는 실내 등반 놀이 시설로 성취감은 물론 짜릿한 경험을 할 수 있어요. 손에 땀을 쥐게 하는 총 41개의 챌린지 중 취향과 난이도에 맞게 선택해 도전할 수 있습니다. 남녀노소 모두 더욱 액티비티한 즐거움을 느끼고 싶다면 도전해보세요. 특히 버티컬 드롭 슬라이드의 최고 지점 '지리고'에서 하강할 땐 박수 갈채를 받을 수 있을 거예요.

info

주소 제주시 한림읍 금능남로 76 **문의** 064-796-0880 **운영 시간** 09:30~18:00 **휴무** 연중무휴 **가격** 클립앤클라임 2만5000원(어른·어린이 동일) **주차장** 이용객 무료 **주의** 클라이밍 이용 시 예약 시간보다 최소 15분 전에 도착해 안전띠 착용하기

tip
• 가족과 함께 도전해보세요. 아이와 함께 하는 제주 여행 코스로 더욱 추천합니다.

세상에 하나뿐인 노루 만들기

노루 만들기

한라산 노루 200여 마리가 서식하는 노루생태공원에서 노루 먹이 주기, 노루 만들기 체험을 할 수 있어요. 모양이 제각각 다른 나뭇조각으로 노루의 뿔과 몸, 다리를 글루건으로 붙이는 단순한 작업이지만 아이들에게는 세상 하나뿐인 소중한 기념품이 될 거예요. 제주에 서식하는 다양한 동식물, 노루의 특징을 볼 수 있는 노루생태전시관도 놓치지 말고 함께 둘러보세요. 노루상시관찰원에서 거친오름 둘레길로 이어져 숲길 산책도 함께 할 수 있어 가족 여행지로 제격입니다.

tip

- 노루 먹이 주기 체험 꼭 하기
- 노루와 사슴의 차이점 찾아보기
- 나만의 노루를 만들어 집에 예쁘게 전시해두기

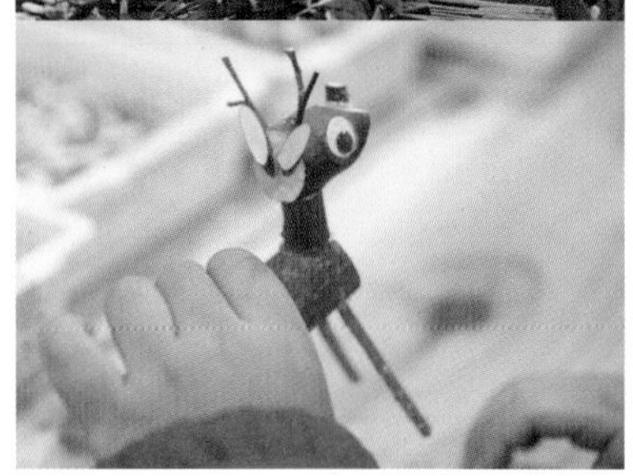

노루생태공원 info

주소 제주도 제주시 명림로 520 **문의** 064-728-3611 **운영 시간** 3~10월 09:00~18:00, 11~2월 09:00~17:00 **휴무** 노루 만들기 체험은 토·일요일, 공휴일 휴무 **가격** 어른 1000원, 청소년 600원 **주차장** 이용객 무료

직접 만든 유리로 액세서리 만들기

유리공예

이탈리아쯤 가야 볼 수 있을 것 같은 유리공예를 제주에서도 체험할 수 있답니다. 유리공예 품으로 가득 찬 실내에서 커피와 유리공예를 한 번에 즐길 수 있어요. 유리공예 작가의 쉽고 안전한 지도 아래 나만의 작품을 만들어보세요. 반지, 목걸이, 팔찌와 같은 액세서리는 물론 인기 좋은 캐릭터로 가득한 유리컵, 얼굴 모습을 그대로 담은 시계까지, 유리로 만든 작품이 무궁무진합니다. 여러 유리를 조합해 세상에 하나뿐인 컬러의 유리를 만들어내는 재미. 오직 작업에 참여한 사람의 마법 안경을 통해서만 보인다고 하니 궁금하다면 도전!

제주유리삼촌 info

주소 제주도 제주시 오광로 129 **문의** 0507-1439-2522 **운영 시간** 09:00~18:00 **휴무** 화요일 **가격** 체험 1인 1체험 3만5000원 **주차장** 이용객 무료

tip

- 마음에 드는 작품과 나만의 컬러 선택하기
- 완성되는 동안 개성 넘치는 컵 선택해 차 마시기

만드는 재미

여행 와서 기념품을 구입하는 것은 필수지만 직접 만든 기념품은 더욱 의미가 있어요. 세상에 하나뿐인 나만의 제주 여행 기념품을 만들어보세요. 제작 과정이 단순하고 소박한 것이지만 아이들에게는 더욱 특별하고 소중한 기념품이 될 거예요. 직접 도자기를 만들며 식사를 하고, 제주에만 서식하는 노루를 만나고, 하나뿐인 나만의 노루 인형을 만들어보거나 유리공예로 보석을 만들면서 여행의 추억을 오래오래 담아보세요.

53 Highlight

BEST 03

나만의 도자기

도자기 만들기

도예 공방 영주요에서 운영하는 도자기 갤러리입니다. 직접 만든 손맛 가득한 그릇에 제주의 신선한 식재료를 가득 담아 식사를 즐기고 직접 도자기를 만들어보는 과정까지 풀코스로 즐길 수 있어요. 조물조물 찰흙을 만지던 초등학교 미술 시간으로 돌아간 듯한 기분을 느껴보세요. 물레 체험도 하고 직접 만든 컵과 그릇에 추억을 담고 돌아가면 점토가 멋진 그릇이 되어 선물로 도착할 거예요.

단송레서피 info

주소 제주도 제주시 구좌읍 일주동로 2028 **문의** 010-9663-3773 **운영 시간** 11:00~19:00(휴게 시간 12:30~17:30) **휴무** 연중무휴 **가격** 평일 식사+도자기 체험 5만9000원 **주차장** 이용객 무료 **주의** 방문 하루 전 전화나 문자 예약 필수

tip

- 날마다 다른 요리 즐기기
- 개성 넘치는 나만의 컵과 접시 만들어보기

54 Highlight

tip

- 갈고리, 고무장갑(면장갑), 양파망, 조개 담을 통, 장화, 모자 & 선크림, 엉덩이 의자 등 이왕이면 해루질 복장과 장비 준비하기
- 빈 통에 검은 비닐을 씌워 돌아오는 길에 해감을 하면 도착하자마자 요리를 할 수 있어요.

BEST 01

직접 잡은 바지락으로 만든 술찜, 얼마나 맛있게요?

바지락 잡기

오조리해안은 무료로 오픈하는 체험 어장으로, 도민부터 관광객까지 채집의 재미를 누리는 곳이에요. 갯벌이 귀한 제주라 시즌이 되면 그 어떤 관광지보다 인산인해를 이루죠. 쪼그려 앉아 채집하다 보면 발가락 끝부터 쥐가 나지만, 돌아올 때 바구니에 가득한 바지락을 보면 흐뭇합니다. 손끝 감각만으로 제법 큰 바지락을 잡다 보면 묘하게 욕심이 나죠. 물론 마트 바지락 판매 코너에서 생각보다 저렴한 가격에 판매하는 장면을 보는 순간 실망하기도 하지만, 직접 잡은 바지락으로 만든 신선한 요리를 맛보면 피곤이 싹 사라집니다.

오조리해안 info

주소 제주도 서귀포시 성산읍 고성리 2747 **문의** 064-742-8861 **운영 시간** 3~6월(그 외에도 추워지기 전까지 잡을 수 있음) **휴무** 연중무휴 **가격** 무료 **주차장** 오조 해녀의집 앞 무료 공영 주차장 ※ 바다타임(badatime.com)에서 간조 시간을 확인할 것

바지락 술찜 만들기

❶ 해감을 뺀 바지락을 버터에 볶는다.
❷ 매콤한 고추와 다진 마늘을 넣는다.
❸ 소주 반 병을 넣고 보글보글 끓인다.

BEST 02

물고기 머리가 나쁘다고 누가 그랬니?

배낚시 체험

약 10~15명이 탑승한 배를 타고 제주 바다에서 낚시에 도전해보세요. 선장님에게 간단히 낚시하는 법을 배우고 배에 준비된 낚싯대와 먹이를 이용해 만선을 꿈꿔봅니다. 만약 고기가 잡히지 않아도 실망하지 말고 멋진 제주 바다 경치를 즐겨보세요. 제법 많은 물고기가 잡히면 선장님이 바로 떠주는 회를 맛볼 수 있어요. 잡은 고기는 근처 식당으로 가져가 약간의 비용을 지불하고 회, 매운탕, 튀김 등 다양하고 신선하게 즐길 수 있습니다. 물론 고기 양에 따라 다르지만!

차귀도달래배낚시체험 info

주소 제주도 제주시 한경면 고산리 3616-14 **문의** 064-772-5155 **운영 시간** 10:00~17:00(운항 시간 09:50·11:30·13:10·14:50·16:30·18:00·18:30 ※ 변동될 수 있음) **휴무** 연중무휴 **가격** 주간 1인 2만5000원, 야간 1인 4만5000원 **주차장** 포구 무료 주차 **주의** · 멀미가 심하다면 탑승 전 멀미약 복용 필수 · 바다 위에서 햇빛을 그대로 받으니 선크림, 선글라스 꼭 준비할 것

짜릿한 손맛

손맛이 쏠쏠한 낚시를 취미로 삼은 분들은 아마 바다낚시도 좋아하실 거예요. 에너지 음료 빛이 나는 영롱한 제주 바다에서 다양한 물고기를 낚는 재미, 갯벌에서 바지락을 캐 바구니를 채워가는 재미를 느껴보세요. 직접 잡은 바다 식재료로 맛나는 요리까지 만들면 제주 바다의 신선함이 입안 가득 행복을 선사합니다.

tip

- 물고기가 잡히지 않아도 실망하지 말기

BEST 03

바다 보물찾기 할 사람 요기요기 붙어라

바릇잡이

tip

- 바다고둥 보말의 종류 배우기
- 조용한 바다 망장포구에서 인생사진 찍기
- 보말 손질부터 보말 파스타 레시피 배워 집에서 도전해보기

얕은 바다에서 보말, 소라 등을 잡는 바릇잡이. 돌 위에 붙은 보말을 똑똑 뜯어내는 재미가 쏠쏠합니다. 아이도 어른도 큰 바위를 뒤집어 큰 보말을 찾아낼 때는 그 어떤 보물찾기 선물을 받은 것보다 감동적이에요. 뜻하지 않게 거대 뿔소라, 게 등을 만나면 그 감동은 배가됩니다. 바다고둥을 뜻하는 제주도 방언 보말은 다양한 식재료로 사용됩니다. 제주 토박이와 함께 망장포해변을 누비며 양파망을 채우고 직접 잡은 보말로 보말 파스타 쿠킹 클래스에 참여해보세요. 쿠킹 클래스의 경우 안전상의 이유로 11세 미만은 참여가 어려울 수 있습니다.

Local 에코 여행-제주 보말 쿠킹 클래스 info

주소 망장포구(보말 잡기 장소) 제주도 서귀포시 남원읍 하례망장포로 65-13, 내창카페(쿠킹 클래스 장소) 제주도 서귀포시 남원읍 하례로 393 **문의** 064-784-4256 **운영 시간** 화~토요일 11:00~14:00(체험 소요 시간 3시간 30분) **휴무** 일·월요일 **가격** 1인당 5만 원 **주차장** 이용객 무료

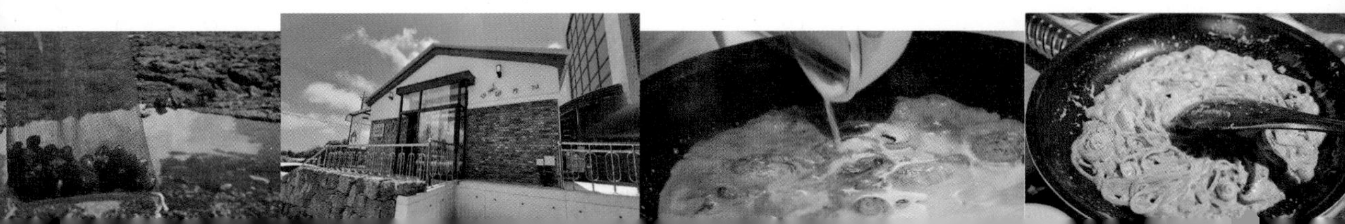

55 Highlight

만들어 먹는 재미

세상에서 가장 맛있는 건 본인이 만든 요리라 했던가요? 가족, 친구, 연인과 함께 음식을 만들며 추억 가득한 여행을 만들어보세요. 특히 아이들에게는 더욱 기억에 남는 여행이 될 거예요. 달콤한 사탕은 물론 청귤청을 만들어 가지고 돌아가면 근사한 홈 카페를 만들 수 있습니다. 제주에서 나고 자란 재료로 인기 만점 디저트를 만들어보는 재미를 즐겨보세요.

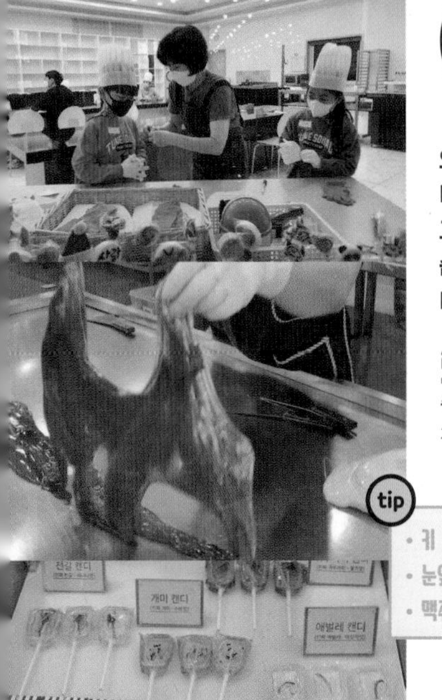

내 손으로 만드는 캔디의 달콤함

캔디원

오래전부터 사용하던 사탕 기계와 사탕의 유래, 사탕으로 만든 다양한 공예품을 접할 수 있는 곳입니다. 유리창 너머로 직원분들이 수제 캔디 만드는 모습을 볼 수 있어요. 늘이고 붙이고 사탕 안에 예쁜 그림이 완성되기까지 보고만 있어도 신기한 과정을 끝내면 따끈따끈한 수제 캔디를 바로 맛볼 수 있습니다. 사탕에 담긴 제주를 찾아보세요. 사탕 안에 산방산, 동백, 유채, 한라산 등 제주가 가득합니다. 직접 커팅도 하고 롤리팝, 장미 팝 캔디를 만드는 체험도 할 수 있어 아이들 만족도도 높아요.

info

주소 제주도 제주시 조천읍 선교로 384 **문의** 0507-1349-5260 **운영 시간** 09:00~18:00 **휴무** 연중무휴 **가격** 세트 체험 2만5000원(8~16세 키 120cm 이상), 커팅 체험 1만5000원 **주차장** 이용객 무료

tip

- 키 120cm 이상 어린이와 함께라면 수제 커팅부터 반죽까지 캔디 만들기 체험해보기
- 눈앞에서 펼쳐지는 마법 같은 사탕 만들기 과정이 끝나고 방금 완성한 수제 캔디 시식은 필수
- 맥주 맛 캔디, 고추냉이 맛 캔디, 벌레 캔디 등 다양한 캔디 전시물도 만나볼 것

직접 만드는 달콤함

수목원 테마파크

사계절 내내 인기가 좋은 실내 관광지입니다. 얼음썰매, VR 체험, 트릭아트 뮤지엄 등 다양한 체험은 물론 초콜릿 만들기 체험도 경험할 수 있는 곳입니다. 달달한 초콜릿을 녹여 예쁜 모양 틀에 넣고 나만의 초콜릿을 만들어보아요.

info

주소 제주도 제주시 은수길 69 **문의** 064-742-3700 **운영 시간** 09:00~22:00 **휴무** 연중무휴 **가격** 초콜릿 만들기 체험 스틱 8000원, 12구 1만3000원 **주차장** 이용객 무료

- 초콜릿 체험도 즐기고 초콜릿이 굳기까지 다른 체험도 경험해보기

직접 만드는 제주 전통의 맛

하효살롱

제주에서 감귤이 가장 맛있기로 소문난 하효마을에선 감귤을 주제로 다양한 먹거리 만들기 체험 프로그램을 운영합니다. 감귤을 가득 담은 타르트, 오메기떡, 감귤과 만들기 체험은 물론 한라봉 향초, 풋귤청과 제주 전통 배 테우 만들기 체험 등 가족, 연인, 친구와 함께 직접 만드는 재미를 느낄 수 있습니다. 건강한 먹거리와 다양한 체험이 가능하니 더욱 기억에 남는 제주 여행이 될 거예요.

info

주소 제주도 서귀포시 효돈순환로 217-8 **문의** 064-732-8181 **운영 시간** 09:00~18:00 **휴무** 일요일, 명절 당일 **가격** 1인 1만5000원(2인 이상 전화 예약 가능) **주차장** 도로 공영 주차장 이용

tip

- 하효마을 주민들이 직접 만드는 전통 제주 요리 즐겨보기
- 다양한 체험 프로그램 중 취향에 맞는 것 선택하기
- 바로 만든 과즐, 오메기떡은 꿀맛

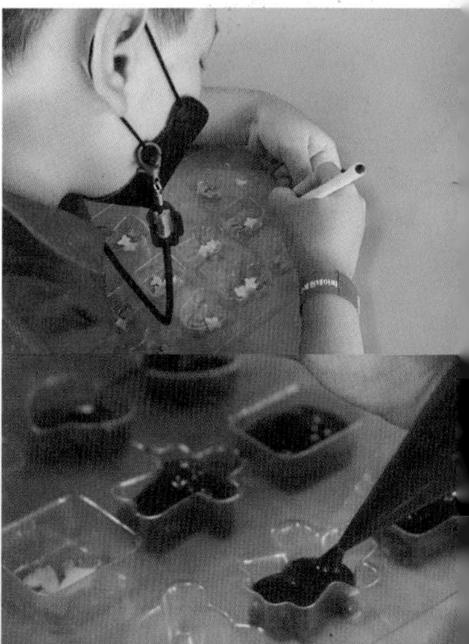

56 Highlight

타는 재미

동적인 여행을 좋아하는 사람 주목! 제주에서도 동적인 여행이 가능하다는 사실. 직접 운전하며 스피드를 온몸으로 즐기는 카트, 용눈이오름부터 우도, 성산일출봉까지 제주 동쪽의 아름다움을 감상하는 레일바이크, 멋진 제주 경치와 함께하는 승마 체험까지. 다양한 체험으로 스트레스를 날려봅시다.

용눈이오름 보면서 바이크 드라이브

레일바이크

용눈이오름, 성산일출봉 등 멋진 동쪽 명소를 철로 위 레일바이크를 타고 둘러볼 수 있어요. 대부분 자동 구간이라 직접 페달을 밟지 않아도 힘들이지 않고 탑승할 수 있습니다. 크게 한 바퀴 돌아보는 데 40분가량 소요되며 중간에 몇몇 스릴 넘치는 구간도 있어 즐거움을 더해줍니다. 바이크를 타고 천천히 제주스러움을 느껴보세요. 가끔은 여유롭게 지나가는 소 떼 때문에 중간에 멈추는 일도 있으니 긴장을 늦추지 말 것.

제주레일바이크 info

주소 제주도 제주시 구좌읍 용눈이오름로 641 **문의** 064-783-0033 **운영 시간** 09:00~17:00 **휴무** 연중무휴 **가격** 2인승 3만 원, 3인승 4만 원, 4인승 4만8000원 **주차장** 이용객 무료

tip

- 바이크 타는 동안 제주를 배경으로 한 노래를 휴대폰으로 감상하기
- 성산일출봉, 우도, 용눈이오름 등 동부 핫 스폿 찾아보기
- 방목 소 떼 만나면 반갑게 인사하기

tip

• 제주 전역에 카트 탑승 장소가 있으니 동선에 맞는 곳 추천

BEST 02

카트라이더의 주인공이 되어볼까요?

카트

카트라이더 게임 좋아하세요? 제주 곳곳에 카트라이더 속 캐릭터가 되어볼 수 있는 카트 체험장이 많아 비슷비슷한 체험이 가능해요. 1인승, 2인승 카트를 타고 트랙을 돌면서 속도감을 느낄 수 있죠. 자동차 도로를 달리는 카트와 비교하면 허가된 트랙을 돌기에 훨씬 안전합니다. 카트라이더의 캐릭터가 된 기분으로 신나게 달려보세요.

더마파크 info

주소 제주도 제주시 한림읍 월림7길 155 문의 064-795-8080 운영 시간 09:00~17:00 휴무 연중무휴 가격 1인용 카트 2만5000원, 2인용 카트 3만5000원 주차장 이용객 무료

제주레포츠랜드 info

주소 제주도 제주시 조천읍 와흘상서2길 47 문의 064-784-8800 운영 시간 하절기 09:00~19:00, 동절기 09:00~17:30 휴무 연중무휴 가격 카트 1인승 2만5000원 주차장 이용객 무료 주의 · 운전면허증 없는 사람도 탑승하니 항상 안전에 유의할 것 · 머리카락이 길 경우 꼭 묶기!

BEST 03

제주 여행 인증 스폿

승마

'사람은 서울로, 말은 제주로'라는 말이 있듯 제주 하면 말을 빼놓을 수 없어요. 그런 만큼 제주 곳곳에서 승마장을 만나볼 수 있습니다. 동선에 맞는 승마장을 선택하고 체험해보세요. 신나게 달릴 수 있는 실력은 안 되지만 부츠와 카우보이 모자를 갖추고 찍는 승마 인증숏은 예나 지금이나 제주 여행에서 필수가 아닐까요? 바다, 산 등 배경 따라 분위기도 다양하니 취향에 맞게 방문해봅시다.

어승생승마장 info

주소 제주도 제주시 1100로 2659 문의 064-746-5532 운영 시간 3~10월 09:00~19:00, 11~2월 09:00~17:30 휴무 연중무휴 가격 A투어 6만 원, B투어 3만5000원 주차장 이용객 무료 주의 · 전화나 홈페이지(www.jejuhorse.com)로 예약 필수 · 소리에 민감한 동물인 만큼 큰 소리 내지 않도록 주의

tip

• 카우보이 모자나 부츠 소품으로 더욱 멋진 사진 남기기

삼다미로를 통과하라

메이즈랜드

제주의 삼다를 테마로 조성한 세계 최대의 돌미로 공원입니다. 돌미로, 바람미로, 해녀미로 등 크게 세 가지 주제로 도전할 수 있어요. 워낙 유명한 공원이라 방송에 여러 번 나오기도 했습니다. 미로를 통과하는 재미도 있지만 돌미로에서는 원적외선과 음이온, 바람미로에서는 피톤치드를 누릴 수 있어 건강까지 챙기는 곳입니다. 가족, 친구와 함께 누가 먼저 탈출하는지 도전해 보세요.

info

주소 제주도 제주시 구좌읍 비자림로 2134-47 **문의** 064-784-3838 **운영 시간** 09:00~18:00(매표 마감 17:00) **휴무** 연중무휴 **가격** 어른 1만2000원, 청소년 1만 원, 어린이 9000원, 장애인 5000원 **주차장** 이용객 무료 **주의** 무턱대고 도전하면 다음 일정 소화하기가 어려우니 시간을 넉넉하게 갖고 방문할 것

- 시즌별 다양한 포토 존이 있으니 함께 둘러볼 것
- 실내 어린이 체험 코너도 꼭 방문해보기

냥이 집사들아 모여라

김녕미로공원

제주대학교 객원교수로 재직해온 미국인 더스틴 교수의 아이디어로 조성한 우리나라 최초의 미로공원입니다. 화산송이를 걸으며 초록빛 가득한 나무숲 미로를 통과하다 보면 귀여운 고양이를 여러 마리 볼 수 있어요. 고양이 수가 점점 늘어난 덕분에 지금은 우리나라 최초의 고양이 미로공원이 되었습니다. 미로 체험도 하고 고양이를 만나 먹이 주기 체험까지 할 수 있어 냥이 집사에게는 더욱 사랑스러운 곳이에요. 곳곳에 걸린 갤런드 앞에서 사진도 찍고 마지막 도착지인 종소리 나는 곳까지 열심히 달려봅시다.

info **주소** 제주도 제주시 구좌읍 만장굴길 122 **문의** 064-782-9266 **운영 시간** 09:00~17:50 **휴무** 연중무휴 **가격** 어른 7700원, 청소년 6600원, 어린이 5500원 **주차장** 이용객 무료

tip

- 입장 시 제공하는 스탬프 투어 도전하고 고양이 그림 가득한 엽서 선물로 받기
- 고양이 먹이 주기 체험도 필수

57 Highlight

미로 속으로

가족, 친구와 함께 더욱 재미있는 제주 여행을 즐기기 위한 꿀팁. 숙소에서 설거지 당번 정하기, 저녁밥 사기 내기를 해보세요. 승부를 내는 데 미로 탈출하기만큼 신나는 것이 또 있을까요? 과연 어느 팀이 빠르게 통과할지 팀을 나눠 미로 탈출에 도전. 왼쪽, 오른쪽 갈림길, 어떤 쪽이 빠르고 정확할지 수도 없이 고민하지만 언젠가 끝이 보이는 법. 포기하지 말고 끝까지 달려봅시다.

BEST 03

왕의 과수원 금물과원

제주농업생태원

조선시대 왕실에 진상할 감귤을 생산하는 과수원 금물과원을 만나볼 수 있는 곳입니다. 귀한 감귤이었던 만큼 백성 출입을 금하고 감귤을 지키는 포졸들이 서 있던 과거의 모습을 그대로 재현했습니다. 감귤 품종을 전시한 온실에서는 이름도 모양도 재미있는 다양한 감귤을 만나볼 수 있어요. 이곳 미로원은 감귤을 횡으로 자른 단면을 본떠 만들었어요. 가운데 돌탑 꼭대기에 올라서면 어렵지 않게 농업 생태원을 한눈에 조망할 수 있어요. 감귤에 관련된 다양한 볼거리는 물론 감귤의 역사와 우수성을 확인해보세요.

info **주소** 제주도 서귀포시 남원읍 중산간동로 7413 **문의** 064-760-7811 **운영 시간** 10:00~16:00 **휴무** 설날 · 추석 당일 **가격** 무료 **주차장** 이용객 무료

tip
- 미로원과 함께 녹차원 즐기기
- 11~12월에는 감귤 따기 체험도 가능
- 작은 동물원도 방문하기

명월성지를 즐기는 또 하나의 방법

수류촌 밭담길

1000년이 넘는 세월 동안 한 켜 한 켜 쌓아 올린 농업 유산, 밭담. 제주 하면 가장 먼저 이야기하는 돌담길이 바로 이곳 밭담길입니다. 구멍이 뽕뽕 뚫린 현무암 사이사이로 제주의 거센 바람을 걸러내고 농사짓기 쉽지 않은 제주 토양의 유실을 막아 농작물을 보호하는 등 다양한 역할을 하죠. 그런 만큼 그 의미와 가치는 무궁무진합니다. 명월성지로 유명한 동명시 수류촌에 위치한 수류촌 밭담길은 넓은 밭들과 함께 명월성지까지 함께 둘러보기 좋습니다.

info

주소 제주시 한림읍 동명리 2099-1 **문의** 064-710-3052 **운영 시간** 24시간 **휴무** 연중무휴 **가격** 무료 **주차장** 동명리 밭담-SHOP '콩 창고' 앞 주차

tip

- 수류촌 밭담길은 3.3km 거리로 약 52분 소요되니 넉넉히 시간을 두고 밭 사이사이로 여유롭게 산책해볼 것
- 명월성지 위에 올라 비양도까지 감상하기

Highlight

발담 산책

58

제주 경치 중 가장 먼저 떠오르는 건 검은색 현무암이 차곡차곡 쌓여 돌담을 이룬 풍경이 아닐까요. 하나하나 쌓아 올린 돌담이 '흑룡만리'라 불리며 또 하나의 볼거리가 되었어요. 올레길처럼 마을 돌담길을 따라 걷는 밭담길을 소개합니다. 제주에는 총 길이 약 22,000km의 8개 밭담길 코스가 있어요. 올레길 간세 마크(제주 조랑말 '간세'를 모티브로 한 조형물)처럼 밭담길을 지키는 머들이와 아빠, 엄마, 동생, 그리고 머들이네 가족의 돼지까지, 다섯 가지 캐릭터를 찾는 재미도 즐겨보세요.

수산저수지의 아름다움까지 함께 만나요

물메 밭담길

물메오름이 반겨주는 수산리에 위치한 물메 밭담길. 1960년대 조성된 인공 호수 수산저수지와 수산봉 풍광을 함께 누리며 조용히 산책할 수 있습니다. 상동, 당동, 예원동, 하동 등 4개 마을을 걷다 보면 곳곳에서 돌담과 잘 어울리는 시비를 만날 수 있어요. 시인 104명의 128개 시비를 만나보는 힐링마을 밭담길과 밭 사이를 가르는 검은 용. 지구 반 바퀴 길이 인 세상에서 가장 긴 토지 경계 표식물로 기네스북에 오른 밭담길의 매력은 오직 제주에서만 느낄 수 있어요.

info 주소 제주시 애월읍 하소로 157(수산리복지회관) 문의 064-710-3052 운영 시간 24시간 휴무 연중무휴 가격 무료 주차장 마을 공영 주차장 이용

tip

- 물메 밭담길은 3.3km 거리로 약 52분 소요
- 수산저수지, 수산봉도 함께 둘러보기
- 수산봉 그네 타보기

용암동굴이 가득한 마을

진빌레 밭담길

세계중요농업유산으로 등재된 밭담길. 그중에서도 이곳 구좌읍 일대를 핵심 권역으로 지정했습니다. 제주 밭담의 특징을 가장 잘 보여주는 곳으로, 제주밭담테마공원을 시작으로 산책하기 좋습니다. 워낙 모래가 많은 해변이 옆에 있고 농사짓기 어려웠던 지역이라 밭담의 필요성이 더욱 큰 곳으로 올레길과는 또 다른 분위기를 연출합니다.

info 주소 제주시 구좌읍 월정리 1400-14(제주밭담테마공원) 문의 064-710-3052 운영 시간 24시간 휴무 연중무휴 가격 무료 주차장 해안 쪽 주차장 무료 이용

- 2.5km 거리로 약 40분 소요
- 제주 분위기가 가득한 현무암 벽돌과 머들이네 가족 찾아보기
- 돌담 쌓기 체험도 가능(무료)

59 Highlight

영화, 드라마 속 제주

영화, 드라마 등의 배경이나 유명인이 방문한 곳은 더욱 인기 있는 관광 명소가 됩니다. 좋아하는 유명인의 자취를 따라가는 여행은 어떨까요? 영상 속 멋스러운 장소는 현장에서 더 큰 감동으로 다가오기도 합니다. 매스컴에 나온 제주의 이곳저곳 도장 찍기에 도전해 보세요.

<이상한 변호사 우영우> 촬영지

새연교

수많은 팬들을 울고 웃게 만들었던 <이상한 변호사 우영우>에서도 아름다운 제주의 풍경을 볼 수 있습니다. 그중 서귀포에 위치한 새연교는 낮과 밤 언제 가도 예쁜 곳으로, 밤에는 다리에 불빛이 들어와 야경 명소로도 늘 인기가 좋습니다. 제주 전통 고깃배 테우를 본떠 만든 디자인으로 이색적일 뿐 아니라 새섬까지 연결되어 함께 둘러볼 수 있어요. 서귀포 유명 관광지와 가까워 여행 코스로 안성맞춤. 조명은 밤 10시까지 켜져 있으니 저녁 시간에 맞춰서 둘러보세요.

info

주소 제주도 서귀포시 서홍동 707-4 **문의** 064-760-3471 **운영 시간** 24시간 **휴무** 연중무휴 **가격** 무료 **주차장** 이용객 무료

tip

- 일몰 풍경이 예쁘니 시간 맞춰 방문하기
- 새섬까지 둘러볼 계획이라면 낮에 방문하기

〈우리들의 블루스〉 촬영지

비양도

제주를 배경 삼아 아름다운 풍경을 가득 보여줬던 인기 드라마 〈우리들의 블루스〉. 드라마에 나온 제주 곳곳이 여전히 인기가 좋습니다. 그중에서 비양도는 협재, 금능해변에서 보이는 섬으로 한림항에서 약 15분이면 도착하는 제주 섬 속 섬입니다. 〈우리들의 블루스〉 외에도 다양한 영화와 드라마에 여러 번 등장한 아름다운 섬으로, 자전거 혹은 도보로 한 바퀴 걸으며 산책하기 좋아요. 걷다 보면 코끼리 바위, 애기업은돌도 볼 수 있죠. 염습지 펄낭을 주변으로 산책하며 멀리 한라산 뷰까지 감상하면 순식간에 비양도 한 바퀴 끝. 한적한 여행지를 좋아하는 분들이라면 누구나 제격.

info **주소** 제주도 제주시 한림읍 한림해안로 146 **문의** 064-796-7522 **운영 시간** 천년호 09:00·12:00·14:00·16:00 / 비양도호 09:20·11:20·13:20·15:20 **휴무** 연중무휴 **가격** 왕복 9000원 **주차장** 이용객 무료 **주의** 승선 시 신분증 필수

- 비양도 가는 길에 갈매기 과자 준비해 더 재미있게 즐기기
- 비양도 호니토 찾아보기

<나 혼자 산다> 장도연의 힐링 여행지

목화휴게소

번아웃증후군을 널리 알린 〈나 혼자 산다〉 장도연 편. 장도연이 제주 여행을 하는 모습은 삶에 지친 많은 이에게 힐링을 선사했어요. 특히 올레길 해안도로를 따라 걷다가 잠시 쉬어 간 목화휴게소는 레트로한 '갬성'이 그대로 남아 있는 곳입니다. 준치와 맥주, 예쁜 제주 동쪽 바다를 즐길 수 있어 그야말로 힐링을 주는 명소로 인기 만점입니다. 옛날 시골에서 보던 동네 슈퍼 같은 느낌이 물씬 나는 이곳의 인기 메뉴는 돌판에 구워주는 반건조 오징어. 마요네즈와 초장에 콕 찍어 먹는 준치에 시원한 캔 맥주 한잔하며 제주 힐링 여행을 계획해보세요.

info **주소** 제주도 서귀포시 성산읍 해맞이해안로 2526 **문의** 064-782-2077 **운영 시간** 08:00~18:30 **휴무** 수요일 **가격** 준치구이 1만2000원, 캔 맥주·원두커피 각 2000원 ※ 현금 결제와 계좌 이체만 가능 **주차장** 옆 공터 무료 주차

tip

- 제로 맥주도 판매하니 준치구이와 함께 즐길 것

❷

❶

60 Highlight

제주 예쁜 도서관

지방 공관의 대변신

꿈바당어린이도서관

- 산책하기 좋은 야외 정원 즐기기
- 지방 공관의 옛 모습 둘러보기

지방 청와대라 불리던 공관이 꿈바당어린이도서관으로 변신했어요. 넓고 푸른 정원과 놀이터까지 갖추었죠. 도서 대출은 불가능하지만 도서관 어느 곳에서든 편하게 책을 볼 수 있어요. 1층 꿈자람책방은 지방 공관이었을 당시 연회장으로 사용하던 곳이라 가운데 봉황이 그려져 있어요. 2층에는 대통령의 거실과 침실이던 공간으로 대통령 행정박물전시실로 꾸며 관람 가능하니 둘러보는 것만으로도 의미 있습니다.

info 주소 제주도 제주시 연오로 140 **문의** 064-745-7101 **운영 시간** 09:00~20:00(현재 시간 단축 10:00~17:00) **휴무** 화요일, 설·추석 연휴, 12월 31일, 1월 1일 **가격** 무료 **주차장** 이용객 무료

한옥 카페에서 책 읽는 맛

김영수도서관

- 목 관아가 보이는 2층에서 도심 속 또 다른 매력 느껴보기
- 학생들이 사용하는 학교 도서관인 만큼 아이들 배려하기

원도심 도시 재생 사업으로 100년이 넘은 학교 도서관을 한옥 콘셉트로 꾸며 매일 오전 5시 이후 마을 주민에게 오픈합니다. 한옥 카페를 그대로 옮겨 온 듯한 느낌이 드는 따스함과 고급스러움이 느껴지는 실내가 특징이에요. 2층 열람 공간에서는 제주목 관아를 한눈에 내려다보며 책을 볼 수 있어요. 곳곳에 비치된 예쁜 독서대와 세상 편한 소파, 편안한 한옥식 공간 덕분에 더욱 책 볼 맛이 납니다.

info 주소 제주도 제주시 중앙로8길 18 **문의** 0507-1354-0612 **운영 시간** 월·수·목~금요일 17:00~21:00, 토·일요일 10:00~18:00 **휴무** 화요일 **가격** 무료 **주차장** 없음(주변 골목 주차)

컬러풀 도서관

별이내리는숲

- 상상놀이 미디어 체험 공간도 즐겨보기
- 예쁜 창가 빈백 소파에 앉아 지겹도록 책 보기

벽면을 가득 채운 서가에 컬러별 도서가 가득한 오직 어린이만을 위한 도서관. 초록, 파랑에 맞춘 별숲 전시 도서와 학년별, 분야별 잘 나누어진 도서들이 책의 바다에 풍덩 빠지게 해줍니다. 구석구석 아이들의 책 읽는 공간이 센스 있게 꾸며져 있어요. 세상 편안한 자세로 볼 수 있는 빈백 소파와 통창. 숨어 있길 좋아하는 아이들의 눈높이에 맞춰 각 층 구석구석에 예쁜 공간이 가득합니다. 4층까지 층마다 다양한 책을 큐레이션해두어 아이 취향에 맞는 다양한 책을 접할 수 있어요. 제주를 가득 담은 책부터 DVD 대여까지, 하루 종일 놀아도 부족한 이름까지 예쁜 도서관이에요.

info 주소 제주도 제주시 연삼로 489(제주학생문화원·제주도서관) **문의** 064-717-6400 **운영 시간** 09:00~18:00 ※ 상상놀이 미디어 수·목·금요일 15:00~17:00, 토·일요일 10:00~11:00 **휴무** 월요일 **가격** 무료 **주차장** 이용객 무료

제주에서는 다양한 콘셉트를 지닌 도서관을 여럿 만나볼 수 있어요. 공공 도서관도 잘되어 있고 수 또한 많은 편. 책을 좋아하고 시간적 여유가 많다면 제주의 예쁜 도서관에서 책 속으로 여행을 떠나 보세요. 아이들에게는 놀이터와 같은 도서관의 매력을 경험하게 해주세요.

천상의 디저트 카이막 맛집

아침미소목장

젖소, 송아지에게 우유 주기, 동물들에게 먹이 주기, 유제품 만들기 등 다양한 체험으로 가득한 친환경 목장입니다. 송아지가 우유 빠는 힘이 정말 강해 아이도 어른도 모두 단단히 잡고 우유 주기에 도전하세요. 송아지라고 여리여리하다 생각한다면 오산. 푸른 잔디와 방목된 젖소들 뒤로 펼쳐진 파란 하늘과 높은 한라산까지 그림이 따로 없는 목가적 풍경을 만나보세요. 목장에서 만든 요구르트와 카이막 역시 꼭 먹어봅시다.

우리나라 유일의 테쉬폰 건축물을 만나는 곳

성이시돌목장

이라크 바그다드 인근 테쉬폰에서 비롯된 건축양식을 이곳 성이시돌목장에서 만나볼 수 있어요. 외관이 독특한 건축물 덕분에 스냅사진 촬영 장소로 인기 만점. 우유갑을 그대로 본떠 만든 조형물 역시 인기 좋은 포토 존입니다. 목장에 위치한 우유부단 카페에서는 갓 짜낸 젖으로 직접 만든 우유와 치즈를 판매하고 있어요. 그중에서도 인기 최고는 우유 아이스크림. 귀여운 우유갑을 배경으로 사진을 찍다가 아이스크림이 다 녹을 수 있으니 빠른 손놀림이 필요합니다.

산 깊은 곳 귀여운 동물 농장

제주양떼목장

안개가 가득한 날 더욱 큰 매력을 발산하는 제주 산림에 위치한 목장입니다. 귀여운 양뿐 아니라 아기 돼지, 닭, 강아지, 말, 사슴 등 다양한 동물에게 먹이 주는 체험이 가능합니다. 먹이통을 들고 가면 귀여운 양이 졸래졸래 따라오기도 하죠. 산양유 커피를 맛볼 수 있으니 목장 전망 카페에서 여유로운 시간을 가져보는 것도 좋습니다.

01 Highlight 목장 여행

info **주소** 제주도 제주시 첨단동길 160-20 **문의** 064-727-2545 **운영 시간** 10:00~17:00 **휴무** 화요일, 명절 **가격** 입장 무료, 동물 먹이 주기 2000원, 송아지 우유 주기 3000원 **주차장** 이용객 무료 **주의** 아이스크림 만들기는 전화로 예약하기

tip
- 목장 내 자판기에서 우유병 구입 후 송아지 우유 주기는 필수
- 카이막 맛보기

info **주소** 제주도 제주시 한림읍 산록남로 53 **문의** 0507-1435-2052(우유부단 카페) **운영 시간** 10:00~18:00 **휴무** 연중무휴 **가격** 무료 **주차장** 이용객 무료

성이시돌목장 우유부단 카페 info

주소 제주도 제주시 한림읍 산록남로 53 **문의** 0507-1435-2052 **운영 시간** 10:00~17:30 **휴무** 설날·추석 당일 **가격** 우유부단 수제 아이스크림 콘 5000원, 유기농 아삼 밀크티 5000원 **주차장** 이용객 무료

tip
- 테쉬폰 건물 앞에서 인증샷 필수
- 우유 아이스크림 들고 우유갑에서 기념사진 남기기
- 유기농 우유 맛보기

info **주소** 제주도 제주시 애월읍 도치돌길 289-13 **문의** 064-799-7346 **운영 시간** 10:00~18:00(입장 마감 17:00, 11~2월은 16:30 마감) **휴무** 월요일 **가격** 어른 5000원, 청소년·어린이 4000원 **주차장** 이용객 무료

tip
- 귀여운 동물 친구들이 가까이 와도 놀라지 말 것
- 방목하는 양들에게 당근 주기

제주에서 가장 목가적인 경치를 즐길 수 있는 곳. 송아지, 양, 말과 만나고 교감하는 목장 여행을 떠나보세요. 이국적 경치에 인생사진 또한 덤으로 남길 수 있는 곳입니다. 농장에서 만들어낸 신선한 요구르트와 아이스크림도 잊지 마세요.

노란 유채와 돌담의 만남

별방진

제주특별자치도 기념물 제24호로 지정된 별방진은 조선시대 우도 부근에 출몰하는 왜구를 막기 위해 만든 성곽이에요. 현재는 일부가 무너지고 동·서·남쪽 성벽 일부가 남아 있죠. 제주의 성곽 중에서는 보존이 잘되어 있는 편입니다. 성곽 위에 올라가면 하도리 포구부터 넓은 제주 바다를 한눈에 감상할 수 있어요. 봄에는 성곽 안쪽으로 노란 유채가 가득합니다. 하도리 주민들의 집도 옹기종기 모여 있어 지금은 거센 제주 바닷바람을 막아주는 든든한 바람막이 역할을 하고 있어요.

info 주소 제주도 제주시 구좌읍 하도리 3354 문의 064-710-3314 운영 시간 24시간 휴무 연중무휴 가격 무료 주차장 성벽 아래 주차(이용객 무료)

tip
- 유채 피는 계절에 방문해 더 멋진 풍경 만나기
- 바람 많이 부는 날은 위험할 수 있으니 주의할 것
- 하도포구 조형물 앞에서 기념사진 남기기

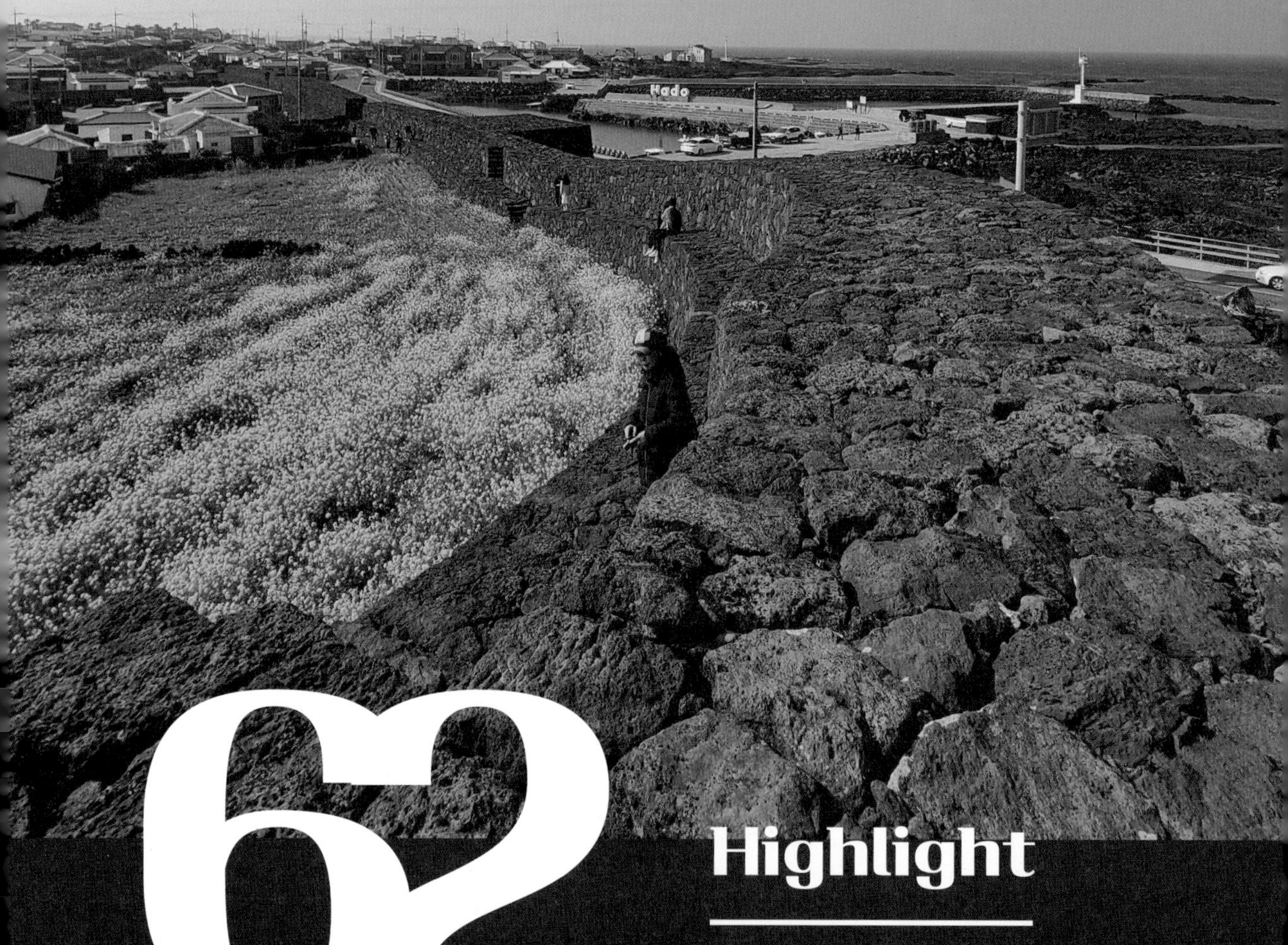

62 Highlight

제주 성벽 걷기

비양도를 한눈에 담아요

명월성지

왜구의 침입을 막기 위해 제주목사 장림이 명월포에 쌓아 올린 성터로 지금은 거의 남아 있지 않고 남문만 복원되어 있어요. 제주특별자치도 기념물 제29호로 높이 3m, 길이 1,300m입니다. 성안에는 무기고, 도청, 객사 등이 있었고, 수많은 인력이 배치되었던 이곳은 물이 냇물처럼 솟아올라 사계절 물 걱정이 없는 곳이기도 했습니다. 성벽에 올라가면 서쪽 마을 명월리와 한림, 그리고 서쪽 해변의 명물 비양도까지 한눈에 들어와 멋진 경치를 선사합니다.

info 주소 제주도 제주시 한림읍 명월리 2237 문의 064-710-6704 운영 시간 24시간 휴무 연중무휴 가격 무료 주차장 주변 공터에 주차

tip

- 명월성지를 따라 밭담길 산책도 즐겨볼 것
- 한림, 비양도 전망 감상하기

과거와 현재를 넘나드는 여행

제이각

제주 동문시장을 통과해 쭉 올라가다 보면 왜적을 제압하기 위해 세운 누각인 제이각을 만날 수 있어요. 왜구를 막기 위해 만들었지만 1850년 이후 평화로울 땐 관리, 선비의 감상용으로 이용되기도 했어요. 탐라국 성곽으로 약 1.5km 축조된 제주성지는 오현단을 중심으로 85m 정도만 남아 있어요. 시끌벅적한 동문시장과 상반된 분위기로 과거에서 현재를 잇는 통로 같은 역할을 합니다.

info 주소 제주도 제주시 오현길 56 문의 064-740-6000 운영 시간 24시간 휴무 연중무휴 가격 무료 주차장 뒤편 공영 무료 주차장 이용

tip

- 동문시장 방문 시 둘러보기
- 제이각에 올라 산지천과 제주항 구경하기

왜적의 침입이 잦았던 제주에서는 적을 막기 위한 지혜의 결과물인 성벽을 곳곳에서 만나볼 수 있어요. 대표적으로 유명한 성벽 세 곳을 소개합니다. 동쪽의 하도리를 지키고 있는 별방진, 서쪽 명월성지, 도심 속에서 제주를 지키는 제이각입니다. 성벽에 올라 시원한 바람을 느끼며 제주 경치를 즐겨 봅시다.

tip

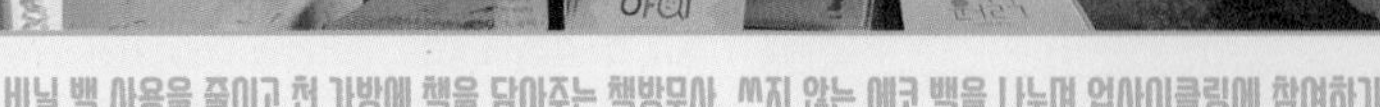

- 비닐 백 사용을 줄이고 천 가방에 책을 담아주는 책방무사. 쓰지 않는 에코 백을 나누며 업사이클링에 참여하기
- 기존 간판을 그대로 살린 외관에서 기념사진은 필수 • 바로 옆 공드리카페와 오디오 가게를 함께 이용해볼 것

가수 요조의 책방

책방무사

무사하고 싶다는 의미의 책방무사. 간판 한쪽 글씨가 떨어져나가 여기가 서점이 맞나, 싶은 곳에서 무사한 책방을 만날 수 있어요. 차 타고 가다 보면 그냥 지나치기 일쑤. 외관은 옛 모습 그대로, 안은 책과 감각적인 소품으로 가득합니다. 책방 안에도 다재다능한 주인장의 개성을 가득 담았어요. 주인장이자 작가 요조의 매력을 느끼기에 충분한 공간이죠. 계산하는 곳과 미닫이문으로 분리되어 마치 무인 서점처럼 오롯이 책의 매력을 느낄 수 있습니다. 진한 디퓨저 향과 함께 마음에 쏙 드는 책을 만나봅시다.

info **주소** 제주도 서귀포시 성산읍 수시로10번길 3 **문의** 010-9737-6571 **운영 시간** 12:00~18:00 **휴무** 화·수요일 **가격** 입장 무료 **주차장** 주변 주차

작은 마을의 작은 글

책방 소리소문

전통 주택 분위기를 그대로 살린 책방. '어쩜 서점이 이렇게 예뻐?'라는 생각이 가장 먼저 드는 곳이에요. 아이들을 위한 공간으로 작지만 잠시 앉아 책을 볼 수 있는 휴식 공간이 참 예뻐요. 게다가 손님들의 이어가는 필사 책상이 놓인 작가의 책상이 이색적입니다. 책을 너무 사랑하는 주인장의 감각이 서점 곳곳에서 묻어납니다.

info **주소** 제주도 제주시 한경면 저지동길 8-31 **문의** 0507-1320-7461 **운영 시간** 11:00~18:00 **휴무** 화·수요일 **가격** 입장 무료 **주차장** 이용객 무료

tip
- 필사 이어가기
- 소리소문 스탬프 찍기
- 블라인드 북 도전하기

63 Highlight 제주 독립 서점

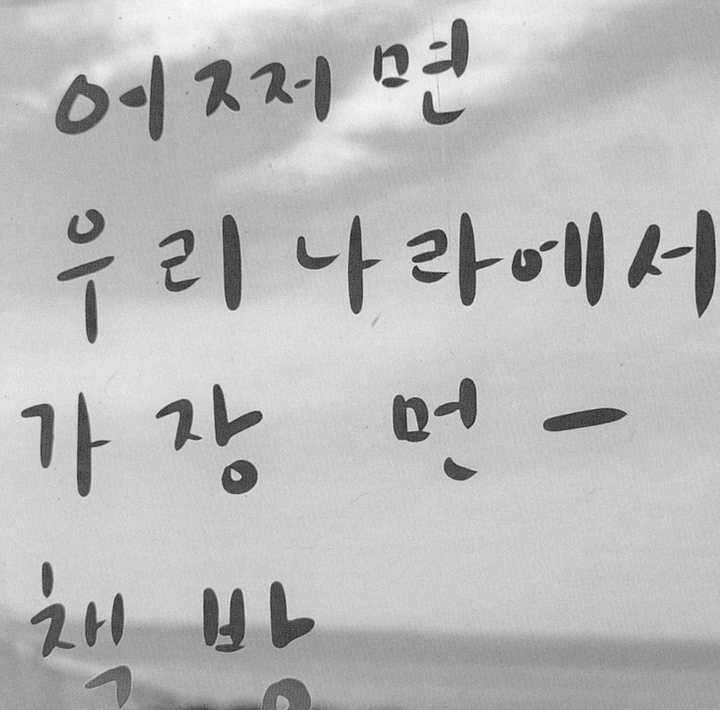

밤수지맨드라미 책방

어쩌면 우리나라에서 가장 먼 책방

이름부터 마음이 몽글몽글해지는 밤수지맨드라미. 이 예쁜 이름은 제주 바닷속에 살고 있는 멸종 위기 종인 분홍색 산호를 가리킨다고 합니다. 본섬에서도 날 잡고 들어가야 하는 우도에서 예쁜 바다와 함께 따뜻한 책방이 기다리고 있어요. 유니크한 우도 기념품과 책을 갖추었을 뿐 아니라 한편에는 차를 마실 수 있는 공간도 마련되어 있습니다. 작은 공간이지만 우도 바다가 한눈에 들어오는 예쁜 창과 책의 온기를 느끼기에 더없이 좋은 공간이 되어줄 거예요.

주소 제주도 제주시 우도면 우도해안길 530 **문의** 010-7405-2324 **운영 시간** 10:00~18:00 **휴무** 부정기 휴무 ※ 부정기적으로 심야 책방 '별 헤는 밤'을 열기도 하니 SNS 참고 **가격** 입장 무료 **주차장** 이용객 무료(건물 뒤편)

tip • 입구 의자에서 기념사진 남기기 • 기념 도장 찍기

마을 구석구석 독립 서점 여행을 떠나보세요. 카페와 함께 운영하는 북 카페도 많고 유명인이 운영하는 개성 넘치는 독립 서점도 있어요. 멋진 우도의 경치를 함께 즐기는 책방, 무엇이 나올지 모르는 블라인드 북 또한 제주 여행을 기념할 특별한 선물이 됩니다. 책을 좋아하는 사람에게는 그 어떤 여행지보다 큰 감동을 주는 독립 서점 세 곳을 소개합니다.

책 그리고 2마리 고양이

BEST 01 유람위드북스

1층에는 2~4인, 2층에는 혼자만의 독서 공간 여덟 자리가 준비된 조수리 예쁜 책방입니다. 음료와 달달한 디저트, 취향에 맞는 가득한 책을 시간제한 없이 편하게 즐길 수 있어요. 책방을 오르내리며 안부를 전하는 고양이가 이곳 마스코트. 만화책부터 소설, 에세이 등 재미있는 책을 즐기고 다 본 책은 카트에 올려둔 후 1층과 2층을 오르내리며 보물 같은 책과 힐링 시간을 가져보세요. 금요일, 토요일은 밤 10시까지 심야 책방을 운영합니다.

tip
- 사진 찍기 좋은 창가 자리에 앉아 독서하기
- 고양이들과 눈인사하기

info **주소** 제주도 제주시 한경면 조수동2길 54-36 **문의** 070-4227-6640 **운영 시간** 11:00~19:00(금·토요일 심야 책방 22:00 마감) **휴무** 연중무휴 **가격** 공간 이용료 4000원, 아메리카노 6000원, 카페라테 6500원 **주차장** 이용객 무료

❶ ❷

도심에 자리 잡은 사랑방

BEST 02 제주사랑방

전통적인 느낌 물씬 나는 고씨 주택을 도시재생지원센터에서 도심 속 사랑방으로 새롭게 탄생시킨 공간입니다. 주민 커뮤니티로 기획해 책장에 꽂힌 책을 편하게 볼 수도 있고, 전시 공간으로 대관 및 대여할 수도 있습니다. 실내는 타임머신을 타고 현재에서 과거로 온 듯 예스러움을 풍깁니다. 채광 좋은 자리에 앉아 커피 한잔과 책 읽는 여유를 즐겨도 좋을 것 같아요. 비치된 책은 대부분 제주 관련 책자니 취향에 맞게 책을 준비해 쉬어 가도 좋습니다.

info **주소** 제주도 제주시 관덕로17길 27-1 **문의** 064-727-0636 **운영 시간** 12:00~20:00 **휴무** 설·추석 연휴 **가격** 입장 무료 **주차장** 근처 공영 주차장 이용 **주의** 음료는 따로 판매하지 않고 반입은 가능하니 책과 음료를 준비해 방문할 것

tip
- 제주 관련 책이 많은 곳

64 Highlight 책이 있는 공간

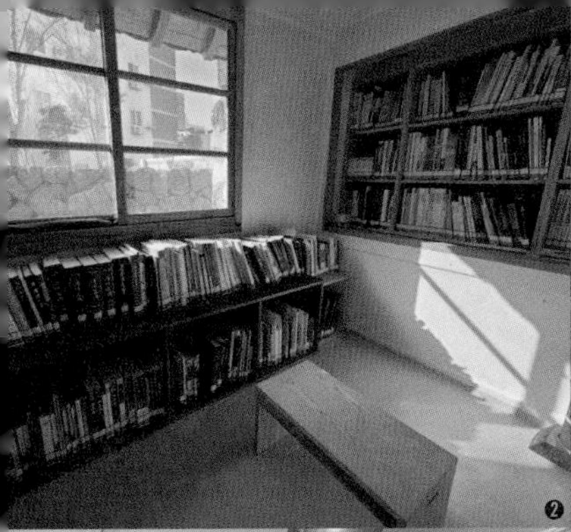

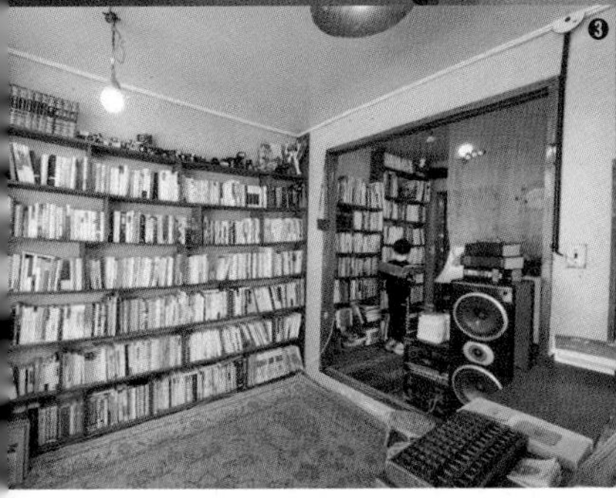

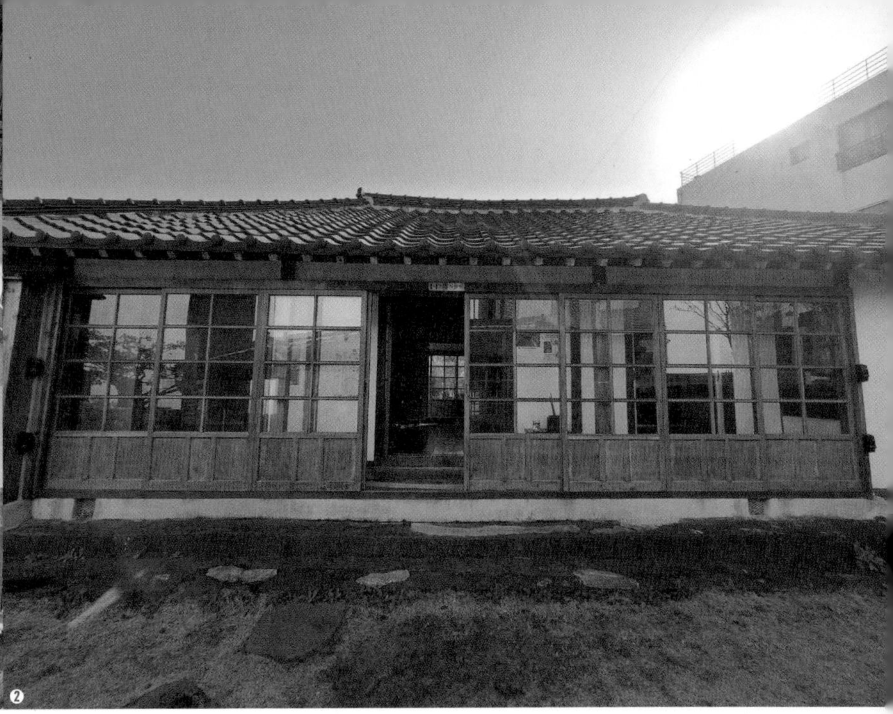

BEST 03

헌책 줄게 커피 다오

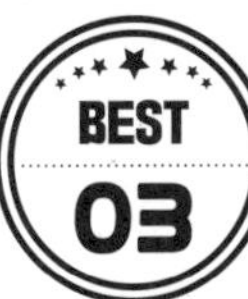

구들책방

info 주소 제주도 제주시 조천읍 신북로 502 문의 0507-1422-4769 운영 시간 12:00~20:00 휴무 수요일 가격 무료 주차장 주변 골목 주차

새 책으로 가득한 작은 독립 서점과는 결이 다른 이곳은 헌책방입니다. 누군가의 흔적과 사연으로 한 권 한 권 모은 오래된 책과 신간까지 다양하게 만날 수 있어요. 따로 음료를 판매하지는 않지만 집에서 잠자는 헌책을 가지고 방문하면 커피와 교환해줍니다. 안 읽는 책을 커피와 맞바꾸는 현대식 물물교환인 셈이죠. 한편에는 올드한 감성을 그대로 간직한 작은방이 있어요. 책을 구입했다면 레트로한 느낌이 물씬 나는 이곳에서 잠시 앉아 책을 읽어도 좋습니다. 곳곳에 숨겨진 보물 같은 책을 찾아보세요.

tip

- 안 읽는 책 가져가 커피와 교환하기
- 신간을 득템할 수도 있으니 꼼꼼하게 살펴보기

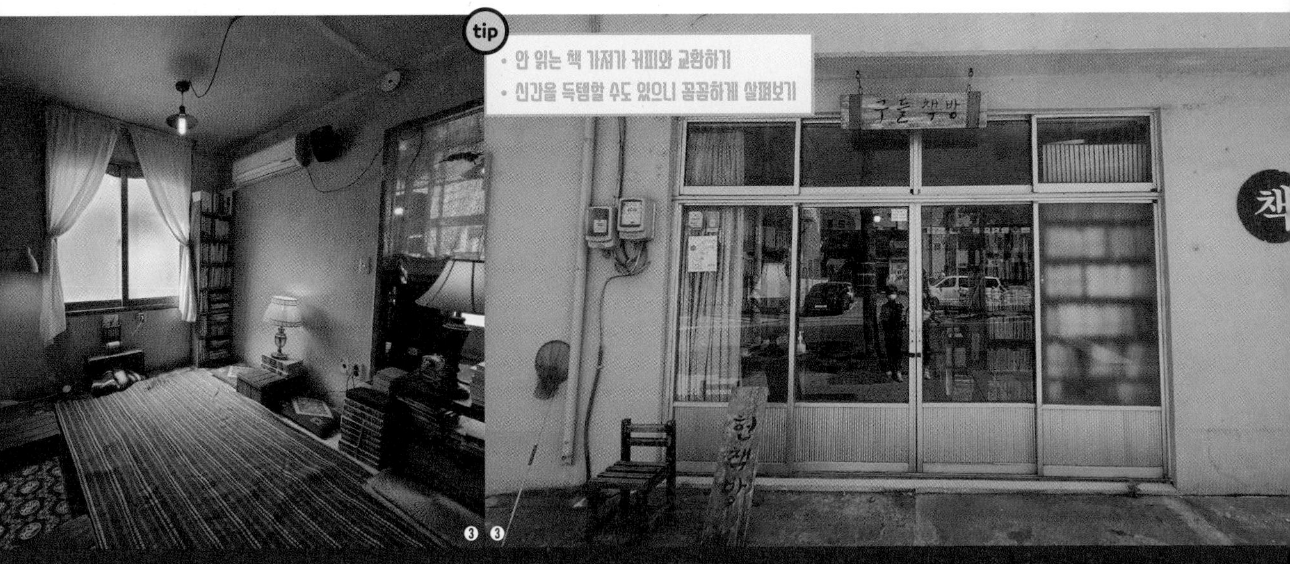

책과 함께하는 따뜻한 곳. 책을 사거나 도서관처럼 딱딱한 곳에서 책 보는 것이 조금 어색하다면 아늑하고 작은 책방에서 차 한잔 마시며 여유로운 제주 여행을 즐겨보는 건 어떨까요. 입장료를 내고 보고 싶은 책을 보기도 하고, 가방에 넣어 가지고 다니던 다 읽은 책을 주고 커피 한잔을 마실 수도 있어요. 본인이 좋아하는 음료와 읽던 책을 가지고 잠시 쉬어 갈 수 있는 사랑방까지, 책과 함께하는 여러 공간을 만나보세요.

65 Highlight

개성 가득 잡화점 투어

BEST 01

한여름 수박 한 조각 같은 달달함이 있는 곳

여름 문구사

"여기 간판 없어?" 하고 고개를 숙이면 왼쪽에서 수박 한 조각이 맞이해줍니다. 시원하고 달콤한 한여름 수박 같은 여름문구사에는 제주 여행의 추억과 어린 시절의 기억이 고스란히 남아 있어요. 문구사에서 자체 제작하는 월별 전단도 개성 만점. 이달의 추천 상품, 근처 맛집부터 제주에 관련된 소소한 정보까지 만나보세요. 세화리를 여행 중이라면 놀러 오라는 귀여운 문구에 안 가보려야 안 가볼 수 없는 곳입니다.

tip
- 문구사 곳곳에 있는 귀여운 메모들 읽어보기
- 바로 옆에 잡화점이 2개 더 있으니 함께 둘러보기

info

주소 제주도 제주시 구좌읍 구좌로 77 **문의** 0507-1400-9447 **운영 시간** 11:00~18:00 **휴무** 수요일, 일요일 **가격** 제품마다 다름 **주차장** 주변 공영 주차장 ※ 매달 자체 제작하는 전단 참고

BEST 02

러버덕 천국

큰손상회

이렇게 개성 넘치기도 쉽지 않습니다. 입구가 맞는지 알쏭달쏭한 마음으로 들어서면 한쪽엔 샤워 공간이, 한쪽엔 세면대 위 러버덕이 반겨줍니다. 개성 줄줄 넘치는 공간의 한쪽은 홍콩, 한쪽은 제주, 또 한쪽은 발리를 연상시키는 감각적인 소품 숍으로 꾸며져 있습니다. 어디서 이렇게 다양한 물건을 모았을까 감동하는 것도 잠깐, 세상 귀요미부터 감각적인 소품이 가득해 사진 찍고 장바구니 채우기 바쁩니다. 보는 것만으로도 힐링이 된다는 건 이런 게 아닐까요?

tip
- 러버덕 풀샷만 촬영 가능

info

주소 제주도 제주시 구좌읍 행원로1길 26-2 **문의** 0507-1388-5378 **운영 시간** 11:00~18:30 **휴무** 연중무휴 **가격** 제품마다 다름 **주차장** 맞은편 공터, 주변 골목 이용 **주의** 순식간에 장바구니를 채워버리지 않도록 주의!

BEST 03

다양한 관심이 모인 곳

관심사

동문시장에 왔다면 이곳도 살포시 들러주세요. 세상 다양한 관심이 모이고 모인 곳입니다. 고양이가 반겨주는 관심사는 카페로도 운영해요. 복합 문화 공간이라 보드게임도 할 수 있고 매력 넘치는 음악감상실에서 기념사진은 필수입니다. 레트로한 피아노와 음악, 이곳을 다녀간 이들의 메모를 만나는 아늑한 공간을 만끽해보세요.

tip
- 관심사의 마스코트 고양이 솔이, 범이 만나보기
- 아늑한 음악감상실 입장 시 신발을 벗어야 하니 양말 구멍 주의
- 복합 문화 공간인 만큼 여유로운 시간 보내기

info

주소 제주도 제주시 중앙로 77 **문의** 0507-1362-3296 **운영 시간** 12:00~19:00 **휴무** 월·화요일 **가격** 제품마다 다름 **주차장** 동문 공용 주차장 이용(30분 무료)

예쁜 것과 아기자기한 것을 가득 모아둔 제주 잡화점 세 곳을 소개합니다. 한번 들어가면 빈손으로 나올 수 없어요. 얄팍한 지갑이 그저 야속해지게 하는 이곳들은 보는 재미, 쇼핑 재미에 추억까지 더해줍니다. 사진 찍기에도 더할 나위 없이 좋은 잡화점의 매력에 푹 빠져보세요.

BEST 01

블록 좀 만진다면 여기는 필수

브릭캠퍼스 제주

'브릭? 레고 아냐?'라고 생각한다면 노노. 레고를 포함해 벽돌처럼 쌓아 올리는 모든 장난감을 브릭(brick)이라고 합니다. 다양한 브릭으로 이루어진 국내외 최정상 아티스트들의 작품을 만나볼 수 있는 브릭 캠퍼스. 입구부터 캠퍼스에 들어가듯 전시관이 시작됩니다. '세상에, 이걸 어떻게 만들었어?' 싶을 만큼 커다란 디오라마는 물론 각 나라의 유명 건축물과 사계절, 영화 속 주인공, 명화까지, 브릭으로 표현하지 못하는 건 없구나 하는 생각이 들 정도. 브릭 좀 만든다 하는 분이라면 그냥 지나치기 힘들 거예요.

info **주소** 제주도 제주시 1100로 3047 **문의** 064-712-1258 **운영 시간** 11:00~18:00(입장 마감 17:30) **휴무** 연중무휴(운영 시간과 휴무일은 부득이한 사정으로 조정될 수 있음) **가격** 어른·청소년·어린이 1만6000원, 36개월 미만 무료 **주차장** 이용객 무료

- 매달 최고의 작품을 뽑아 선물도 주니 멋진 작품 만들기에 도전해보기
- 브릭 카페에서 브릭 모양 버거 반드시 먹어보기

66 Highlight

덕질로드

tip

- 테디베어가 노래하는 엘비스 공연은 필수 관람
- 테디베어로 가득찬 명화는 아이들도 어렵지 않게 감상 가능

❷

테디베어와 명화의 협업

테디베어뮤지엄

테디 윌슨과 떠나는 세계 여행. 테디베어를 사랑한다면 필수 코스입니다. 테디 윌슨이 가본 세계 곳곳의 명소를 사진으로 만나보고 테디베어로 가득한 세계 명소 작품 감상은 함께 해외여행을 떠난 듯한 즐거움을 줍니다. 특히 전 세계적으로 유명한 명화와 테디베어의 협업은 웃음이 나지만 감동적입니다. 명품으로 휘감은 작품과 125캐럿의 보석으로 이루어진 테디베어를 보면 부럽기까지 할 거예요. 거대한 테디베어 선물 박스를 만나는 야외 무대도 꼭 들러보세요.

info **주소** 제주도 서귀포시 중문관광로110번길 31 **문의** 064-738-7601 **운영 시간** 09:00~18:00(입장 마감 17:30) **휴무** 연중무휴 **가격** 어른 1만2000원, 청소년 1만1000원, 어린이 1만 원 **주차장** 이용객 무료

자동차 & 피아노 덕후 모여!

세계자동차 & 피아노박물관

자동차를 좋아하는 사람이라면 일분일초가 지루하지 않을 장소입니다. 몇 해 전부터 피아노 전시관도 추가되어 더욱 다양한 재미를 선사하고 있어요. 국내 최초 개인 소장 자동차 박물관으로 어디서 이걸 다 모아뒀을까 싶은 클래식 자동차부터 우리나라 옛날 차량까지, 보고 있으면 감탄사가 절로 나옵니다. 피아노 박물관에서는 전 세계에서 단 하나뿐인 진귀한 피아노를 만나볼 수 있어요. 어린이들은 부모님과 직접 전기 자동차를 운전해보고 국제 면허증을 발급받을 수도 있어요.

info **주소** 제주도 서귀포시 안덕면 중산간서로 1610 **문의** 064-792-3000 **운영 시간** 09:00~18:00(입장 마감 17:00) **휴무** 연중무휴 **가격** 어른 1만3000원, 청소년·어린이 1만2000원 **주차장** 이용객 무료

tip

- 영화에 등장한 자동차, 우리나라 최초의 자동차 만나보기
- 세계에서 단 하나뿐인 100% 24K 황금 피아노 찾아보기
- 아이와 함께라면 음악체험실과 어린이 교통 체험 후 면허증 획득하기

❷ ❸ ❸

'덕질'은 자신이 좋아하는 분야에 심취해 그와 관련된 것을 모으고 찾아보는 행위를 말하죠. 제주에는 덕질 끝판왕 전시장이 가득합니다. 다양한 자동차와 피아노 덕질, 어른 아이 할 것 없이 누구든 좋아하는 브릭 덕질, 그저 모아둬서 고마운 테디베어 덕질까지. 덕질의 끝판왕 모음집에 살짝 들어가봅시다.

67 Highlight

문구 덕후의 제주 기념품

제주 감성을 메모에 남겨요

메모지 & 노트

이호테우해변, 성산일출봉, 동백, 수국 등 제주의 다양한 경치와 주제를 메모지에 담았습니다. 제주의 멋스러운 경치를 활용한 디자인도 있고, 일러스트로 귀엽게 표현한 포스트잇도 만나볼 수 있어요. 중요한 메모를 기록하거나 짧은 편지를 쓸 때 제주 감성을 그대로 전해보세요.

문구 덕후의 필수품!

펜

펜 뒤에 감귤이 하나, 펜 절반이 바다. 얇고 얇은 펜 안에 다양한 제주를 표현했어요. 펜 모으기 좋아하는 분이라면 제주를 가득 담은 펜 하나쯤 기념품으로 선택해도 좋습니다. 의외로 퀄리티 좋고 부드러운 펜도 만나볼 수 있어요.

'다꾸' 덕후라면 포기할 수 없는 아이템

마스킹 테이프

1cm 남짓한 테이프에 제주를 가득 담았어요. 제주 경치부터 핫 플레이스까지 다양한 디자인의 마스킹 테이프를 선보입니다. 다이어리 꾸미기 좋아하는 분, 북마크를 마스킹 테이프로 대신하는 분이라면 한라산소주가 그려진 마스킹 테이프로 유니크하게 꾸며 보는 건 어떨까요?

제주를 담은 북마크

클립 & 스티커

중요한 파일을 모아둘 때나 북마크가 필요할 때 요긴한 클립, 중요한 포인트에 하나씩 붙이기 좋은 스티커에도 제주가 가득합니다. 제주 바다에서 만나는 돌고래, 문어, 불가사리, 외국 느낌 물씬 나는 야자수와 하르방까지. 볼 때마다 제주를 떠올릴 수 있습니다. 다이어리 꾸미기 좋아하는 분들이라면 스티커도 제법 괜찮은 제주 기념품이 될 거예요.

놓치지 말자!

연필가게

문구 덕후라면 그냥 지나칠 수 없는 방앗간. 가게 안에 세계 각국 출신 연필이 가득합니다. 우리나라 연필뿐 아니라 세계 곳곳에서 구입한 연필과 색연필, 지우개, 연필깎이 등 연필과 관련된 모든 것을 만날 수 있어요. 미술 시간에만 보던 다양한 굵기의 연필과 각각의 쓰임을 벽면에 소개해놓았어요.

info

주소 제주도 서귀포시 남원읍 태위로 929 문의 0507-1316-4929 운영 시간 11:00~18:00 휴무 일·월요일 가격 제품마다 다름 주차장 인근 무료 주차장 이용

제주 기념품 중에는 제주를 테마로 삼은 다양한 문구도 있어요. 다이어리 꾸미기 좋아하는 사람이나 문구 수집러의 취향을 저격할 만한 제주 문구 기념품을 소개합니다. 포스트잇, 노트, 펜은 물론 제주 바다와 경치, 한라산소주가 그려진 마스킹 테이프를 구경하다 보면 장바구니가 가득해질 거예요.

감귤의 모든 것, 여기 다 있다

BEST 01

제주감귤박물관

감귤 체험은 물론이고 제주 감귤의 역사와 문화, 재배 방법, 종류 등 감귤에 대한 모든 것을 보고 배우는 곳. 1층 전시관에서는 감귤의 역사, 전 세계의 감귤 모습을 영상과 사진으로 보고 듣고 냄새까지 맡으며 오감으로 학습하고 2층에서는 제주도민의 전통 가옥과 민속 유물, 생활용품과 농기구, 해녀 장비까지 제주의 문화를 관람합니다. 세계감귤전시관에서는 평소 접하기 어려웠던 143종의 세계 감귤을 직접 볼 수 있어요. 세상에서 가장 큰 감귤부터 부처의 손처럼 생긴 관상용 감귤까지 재미있는 감귤의 세계를 만나보세요.

info **주소** 제주 서귀포시 효돈순환로 441 **문의** 064-767-3010 **운영 시간** 09:00~18:00 **휴무** 1월 1일, 설날·추석 당일 **가격** 어른 1500원, 청소년 1000원, 어린이 800원 **주차장** 이용객 무료

- 지드래곤 감귤밭 찾기
- 사자 머리 모양 감귤 찾기
- 세상에서 가장 큰 2kg짜리 감귤 찾기

Highlight 감귤 세상

BEST 02

주황 물결 바당 올레길

신풍 신천 바다목장

제주 하면 가장 먼저 떠오르는 건 바로 귤이 아닐까 합니다. 보통 귤은 까서 속만 먹고 껍질은 버리기 마련. 그저 쓰레기라 생각했던 귤껍질이 모여 멋진 장면을 연출했어요. 귤피 말리는 모습은 귤이 많이 나는 겨울에만 볼 수 있는 이색 풍경입니다. 올레 3코스 올레길을 걸은 분들은 겨울에 한 번쯤 보셨을 터. 수만 평 면적에 펼쳐진 주황빛 귤피, 목장 가득 퍼져나오는 귤 향, 그리고 한쪽에 펼쳐진 제주 바다까지. 겨울 제주에서만 볼 수 있는 명장면이니 잊지 말고 다녀오세요.

info **주소** 제주도 서귀포시 성산읍 일주동로 5417 **문의** 064-740-6000 **운영 시간** 24시간 **휴무** 연중무휴 **가격** 무료 **주차장** 인근 공터 무료 주차 **주의** · 가기 전 일기예보 확인 필수 · 주민들에게 피해 주는 행동은 자제하기 · 귤피 밟지 않기

BEST 03

제주 귤도 따고 사진도 찍고

탐나는 농장

귤 철이 되면 제주 곳곳에서 귤 따기 체험을 즐길 수 있어요. 탐나는 농장 역시 귤 체험을 할 수 있는 농장 중 하나죠. 한 바구니 따면서 무제한으로 먹을 수 있어요. 아기자기하게 꾸민 귤 농장에서 무료로 대여하는 귤 모자를 쓰고 나무 사이사이에 꾸민 포토 존에서 다양한 사진을 찍는 것 역시 필수. 귀염 넘치는 오리와 토끼가 어디서 툭! 튀어나올지 모르니 놀람 주의!

info **주소** 제주도 제주시 애월읍 오당빌레길 88 **문의** 0507-1320-2721 **운영 시간** 11~1월 귤 따기 체험 가능 **휴무** 체험 기간 외 **가격** 1인 7000원 **주차장** 이용객 공터 이용

tip

- 1인당 한 바구니 유료 결제(7000원) 후 귤 따기 체험해보기
- 귤 따기 체험전 귤 모자 빌려 사진 찍기는 필수
- 손이 노랗게 변할 때까지 먹어보기

향기로운 귤꽃이 지고 나면 주렁주렁 노란 감귤이 열립니다. 지금은 흔하디흔한 귤이지만 예전엔 임금님에게 바치는 특별한 과일이었죠. 제주에서 감귤의 모든 것을 만나보세요. 다양한 감귤도 만나고 직접 감귤 따기 체험도 즐겨보세요. 세상에서 가장 맛있는 귤을 만나게 될 거예요. 제주에서만 볼 수 있는 감귤피 말리는 모습도 장관입니다.

69 Highlight

너의 변신은 무죄

제주 이주민이 늘어나면서 그와 함께 기존 건축물을 리모델링해 독특한 분위기의 새로운 공간으로 재탄생한 건물도 많아졌습니다. 과거와 현재가 공존하며 어르신에게는 추억을, 젊은 세대에는 과거로의 여행을 선사하는 이색 공간. 시대에 발맞춰 취향에 맞는 공간으로 다시 태어난 대표 카페 세 곳을 소개합니다.

BEST 01 마을 은행의 변신 사계생활

tip ❶
- 입장하면 은행처럼 대기표부터 뽑을 것
- 사계 금고의 작품을 구경할 것
- 금괴로 가득한 적립 쿠폰을 챙길 것

사계리 마을 사람들이라면 누구나 한 번쯤 방문했을 농협의 변신. 늘 보던 은행 창구는 카페 조리대로 변했고, 대기 번호표는 카페 음료 받는 대기 번호표로 바뀌었어요. 금고는 청년 작가들의 작품을 만날 수 있는 공간이 되었습니다. 로컬 편집숍과 북 스토어까지 함께 누릴 수 있는 복합 문화 공간으로 ATM 현금 자동 입출기 입구가 신비로운 세계로 초대합니다.

info **주소** 제주도 서귀포시 안덕면 산방로 380 **문의** 064-792-3803 **운영 시간** 10:00~18:00 **휴무** 연중무휴 **가격** 미깡 블렌드 6000원, 제주 딸기 라테 7500원 **주차장** 매장 앞 무료 주차

BEST 02 리조트의 변신은 무죄 새빌

억새로 유명한 새별오름을 한눈에 담을 수 있는 곳. 한때는 숙박 손님으로 가득했던 그린리조트가 새별오름 억새를 가득 품은 카페로 변신했어요. 낡은 듯하면서도 한껏 꾸민 느낌이 드는 이곳에서는 봄에는 들불축제, 가을에는 핑크 뮬리와 억새를 시원한 통창 너머 한눈에 즐길 수 있어요.

info **주소** 제주도 제주시 애월읍 평화로 1529 **문의** 064-794-0073 **운영 시간** 09:00~19:00 **휴무** 연중무휴 **가격** 에스프레소 5500원, 사이공 라테·우도땅콩라테 각 7000원 **주차장** 이용객 무료

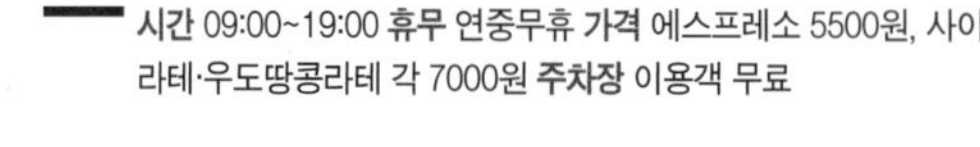

tip
- 층고 높은 통창에서 멋진 새별오름 사진 찍기
- 가을 핑크 뮬리 명소로 유명

❷

❷

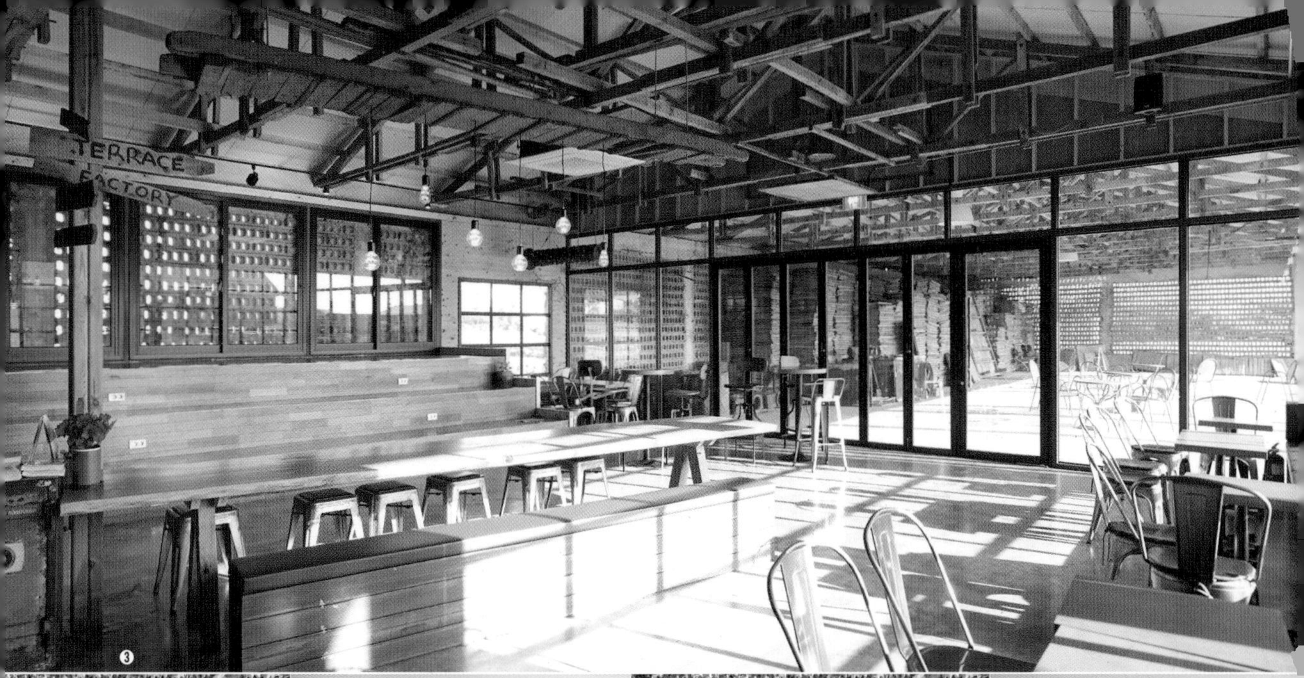

③

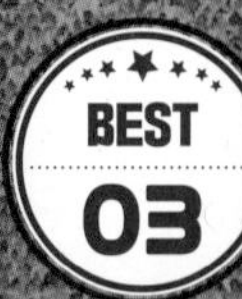

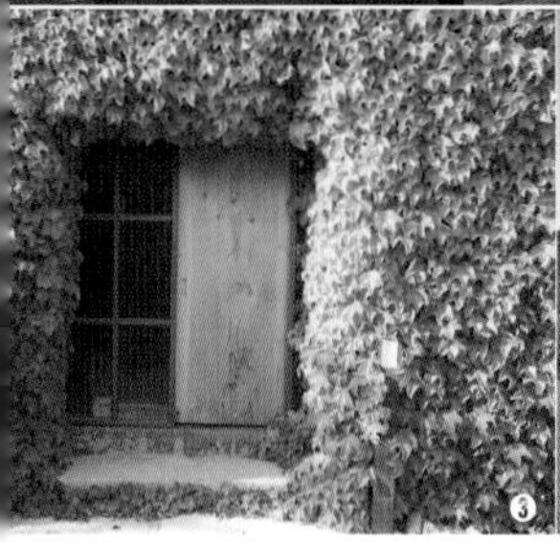

③

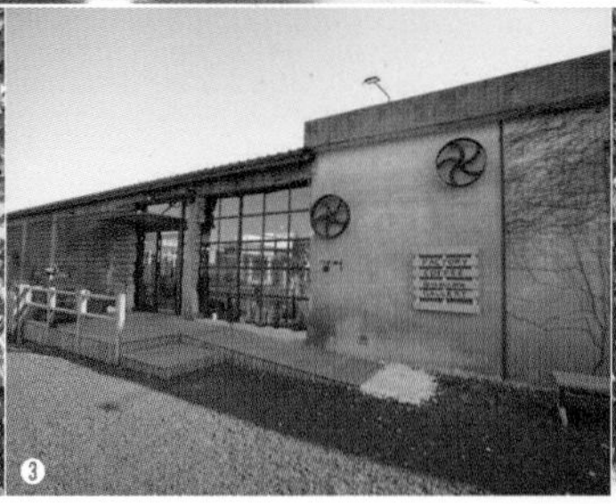

③

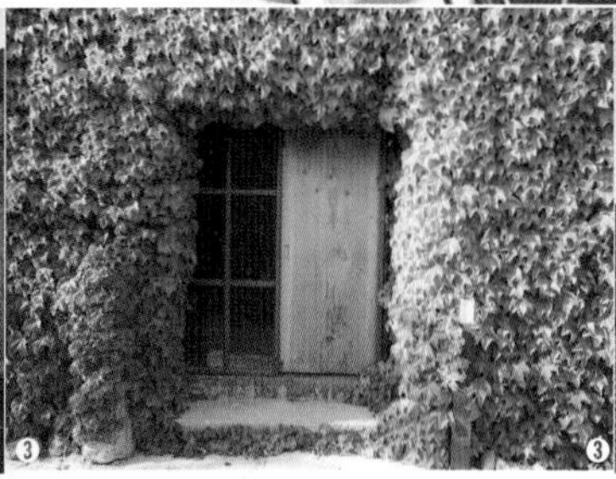

③

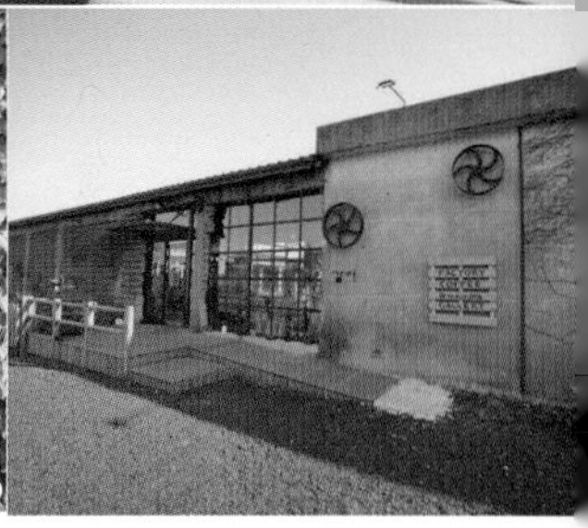

③

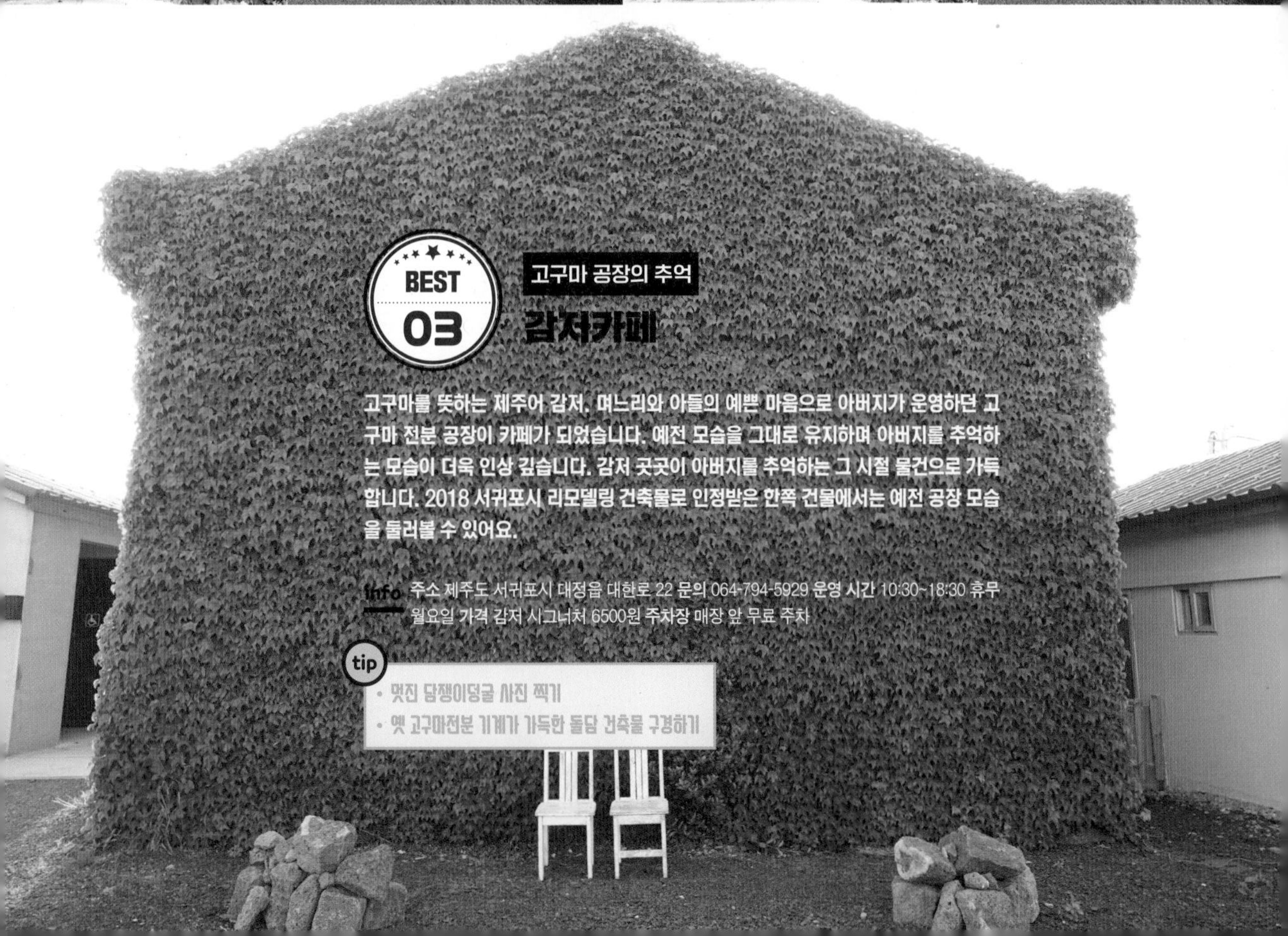

BEST 03

고구마 공장의 추억

감저카페

고구마를 뜻하는 제주어 감저. 며느리와 아들의 예쁜 마음으로 아버지가 운영하던 고구마 전분 공장이 카페가 되었습니다. 예전 모습을 그대로 유지하며 아버지를 추억하는 모습이 더욱 인상 깊습니다. 감저 곳곳이 아버지를 추억하는 그 시절 물건으로 가득합니다. 2018 서귀포시 리모델링 건축물로 인정받은 한쪽 건물에서는 예전 공장 모습을 둘러볼 수 있어요.

info 주소 제주도 서귀포시 대정읍 대한로 22 문의 064-794-5929 운영 시간 10:30~18:30 휴무 월요일 가격 감저 시그너처 6500원 주차장 매장 앞 무료 주차

tip
- 멋진 담쟁이덩굴 사진 찍기
- 옛 고구마전분 기계가 가득한 돌담 건축물 구경하기

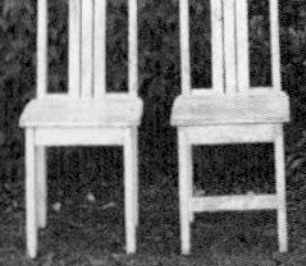

70 Highlight

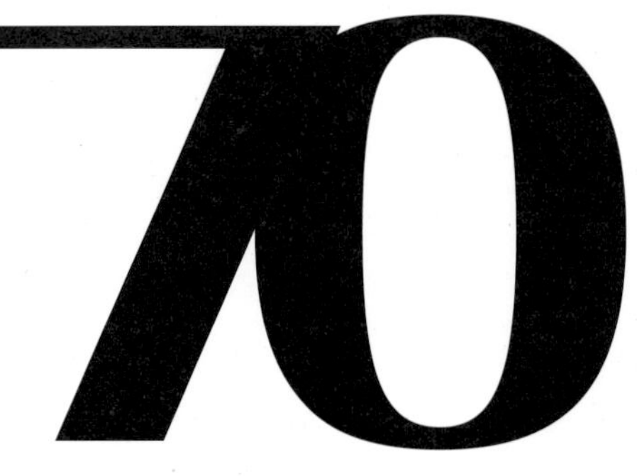

추억은 방울방울, 초등학교의 변신

아이들이 줄어들어 폐교 위기에 처한 마을의 학교들이 새롭게 태어났어요. 종소리와 아이들 소리는 들리지 않지만 이제는 관광객으로 활기를 띱니다. 명월국민학교는 국민학교 시절을 그대로 살린 카페로, 어음 분교는 숙소 겸 카페가, 가시초등학교 자리는 제주를 가득 담은 멋진 사진작가의 전시관이 되었습니다. 학교로서 기능은 잃었지만 특유의 분위기는 그대로 간직한 국민학교로 여행을 떠나보세요.

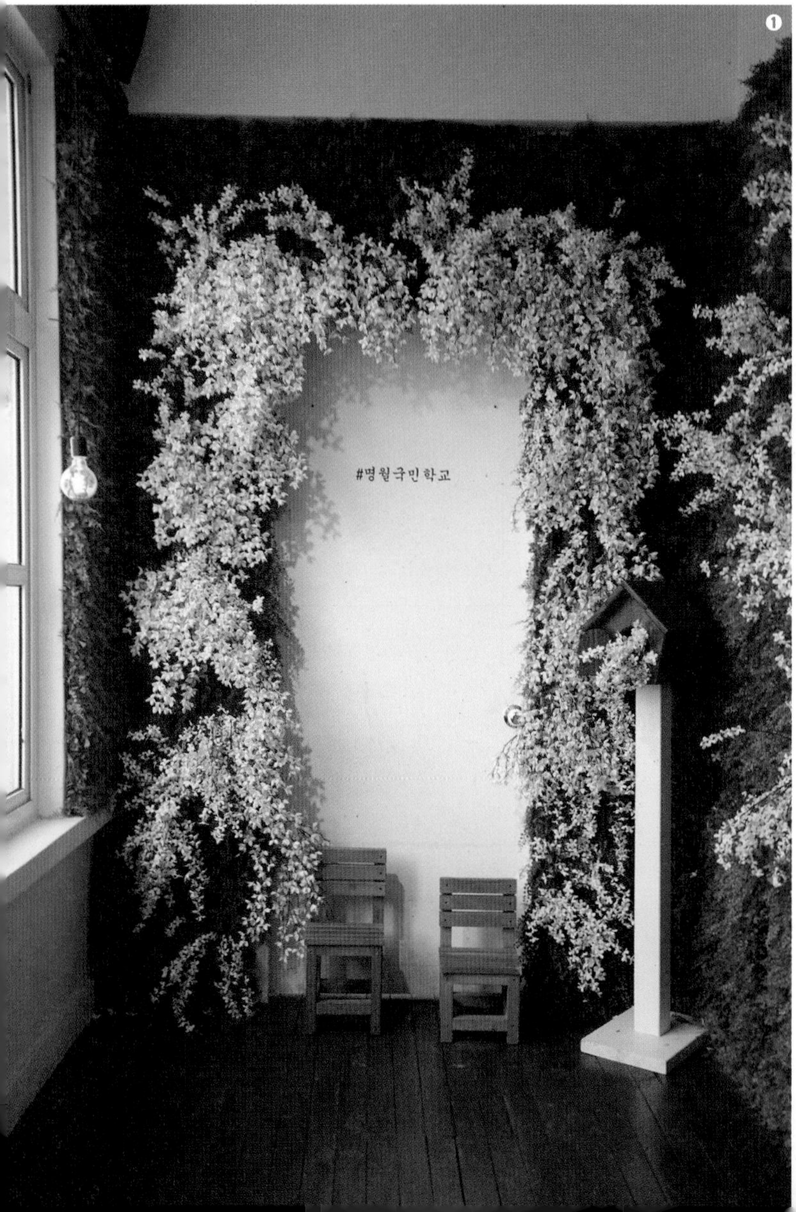

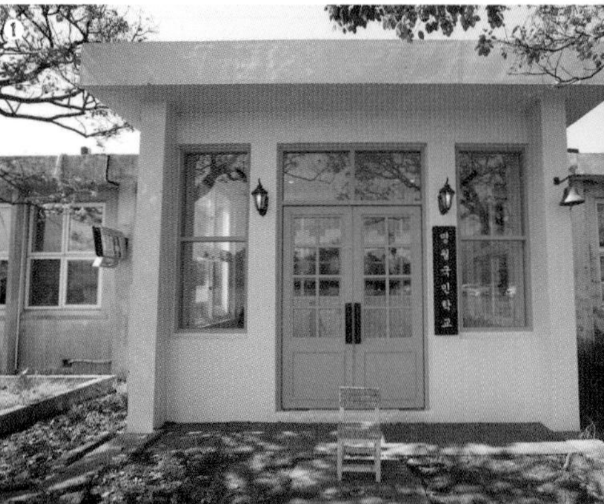

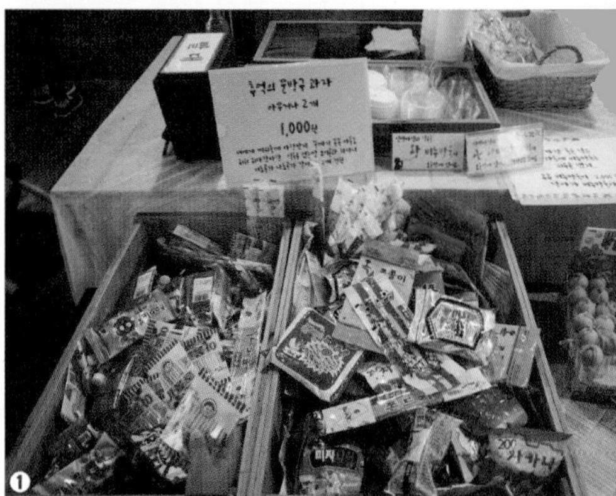

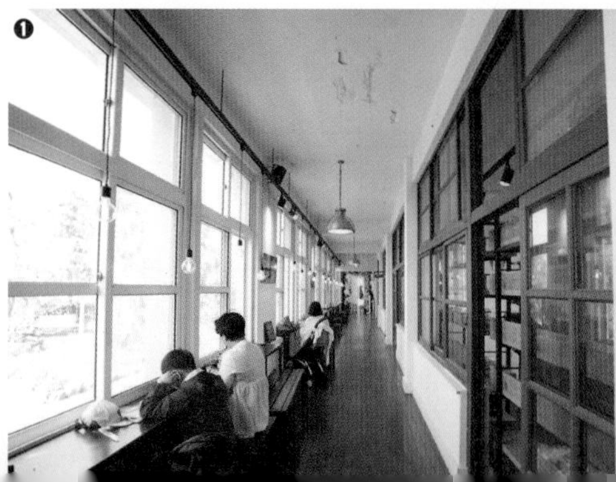

개성 넘치는 카페로 변한

명월국민학교

- 입장료 대신 성인 1인 1메뉴 주문
- 운동장에서 뛰어놀아보기

1993년 폐교된 국민학교가 개성 넘치는 카페가 되었습니다. 명월리 마을에서 운영하는 카페는 물론 공방, 갤러리로 볼거리와 즐길 거리를 제공해요. 나무 바닥에서 삐거덕 소리가 나는 옛 교실은 커피반, 소품반, 갤러리반으로 이루어졌습니다. 요즘 늘어나는 노키즈 존과 달리 넓은 운동장은 항시 예스 키즈 존. 가운데 중앙 입구로 사용되던 파란색 문은 명월국민학교에서 가장 인기 좋은 포토 존이 되었습니다. 소품반에서 연, 제기 같은 놀이용품을 구입해 운동장에서 즐거운 시간을 보낼 수 있어요. 엄마와 아빠에게는 추억의 시간이, 아이들에게는 신나는 학교 운동장이 기다리고 있습니다.

info **주소** 제주도 제주시 한림읍 명월로 48 **문의** 070-8803-1955 **운영 시간** 10:30~19:00 **휴무** 연중무휴(변동 사항 인스타 공지) **가격** 명월차·명월라테 각 6500원 **주차장** 이용객 무료 ※ 반려견 동반 가능

학교에서 먹고 자고

어음분교1963

- '학교에서 잠자기' 로망 실현(게스트하우스, 숙소로 사용 중)하기
- 무료로 대여하는 추억의 교련복, 교복 등 입고 사진 찍기
- 야외 놀이터에서 아이와 뛰어놀기

이효리 동네로 유명해진 애월읍 소길리에 위치한 어음분교1963. 이곳은 어음리 마을에서 운영하는 카페 겸 숙소입니다. 1999년부터 더 이상 운영하지 않던 폐교가 지금은 어음리 핫 플레이스가 되었습니다. 교무실을 개조해 만든 카페 한쪽에는 제주스러움을 가득 담은 먹거리와 소품을 판매 중입니다. 학교 분위기 물씬 나는 칠판에는 이곳에서 맛볼 수 있는 다양한 메뉴를 담은 하얀 분필 글씨가 가득해요. 운동장 자체는 작은 편이지만 아이들이 놀 수 있는 놀이터와 트램펄린을 갖추었습니다. 야외 곳곳에 벤치가 있어 카페만 이용해도 좋습니다.

info **주소** 제주도 제주시 애월읍 어림비로 376 **문의** 0507-1306-2919 **운영 시간** 10:00~18:00 **휴무** 연중무휴 **가격** 딸기 라테 5000원, 개역(미숫가루) 5000원, 교복 이용객 무료 **주차장** 이용객 무료

제주를 가득 담은 사진작가의 학교

자연사랑미술관

1946년 개교 후 4·3 사건 당시 소실되었다 다시 분교로 오픈한 가시초등학교. 현 자연사랑미술관 위치로 이전했지만 결국 폐교하고 말았고, 현재는 제주의 사계절 사진이 가득한 갤러리로 탈바꿈했습니다. 이곳은 제주에서 나고 자란 서재철 작가가 평생 찍은 제주 사진을 전시해둔 공간입니다. 바람자리, 따라비, 화산탄 등 세 가지 테마로 전시장 관람이 이어집니다. 가장 먼저 둘러보는 바람자리관에서는 제주 자연의 사계절을 사진으로 만나볼 수 있어요. 몽환적인 안개와 제주를 가득 담은 작품부터 흑백사진으로 촬영한 제주의 과거 모습을 볼 수 있어요. 복도 한편에는 가시초등학교 졸업생의 단체 사진과 다양한 카메라 전시물까지 전시해 사진 좋아하는 분들이라면 만족할 만합니다.

info **주소** 제주도 서귀포시 표선면 가시로613번길 46 **문의** 064-787-3110 **운영 시간** 10:00~18:00 **휴무** 1월 1일, 명절 당일 **가격** 어른 3000원, 초·중·고등학생 1000원 **주차장** 무료(학교 운동장 이용)

- 작품 설명이 없으니 입구에 있는 작품 목록을 들고 관람하기

가

Highlight

다양한 맛으로 즐기는 커피

전국 팔도의 실력 있는 바리스타들이 모여 사는 제주에는 손에 꼽을 수도 없을 만큼 맛 좋은 커피가 많습니다. 그중에서도 이색적인 재료를 사용해 더욱 특별한 커피 맛을 제공하는 세 곳을 소개합니다. 아몬드 맛이 풍부한 아몬드라테와 아보카도로 맛을 낸 커피, 제주 유명 관광지 구엄리 소금 염전의 소금을 이용한 소금커피까지. 소개해드린 곳 외에도 이색적인 커피를 판매하는 카페가 정말 많아요. 다음 여행은 다양한 커피 맛을 즐기는 나만의 제주 커피 로드를 계획해보는 건 어떨까요?

고소한 아몬드라테

윈드스톤

광령초등학교 바로 옆 전통 주택을 개조해 만든 윈드스톤. 작은 독립 서점과 함께 운영 중인 이곳은 아몬드라테로 유명합니다. 얼음을 동동 띄운 아몬드라테는 두고두고 생각날 만큼 유명 커피 전문점보다 맛과 향이 좋습니다. 규모는 크지 않지만 아늑하고 친절한 사장님이 맞이해주고 책도 함께 즐길 수 있어 인기 만점이에요.

info **주소** 제주도 제주시 애월읍 광성로 272 **문의** 070-8832-2727 **운영 시간** 09:00~17:00 **휴무** 일요일 **가격** 아몬드라테 5500원, 스트롱라테 5000원 **주차장** 인근 무료 주차

tip
- 서점도 함께 운영 중이니 책과 함께하는 북 카페로 이용해보기
- 제주 전통 가옥을 리모델링해 완성한 외관을 배경으로 사진 찍기

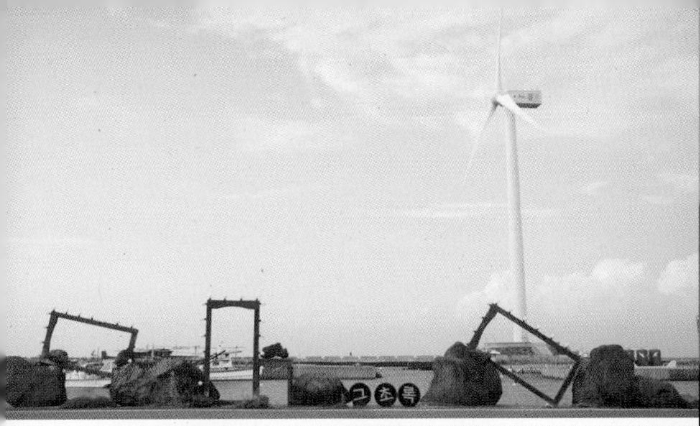

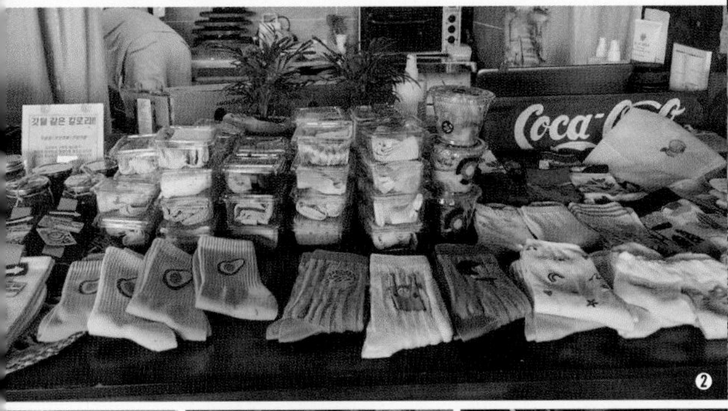

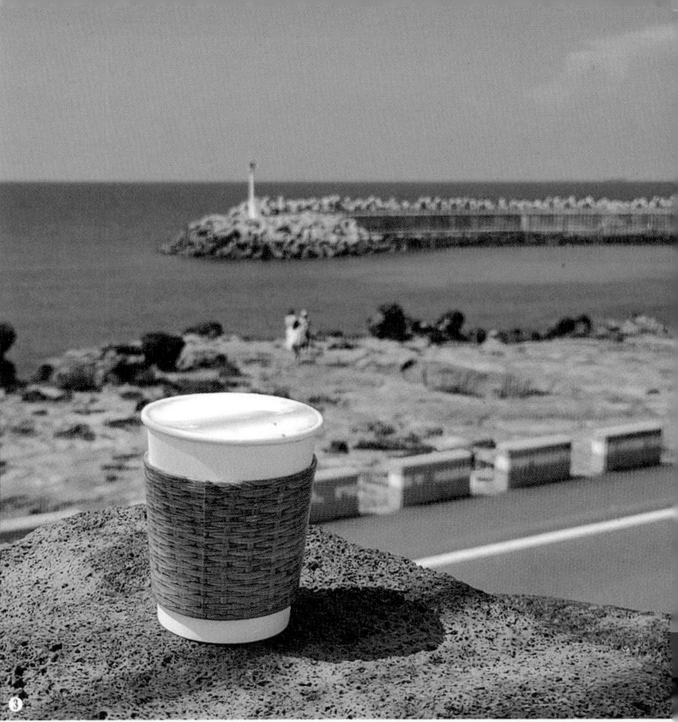

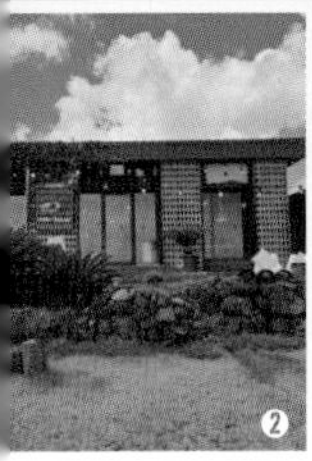

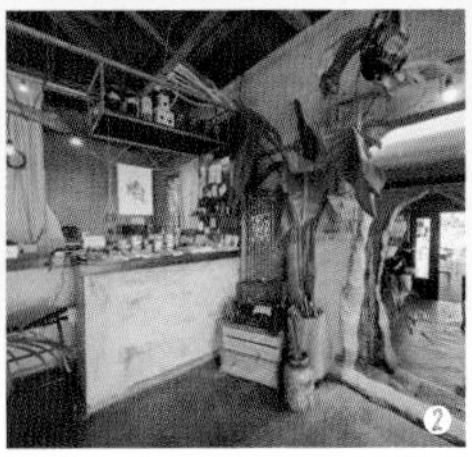

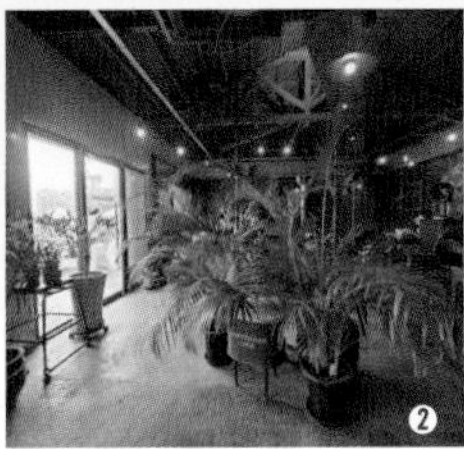

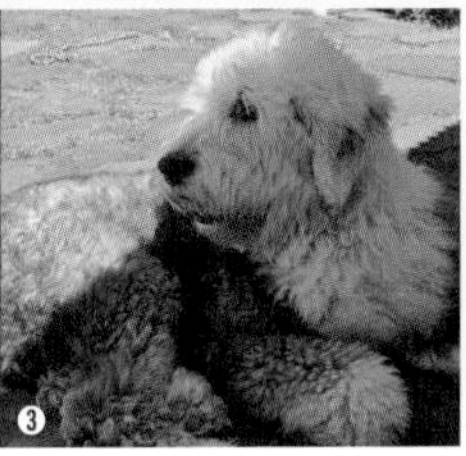

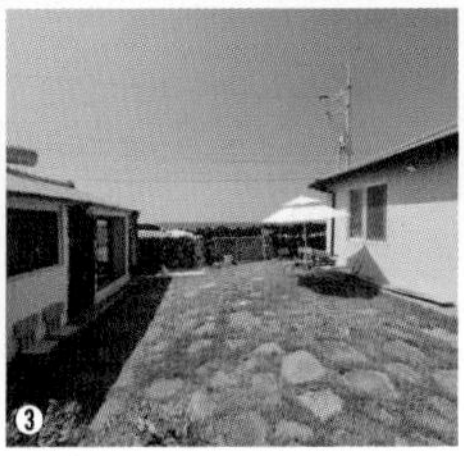

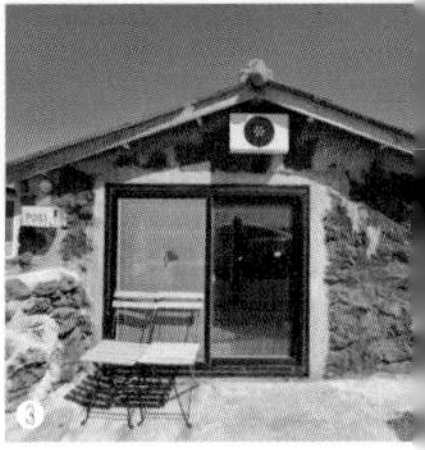

BEST 02

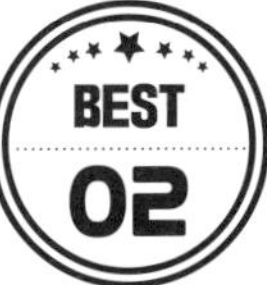

건강해지는 맛, 아보카도 커피

그초록

월정리에서 해안도로를 타고 조금만 더 동쪽으로 가다 보면 나오는 행원리. 그곳에서 독특한 외관의 카페를 만날 수 있어요. 빈티지한 느낌과 클래식한 매력을 갖춘 이곳에서는 이름처럼 초록빛 가득한 나무를 곳곳에서 만나볼 수 있어요. 동남아 리조트 로비에 와 있는 듯한 느낌도 살짝 나는 공간을 연출했어요. 시그너처 음료는 아보카도 커피. 아보카도를 통째로 갈아 만든 스무디와 에스프레소가 만나 크리미하면서도 부드러운 느낌을 줍니다. 아보카도 좋아하는 분들이라면 만족하실 메뉴로 행원리 바다 뷰와 함께 즐겨보세요.

info 주소 제주도 제주시 구좌읍 행원로7길 23-16 문의 0507-1323-4244 운영 시간 10:00~19:00 휴무 목요일 **가격** 아보카도 커피 7500원, 아보카도 샌드위치 1만2000원 **주차장** 카페 앞 주차

BEST 03

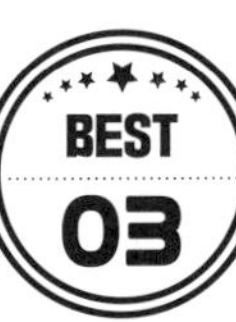

단짠단짠 소금커피

카페소금

대만의 소금커피를 좋아하는 분들이라면 아마 이곳도 마음에 들 거예요. 제주에서 유일한 소금 염전을 볼 수 있는 구엄리에 위치한 카페 소금에서는 단짠단짠의 끝판왕 소금커피를 맛볼 수 있어요. 제주 전통 주택을 리모델링해 만든 실내에서는 제주스러움이 물씬 느껴집니다. 귀여운 강아지 솔트가 반겨주는데, 레트로한 느낌을 좋아한다면 더욱 마음에 들 거예요. 소금커피 외에도 다양한 나라의 커피를 맛볼 수 있는 것 또한 이곳의 매력.

info 주소 제주도 제주시 애월읍 구엄길 96 문의 0507-1428-5541 운영 시간 10:00~22:00 **휴무** 없음(변경 시 인스타 공지) **가격** 소금커피 6000원, 소금라테 6500원 **주차장** 인근 주차

tip

- 커피 한잔 마시며 동쪽 '바다멍' 하기
- 귀여운 아보카도 굿즈도 만나보기

tip

- 소금을 생산하는 구엄리 돌 염전 꼭 가보기
- 귀여운 강아지 만나기

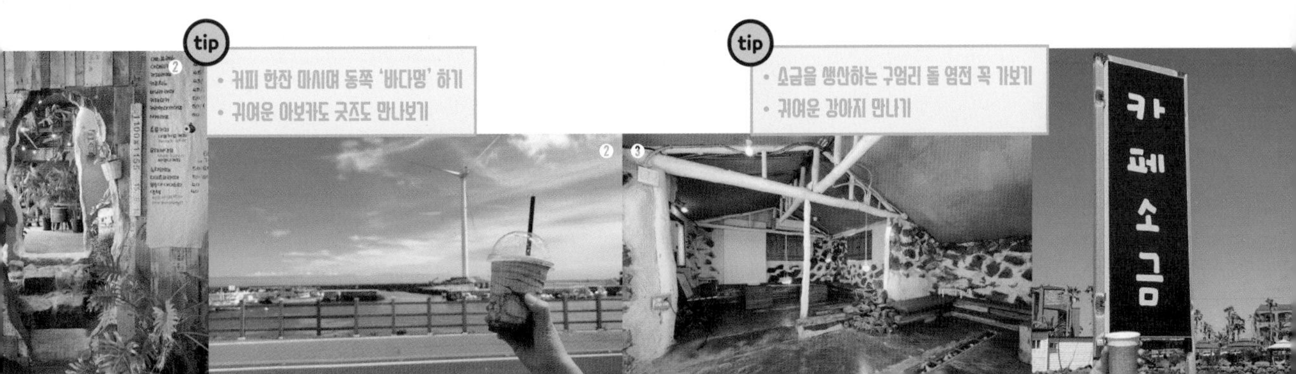

❶

tip

- 당근 싫어해도 일단 도전해볼 것
- 종달리 마을 산책도 함께 즐겨요.

부드러움이 가득한 당근과 건강한 호두의 만남

당근빙수

종달리 마을이 한눈에 내려다보이는 조용한 카페에서 부드러운 당근빙수를 먹을 수 있어요. 제주 올레길 1코스가 통과하는 곳으로 올레꾼들에게 인기 많은 종달리에 위치합니다. 당근을 좋아하지 않는다면 당근 빙수라는 메뉴에 절로 미간이 찌푸려지겠지만, 막상 한입 먹기 시작하면 바닥이 보일 때까지 손이 가는 매력 넘치는 메뉴로, 견과류와 어우러져 고소함까지 느낄 수 있어요. 우유눈꽃빙수처럼 부드럽고 은은하게 퍼지는 달콤한 구좌 당근의 매력에 빠져보세요.

info 카페제주동네

주소 제주시 제주시 구좌읍 종달로5길 23 **문의** 070-8900-6621 **운영 시간** 10:00~16:30 **휴무** 일요일 **가격** 당근빙수 1만3000원 **주차장** 카페 앞 공터 무료 주차

버거가 몸에 안 좋다는 편견은 버려~

당근버거

제주 유명한 구좌 당근으로 만든 당근 햄버거. 패스트푸드의 불량함은 제로. 시금치, 마늘, 당근까지, 건강함을 가득 담은 햄버거를 만나볼 수 있어요. 컬러감이 예쁜 채소 번은 채소와 유기농 밀가루로 만들어 더욱 담백하면서도 건강함이 느껴집니다. 함덕해수욕장의 에메랄드빛 바다 뷰는 옵션으로 즐길 수 있어요.

info 무거버거

주소 제주도 제주시 조천읍 조함해안로 356 **문의** 0507-1319-5076 **운영 시간** 10:00~20:00 **휴무** 연중무휴 **가격** 당근버거 1만1500원 **주차장** 이용객 무료 ※ 반려견 동반 가능

- 자극적인 패스트푸드 맛과 달리 건강해지는 맛 즐겨보기

100% 당근

당근주스

구좌의 명물, 당근. 다양한 화산 분출물이 섞인 제주 화산회토 덕분에 물 빠짐도 좋고 당근에 건강한 영양분을 제공하기에 더욱 맛난 당근을 맛볼 수 있는 제주. 덕북에 제주 곳곳에서 구좌 당근을 식재료로 삼은 다양한 메뉴를 맛볼 수 있어요. 당근과 깻잎에서도 100% 유기농 당근주스를 맛볼 수 있답니다. 당근을 갈아 만들어 제주 흙 향이 그대로 느껴지는 건강한 맛! 이것이야말로 '찐' 당근주스입니다. 여름에는 카페 뒤쪽 텃밭에 당근꽃이 피고, 겨울에는 직접 당근을 뽑아보는 체험도 할 수 있어요.

info 당근과 깻잎

주소 제주도 제주시 구좌읍 평대7길 24-3 **문의** 064-782-0085 **운영 시간** 11:00~18:00 **휴무** 연중무휴 **가격** 제주 유기농 당근주스 7000원, 당근 컵케이크 3500원 **주차장** 이용객 무료

❶ ❷ ❸

tip
- 12월엔 당근 뽑기 체험 가능
- 6, 7월엔 당근꽃 만나보기

72 Highlight

당근 여행

제주의 유명한 먹거리 중 하나가 당근이라는 사실, 알고 계신가요? 제주 구좌의 주황빛 당근은 맛 좋기로 유명해요. 당근을 넣은 음식이 많은 제주 동쪽에서는 신선하고 맛있는 구좌 당근으로 만든 당근빙수와 당근버거, 당근주스까지, 다양한 메뉴를 맛볼 수 있어요. 당근을 싫어하는 분들도 오늘부터 당근 러버가 될 거예요.

73 Highlight

제주도 빵지순례

제주 제사상에는 빵이 올라갑니다. 롤케이크, 카스텔라, 크림빵 등 조상님이 좋아하는 빵을 올리거나, 자손들이 좋아하는 빵을 올리거나, 빵 종류는 집마다 다르지만 이를 통해 제주에서 빵이 무척 특별하다는 사실을 알 수 있습니다. 그래서인지 제주에는 빵 '덕후'라면 고르기 힘들 만큼 맛나는 빵집이 많죠. 내적 갈등에 단비가 될 만한 달달한 빵집 세 곳을 소개합니다.

오드랑베이커리

tip
- 레트로한 분위기의 상점 입구에서 도시락 같은 귀여운 포장 바구니와 함께 사진 찍기

BEST 01

이토록 '갬성' 넘치는 빵집이라니

다니쉬

1970~1980년대 빈티지 느낌이 나면서도 외국 어딘가에서 만날 법한 멋스러움이 덕지덕지 붙은 함덕 빵집. 드라마 세트장 같기도 하고 이국적 분위기도 나는 외관이 돋보입니다. 꾸민 듯 안 꾸민 듯 감각적 인테리어 소품까지, 규모는 작지만 임팩트 있습니다. 포장은 금세 되지만 분위기 좋은 2층에서 차 한잔과 빵을 즐기기 위해서는 대기가 필수. 레트로 느낌이 가득할 뿐 아니라 아기자기함에 화장실까지 감각적이라 그냥 지나칠 수 없지만, 도시락 가방이 연상되는 예쁜 빵 포장 역시 매력적이라 포장해 가도 좋습니다. 고소하고 달콤한 빵 냄새와 레트로한 '갬성'을 좋아하는 분이라면 마음에 쏙 들 만합니다.

info **주소** 제주도 제주시 조천읍 함덕16길 56 **문의** 0507-1333-1377 **운영 시간** 11:30~19:00 **휴무** 화·수요일 **가격** 브리오슈 식빵 7500원, 포카치아 3800원 **주차장** 상점 앞 혹은 근처 공용 주차장 이용 ※ 방문 전 인스타그램 공지 필수

BEST 02

이 집 마농 바게트는 중독이야

오드랑베이커리

함덕해수욕장 근처에 위치한 이곳에서 단연 인기 최고는 마농(제주어로 마늘) 바게트입니다. 재료를 아낌없이 쏟아부은 듯 촉촉한 마늘빵은 진열할 틈 없이 바로 팔려나가요. 한 번도 안 먹어본 사람은 있어도 한 번만 먹어 본 사람은 없다는 중독성 강한 마농 바게트 외에도 다양한 빵을 판매하고, 제주산 재료로 만든 다양한 빵과 수제 잼을 맛볼 수 있어요. '겉바속촉' 마늘빵을 맛보고 싶다면 고민 없이 방문해보세요.

info **주소** 제주도 제주시 조천읍 조함해안로 552-3 **문의** 064-784-5404 **운영 시간** 07:00~22:00 **휴무** 연중무휴 **가격** 마농 바게트 6800원, 수제 잼 1만2000원 **주차장** 상점 앞 무료 주차 ※ • 영업시간이 길어 여유롭게 방문할 수 있어요. • 바로 먹을 땐 카운터에 비닐장갑을 이용하세요.

tip
- 마농빵 외에도 맛있는 빵이 많으니 도전해볼 것

BEST 03

오픈런 필수, 김녕리 주민들의 빵 성지

김녕빵집

규모 작은 동네 빵집이라 언제 가도 맛나는 빵을 맛볼 수 있지만, 오픈런이 필수인 김녕 빵집. 부지런히 가야 맛볼 수 있는 것이 많아요. 즉석으로 만들어내는 여느 빵집에 비해 가격도 저렴한 편. 다소 밋밋해 보이는 소금버터빵은 긴 여운을 남깁니다. 커피 한잔과 단짠 소금버터빵을 함께 즐겨보세요.

info **주소** 제주도 제주시 김녕로 77-3 **문의** 010-6318-0218 **운영 시간** 10:00~17:00 **휴무** 화·수요일 **가격** 소금버터빵 2100원, 아메리카노 2500원 **주차장** 상점 앞 주차

tip
- 김녕리에 간다면 커피 한잔과 소금버터빵은 필수
- 저렴한 가격도 매력적
- 방문 전 미리 전화해 소금버터빵 있는지 확인하기

알코올 도수
6%
가격
3600원

알코올 도수
6%
가격
2400원

알코올 도수
6%
가격
1500원

톡톡 쏘는 한라봉

한라봉 막걸리

은은하게 퍼지는 한라봉 향이 좋아 여성분들이 주로 선호하는 제품이에요. 한·중·일 정상회담 공식 만찬주로 이용된 막걸리라 선물용으로도 인기가 좋습니다. 향도 좋고 음료수 같은 느낌이어서 술 못 먹는 분들도 제주 여행 시 한 잔쯤은 도전해보는 막걸리로, 요즘은 앱으로 간편하게 만나볼 수 있어요.

술이 고소해!

땅콩 막걸리

달달하고 고소한 맛이 일품인 땅콩막걸리. 유명한 우도 땅콩으로 만들었어요. 진한 땅콩의 풍미와 고소한 맛이 제주 생막걸리보다 훨씬 진한 느낌을 주어 많은 사람들에게 사랑받고 있어요. 막걸리의 달달함을 좋아하는 분에게는 안성맞춤. 땅콩 음료 느낌으로 가볍게 즐기기 좋습니다.

가파도 청보리 가득

청보리 막걸리

구수한 보리 향이 은은하게 퍼지는 청보리 막걸리입니다. 진한 보리차 느낌도 나면서 달달함이 묘하게 섞여 가벼운 맛이 있어요. 걸쭉한 막걸리를 즐기지 않는 분들이라면 취향에 맞을 듯합니다. 맥주의 보리 향과는 또 다른 느낌. 취향에 맞게 골라 먹는 재미를 즐겨보세요.

74 Highlight

먹어보자 제주 막걸리

tip
- 초록 뚜껑은 국내산 쌀, 흰 뚜껑은 외국산 쌀로 만든 것이니 초록 뚜껑을 추천드려요.

BEST 04

핑크 막걸리

제주생 막걸리

제주 생유산균 막걸리로 유통기한이 짧아 육지에서는 맛보기 어려워요. 처음 먹는 분들은 다소 맑은 느낌에 "싱겁다", "이게 무슨 맛이냐"고 표현하는 경우가 많아요. 다른 막걸리에 비하면 맑으면서도 순하고 목 넘김도 좋은 데다 매콤한 음식과 잘 어울려 다양한 제주 음식과 함께하는 모습을 많이 볼 수 있어요. 제주 어디를 가도 만날 수 있는 일순위 막걸리죠. 두 번, 세 번 먹다 보면 빠져드는 묘한 매력을 경험해보세요.

맹숭맹숭하고 싱거운 것 같다는 반응을 보이지만 묘하게 빠져드는 제주 막걸리. 유산균이 가득한 제주 생막걸리뿐 아니라 제주의 특산물을 가득 담은 막걸리도 많습니다. 우도 땅콩을 넣은 땅콩 막걸리, 제주 하면 가장 먼저 떠오르는 감귤과 한라봉을 넣은 막걸리는 물론 청보리 막걸리 등 제주의 다양한 맛을 막걸리로 체험해볼 수 있어요. 제주 전통 메뉴를 먹을 때 막걸리 한잔은 필수입니다.

75 Highlight

제주 맥주 여행

BEST 01

제주에서 가장 많이 만나는 제주 맥주

제주위트에일

제주 감귤 껍질의 상큼함과 꽃 향이 살포시 감도는 산뜻한 끝맛을 전하는 밀 맥주입니다. 호가든을 좋아하는 분이라면 좋아할 맛. 호가든의 목 넘김에 제주스러운 감귤을 첨가한 듯한 느낌이라 할 수 있어요.

BEST 02

위트 에일과 단짝

제주 펠롱에일

다양한 식물의 조화가 제주 곶자왈을 이루는 것처럼 다양하고 개성 있는 맛을 냅니다. 시트러스 향과 열대 과일 느낌도 나면서 과일 맥주를 먹는 듯하고, 위트 에일보다 조금 더 진한 맛을 느낄 수 있어요. 제주어로 반짝을 뜻하는 '펠롱'이라는 이름도 너무 예뻐요.

알코올 도수 5.5%

제주에서 나고 자란 재료, 제주의 랜드마크가 맥주와 만났어요. '맥덕'이라면 제주 여행 기간에 그냥 지나칠 수 없습니다. 감귤 향이 살포시 감도는 제주스러움 가득 담은 맥주와 제주 전통 안주를 함께 즐기며 여행에 재미를 더해보세요.

BEST 03

제주산 흑맥주

제주 거멍에일

'거멍'은 제주어로 검다는 뜻으로, 거멍에일은 말 그대로 흑맥주입니다. 제주 흑보리와 초콜릿 밀 맥아가 만나 조화로운 흑맥주를 탄생시켰어요. 유명한 브랜드보다 단맛은 조금 부족한 느낌이라 평소 달달한 흑맥주를 좋아한다면 아쉬울지도 몰라요. 맥콜 향과 맛이 나서인지 초콜릿과 커피의 탄 맛이 살짝 느껴지기도 합니다. 커피 원두와 달달한 초콜릿의 조화가 새로운 제주 흑맥주에 도전해보세요.

BEST 04

제주 최고의 랜드마크와 맥주의 만남

제주 백록담

효모를 걸러 깨끗하게 만든 밀 맥주로 한라봉을 첨가해 상큼함까지 더했습니다. 감귤 계열 향미와 시트러스 향이 돋보이며 청량한 탄산감을 느낄 수 있죠. 과일 향이 나는 주류를 좋아하는 분이라면 만족할 만한 맛으로, 음료처럼 가볍게 즐길 수 있어요.

알코올 도수 4.3%

BEST 05

일출의 감동을 맥주와 함께

성산일출봉

골든 에일 맥아, 홉, 그리고 제주의 맑은 물로 만든 맥주. 제주를 대표하는 랜드마크를 담은 만큼 맛 또한 일품입니다. 연하게 올라오는 곡물의 달큼함과 황금빛 진한 맥주의 맛을 경험해보세요.

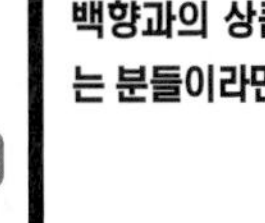

BEST 06

백향과의 무한 매력

제주 슬라이스

열대 과일 패션프루트를 넣어 상큼한 맛이 일품입니다. 동남아 조식 뷔페에서 볼 수 있는 패션프루트를 제주에서는 백향과라는 이름으로 만날 수 있어요. 백향과의 상큼하면서도 신맛을 좋아하는 분들이라면 분명 만족할 거예요.

76

Highlight

제주 돈가스 로드

돼지가 유명하다 보니 돈가스 맛집도 많은 제주도. 그런 만큼 각자의 스타일을 추구하는 돈가스 전문점이 많습니다. 맛있는 곳도 너무 많아 세 곳만 추천하기 미안할 정도예요. 그중에서도 도민들의 오랜 사랑을 받아온 가성비 좋은 돈가스집, 그리고 이색적인 맛을 추구하는 돈가스 전문점을 소개합니다. 돈가스 좋아하는 분들이라면 북마크 필수!

추억의 돈가스

나라돈까스

관광객보다 도민들 사이에서 더욱 유명한 로컬 돈가스집. 거대한 사이즈에 가격도 저렴해 입소문난 곳이에요. 세련되진 않지만 외관만 딱 봐도 맛집이구나, 하는 느낌이 옵니다. 취향별 다양하게 선택 가능한 돈가스를 즐길 수 있어요. 저렴하고 푸짐하게 먹고 싶다면 후회 없을 곳입니다. 수프까지 맛있어 리필 필수.

info **주소** 제주도 제주시 절물1길 23 **문의** 064-711-0221 **운영시간** 11:00~20:00 **휴무** 월요일 **가격** 나라왕돈가스 9900원, 흑돼지왕돈가스 1만2900원 **주차장** 없음(공영 주차장 이용)

tip
- 양 많은 분들은 무조건 추천
- 남은 건 포장해서 나중에 먹기
- 기본 돈가스가 지겹다면 매운맛이랑 반반 왕돈가스 추천

뽀얀 눈 내린 돈가스

멘도롱돈까스

월정리 해변 앞 작은 돈가스집. 메뉴는 딱 세 가지인데, 그중에서도 가장 인기 있는 것은 하얀 눈꽃 치즈를 가득 뿌린 '눈꽃치즈돈가스' 입니다. 돈가스를 가득 덮은 하얀 치즈 산 위에 소스를 뿌리면 완성. 철판에 깔린 채소와 함께 찰떡궁합을 자랑합니다. 돈가스 특유의 느끼함이 싫다면 매콤돈가스를 추천. 제주산 식재료로 만든 샐러드와 구좌 당근 수프까지 푸짐하게 즐기기 좋습니다.

info **주소** 제주도 제주시 구좌읍 월정7길 58 **문의** 064-783-5592 **운영 시간** 11:00~15:30 **휴무** 목요일 **가격** 눈꽃치즈돈가스 1만4000원, 매콤돈가스 1만3000원 **주차장** 월정리해변 앞 공영 주차장 이용

- 한 가지씩 다른 메뉴로 주문해서 모두 맛보기

- 만지식당 굿즈도 만나보기
- 실내가 좁으므로 웨이팅 시 근처 고내포구 한 바퀴 산책하기
- 벽면 만지식당 로고에서 기념사진을 남겨보기

일본 어딘가에서 만날 듯한 분위기

만지식당

웨이팅이 필수인 이곳은 일본 여행하다 만날 법한 외관이 이색적인 식당입니다. 정갈하게 차린 돈가스정식을 먹는 동안 일본 여행 온 듯한 느낌을 만끽할 수 있습니다. 서너 테이블의 작은 공간에 친절한 사장님의 정성이 가득해요. 깨끗한 기름에 바삭하게 튀겨낸 돈가스는 두껍지만 부드러운 고기로 많은 관광객들에게 인기 만점입니다.

info **주소** 제주도 제주시 애월읍 고내로 13-1 **문의** 0507-1415-1812 **운영 시간** 11:00~20:00(브레이크 타임 15:00~17:00) **휴무** 목요일 **가격** 돈가스정식 1만5000원, BBQ 야키소바 1만6000원 **주차장** 없음(공영 주차장 이용)

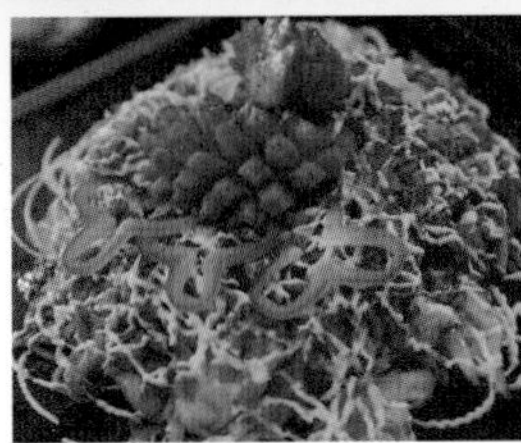

은갈치김밥

김밥 로드

가장 대중적인 간식이자 저렴하면서도 영양가 가득한 한 끼 식사로 호불호 없는 김밥. 제주에서는 지역 식재료를 이용해 만든 다양한 김밥을 맛볼 수 있어요. 포일에 둘둘 말아 출출할 때 먹던 김밥을 넘어 인증사진을 필수로 남겨야 하는 화려함 가득한 김밥과 제주스러움을 가득 담은 김밥은 이제 또 하나의 요리입니다.

푸짐함의 끝판왕

다가미김밥

장아찌를 넣은 독특한 김밥을 맛볼 수 있어요. 김밥에 장아찌가 어울릴까 싶지만 의외로 느끼함을 잡아주고 입맛을 돋게 합니다. 기본 다가미김밥 외에도 다양한 맛을 선택할 수 있어요. 특히 된장, 마늘, 고추와 제주산 돼지고기 떡갈비를 넣어 만든 화우쌈김밥은 시그니처 메뉴. 500원짜리 동전 5개를 깔아놓은 듯한 사이즈로 고기쌈을 한 입 크게 먹는 듯 든든합니다.

삼양점 info

주소 제주도 제주시 선사로8길 22 **문의** 064-725-0033 **운영 시간** 07:00~17:00 **휴무** 화요일, 수요일 **가격** 다가미김밥 3000원, 화우쌈김밥 6500원 **주차장** 없음(공영 주차장 이용)

- 사이즈가 무척 크니 먹기 전 턱 근육 풀기
- 매운맛을 추가할 수 있으니 주문 전 취향에 맞게 추가하기
- 포장 전문점이니 김밥을 포장해 가까운 여행지로 피크닉 떠나보기

제주산 식재료로 만든 건강 김밥

엉클통김밥

방송에 출연한 굴비김밥은 물론 제주 식재료로 만든 건강한 김밥을 맛볼 수 있어요. 이게 무슨 조화인가 싶은 굴비김밥은 밥과 추자도 참굴비를 만나 이색적인 김밥이 되었습니다. 김밥 한 줄에 굴비 2마리를 올렸어요. 삼다김밥은 제주 구좌의 신선한 당근과 제주돼지고기가 만나 달큼한 맛을 냅니다. 아이들도 좋아할 식감이 예술인 바삭김밥 등 제주의 신선하고 건강한 식재료를 하나의 김밥에서 맛볼 수 있습니다. 제주형 프랜차이즈로 서귀포, 우도, 제주시 곳곳에서 만나볼 수 있어요.

노형점 info

주소 제주도 제주시 1100로 3283 **문의** 064-755-1951 **운영 시간** 07:00~19:00 **휴무** 목요일 **가격** 삼다김밥 5500원, 흑돈돈가스김밥 4500원 **주차장** 인근 주차

- 메뉴가 다양하니 취향에 맞게 선택하기
- 메밀치킨도 함께 판매

뼈 없는 바삭한 갈치김밥

은갈치김밥

상상과 전혀 다른 맛을 선보이는 갈치김밥. 뼈를 바른 갈치를 바삭하게 튀겨 마치 돈가스김밥 같은 식감을 선사합니다. 김밥에 갈치가 과연 괜찮을까 싶지만 의외로 너무 잘 어울려 깜짝 놀랄 맛. 함께 넣은 다시마와 달걀, 단무지, 그리고 뼈 없는 갈치튀김까지 너무 조화로워요. 무스비 부럽지 않은 비주얼 덕분에 사진 찍기에도 찰떡. 함께 판매하는 한치무침을 곁들여 먹으면 더욱 완벽합니다. 제주공항 가까이 있어 아침 식사로 포장하기에도 좋아요.

info

주소 제주도 제주시 용마서길 30 **문의** 064-747-2971 **운영 시간** 08:00~18:00 **휴무** 화요일 **가격** 은갈치김밥 7500원, 한치김밥 7000원 **주차장** 이용객 무료

- 은갈치김밥과 한치무침 함께 맛보기
- 뼈가 다 발라져 있어 걱정없이 아이들과 함께 먹을 수 있으니 참고

깔끔하고 담백한 맛

보말칼국수

보말을 이용한 요리 중 가장 인기 좋은 보말칼국수는 제주 여행객이라면 꼭 한번 먹어야 하는 메뉴입니다. 제주 곳곳에서 보말칼국수 전문점을 만날 수 있어요. 보말은 고단백 식재료인 만큼 영양 만점 건강식으로 호불호 없이 즐기기 좋습니다. 식당마다 차이는 있지만 주로 보말과 매생이를 함께 끓여내거나 다른 해산물을 넣어 조리합니다.

먹다 보면 전복죽 보다 더 맛난 것

보말죽

고소하고 담백한 맛을 느낄 수 있는 보말죽. 따뜻한 보말죽에 김치 하나 올려 먹으면 그야말로 최고의 보양식입니다. 푸짐한 보말죽 한 그릇을 먹고 나면 든든하게 제주 여행 시작할 수 있어요. 김가루와 참기름, 그리고 전복까지 올린다면 그 어떤 죽보다 맛있는 한 그릇을 맛볼 수 있습니다.

BEST 03

보말이 가득 씹히는

보말전

채집하고 직접 손질하려면 손이 많이 가는 보말. 삶아내고 한 알씩 빼내다 보면 껍질의 반도 안 되는 양에 허무하지만, 쏙쏙 뽑아 먹는 재미가 있어요. 바삭하게 구운 전에 들어 있는 보말은 오징어 부럽지 않은 쫄깃함과 고소함을 선사합니다.

78 Highlight

보말 로드

보말은 바다고둥을 뜻하는 제주도 방언입니다. 제주에서는 다양한 보말 요리를 맛볼 수 있어요. 바다에서 누구나 쉽게 채집할 수 있는 식재료지만, 큰 사이즈를 주로 사용합니다. 보말로 만든 다양한 메뉴를 만나보세요.

세 가지 메뉴를 한 번에 즐길 수 있는

한림칼국수

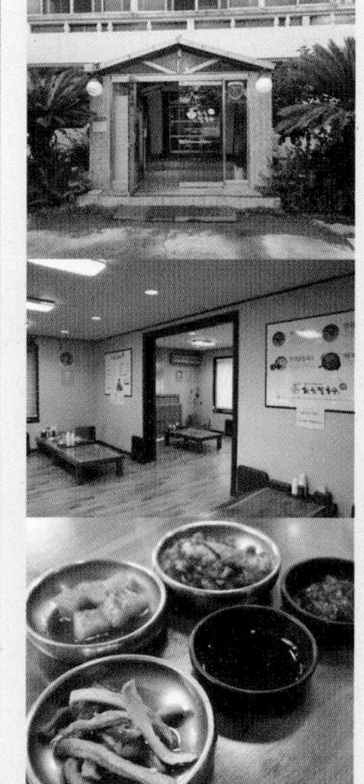

보말칼국수 체인점 중 단연 최고. 제주 곳곳에서 만나볼 수 있는 한림칼국수입니다. 먹고 나면 든든한 보말죽, 매생이까지 함께 끓여내 감칠맛이 가득한 보말칼국수. 무제한으로 제공하는 공깃밥과 매콤한 김치까지 믿고 먹는 보말 전문점입니다.

제주본점 info

주소 제주도 제주시 한림읍 한림해안로 139 **문의** 070-8900-3339 **운영 시간** 07:00~15:00 **휴무** 일요일 **가격** 보말칼국수·보말죽·매생이보말전 각 1만 원 **주차장** 이용객 무료

공항점 info

주소 제주도 제주시 광평중길 82 **문의** 064-749-9920 **운영 시간** 08:00~15:00 **휴무** 일요일 **가격** 보말칼국수·보말죽·보말전 각 1만 원 **주차장** 이용객 무료

79 Highlight

3대 해장국

여행에 술이 빠질 수 있나요. 술 한잔 마시고 나면 다음 날 꼭 생각나는 해장국. 이름만 들어도 술기운이 날아가는 듯한 기분이죠. 미리미리 체크합시다. 맛나는 제주 해장국집! 여기 소개하는 해장국집 외에도 맛나는 집이 무궁무진하다는 건 안 비밀.

국물 가득한 깍두기가 매력적

미풍해장국

40년간 맞춘 표준 간으로 만들지만 짜면 육수를, 싱거우면 소금 간을 추가하라는 메모가 가장 먼저 보이는 미풍해장국. 술 한잔 마신 다음 날 아침에 얼큰하면서도 속풀이할 한 그릇이 생각날 때 가장 먼저 떠오르는 선지해장국이 주메뉴입니다. 중국식 느낌도 살짝 나는 고추기름과 비슷한 다진 양념을 풀면 얼큰한 맛을 제대로 즐길 수 있어요. 테이블 위 작은 바구니에 덩그러니 놓인 고추도 이 집만의 매력. 얼큰함과 얼얼함이 혀를 강타할 때 국물에 살얼음이 동동 뜬 물김치 한 스푼을 먹으면 밀린 해장이 한번에 해결됩니다. 콩나물, 선지, 소고기와 시래기까지 푸짐한 한 그릇 선지가 싫다면 뼈해장국을 즐겨도 좋습니다.

모슬포점 info

주소 제주도 서귀포시 대정읍 신영로36번길 35 **문의** 0507-1336-1789 **운영 시간** 06:00~17:00 **휴무** 연중무휴 **가격** 선지해장국·뼈해장국 각 9000원 **주차장** 이용객 무료

tip

- 선지는 싫지만 선짓국은 먹고 싶다면 "선지 빼주세요"를 외칠 것
- 양념 추가 가능
- 36개월 이하 유아용 사골국밥을 제공해 아이와 함께 즐기기에도 좋은 곳

부지런히 먹고 오자

은희네해장국

tip
- 어린이는 유아용 국물 제공
- 선지 빼고 주문 가능
- 웨이팅이 있을 때도 있으니 참고할 것

부지런해야 맛볼 수 있다는 은희네해장국. 제주에 여러 지점이 있고 맛 또한 비슷비슷하니 동선에 맞는 곳을 방문하면 됩니다. 대표 메뉴 소고기 해장국은 절대 진리. 푸짐함에 담백한 맛까지 어우러져 낮술을 부르는 해장국입니다. 취향에 따라 테이블 위에 놓은 달걀을 톡 깨뜨려 먹을 수 있어요. 소금, 후춧가루, 들깨까지 취향에 맞게 레시피를 업데이트할 수 있는 것 또한 장점. 내장 좋아하는 분들은 내장만 가득하게 취향별로 즐길 수 있어 항상 인기 좋습니다.

삼화점 info

주소 제주도 제주시 화삼로1길 16 **문의** 064-752-3517 **운영 시간** 06:00~21:00 **휴무** 연중무휴 **가격** 소고기해장국 1만 원, 갈비탕 1만2000원 **주차장** 이용객 무료

거대한 갈빗대와 얼큰한 해장국

임풍해장국

tip
- 일행이 있다면 갈비탕과 해장국 하나씩 시켜 서로 맛보기
- 김녕 맛집으로 추천

김녕해수욕장 근처 푸짐한 해장국으로 유명한 곳입니다. 선지가 가득한 해장국도 인기지만, 특히 유명한 메뉴는 국물이 넘치도록 큰 갈빗대가 있는 왕갈비탕. 어마어마한 사이즈의 갈빗대와 뽀얀 국물은 그야말로 몸보신하는 기분이 들게 합니다. 정갈한 반찬과 뜨끈한 국물, 해장하기에 딱 좋은 얼큰함이 조화를 이룹니다. 누가 먹어도 좋을 가마솥에 끓인 사골 국물을 담은 왕갈비탕 한 그릇 든든하게 먹으면 거뜬하게 여행을 마칠 수 있습니다.

info

주소 제주도 제주시 구좌읍 김녕로 141 **문의** 064-784-5799 **운영 시간** 06:00~16:00 **휴무** 수요일 **가격** 해장국 1만 원, 왕갈비탕 1만8000원 **주차장** 가게 앞 주차

제주 3대 고기국수

일본에 돈코쓰 라면이 있다면 제주에는 고기국수가 있어요. 저렴하면서도 가벼운 한 끼로 제격입니다. 돼지 뼈를 오랫동안 우려내 만든 뽀얀 육수에 돼지고기 수육을 올리고 매운맛을 추가하는 양념과 국수를 함께 먹으면 든든합니다. 제주에서 마을 잔칫날에나 맛볼 수 있었던 고기국수는 안 먹고 가면 후회할 메뉴예요.

웨이팅쯤이야

자매국수

웨이팅 없이 먹는 건 상상도 할 수 없는 제주공항 근처 고기국숫집. 고기국수거리에서 가장 맛있는 집으로 유명해져 확장 이전했어요. 새롭게 이사한 큰 건물에도 웨이팅은 필수입니다. 기다린 보람 있을 만큼 제주산 오겹살로 만들었다는 잡내 없고 담백한 국물과 매콤한 비빔국수는 두고두고 생각납니다.

info

주소 제주도 제주시 항골남길 46 **문의** 064-746-2222 **운영 시간** 09:00~18:00(브레이크 타임 14:30~16:10) **휴무** 수요일 **가격** 고기국수·비빔국수 각 9000원 **주차장** 이용객 무료

- 점심, 저녁 식사 시간에 웨이팅은 기본! 조금 늦게 혹은 일찍 방문하는 것을 추천

BEST 02

여러 곳에 있어 다행이야

삼대국수회관

3대째 내려오는 고기 국수 전문점입니다. 소문이 자자해서 늘 많은 관광객이 찾는 곳으로, 다행스럽게도 제주 몇몇 곳에서 체인으로 만나볼 수 있어요. 덕분에 오래 기다리지 않고 먹을 수 있다는 것이 장점이에요. 양도 푸짐하고 따뜻하고 뽀얀 국물은 따로 몸보신이 필요 없을 만큼 든든함을 줍니다. 제주 여행 시작 전 청정 제주산 암퇘지로 만든 고기국수 한 그릇으로 배를 든든하게 채워봅시다.

노형점 info

주소 제주도 제주시 노형13길 11 **문의** 064-722-3366 **운영 시간** 09:00~22:00 **휴무** 화요일 **가격** 고기국수·비빔국수 각 9000원 **주차장** 이용객 무료 ※ 본점뿐 아니라 분점이 몇 곳 있어 편하게 방문할 수 있으니 참고할 것

- 다른 곳보다 매콤한 편이니 느끼한 고기 국수를 싫어하는 분들에게 추천

BEST 03

<맛있는 녀석들>이 픽한 곳

제주 한라국수

서귀포 관광지를 돌다 고기 국수가 생각난다면 〈맛있는 녀석들〉이 픽한 한라국수를 방문해보세요. 제주산 돼지 앞다리로 만든 고기국수는 의외로 깔끔하고 맑은 맛을 느낄 수 있어요. 고기국수만큼이나 유명한 이곳의 인기 메뉴는 열밥. 매콤한 열밥에 고기국수 국물과 찰떡궁합을 자랑합니다.

info

주소 제주도 서귀포시 천제연로188번길 17 **문의** 064-738-6392 **운영 시간** 08:00~20:00 **휴무** 연중무휴 **가격** 고기국수·비빔국수 각 9500원, 열밥 1만8000원 **주차장** 없음(건물 뒤 공영 주차장 이용)

- 아침 식사하기 좋고 국밥도 준비되어 있으니 참고
- 매콤한 열밥에 고기국수 국물을 함께 즐겨보기

81

Highlight

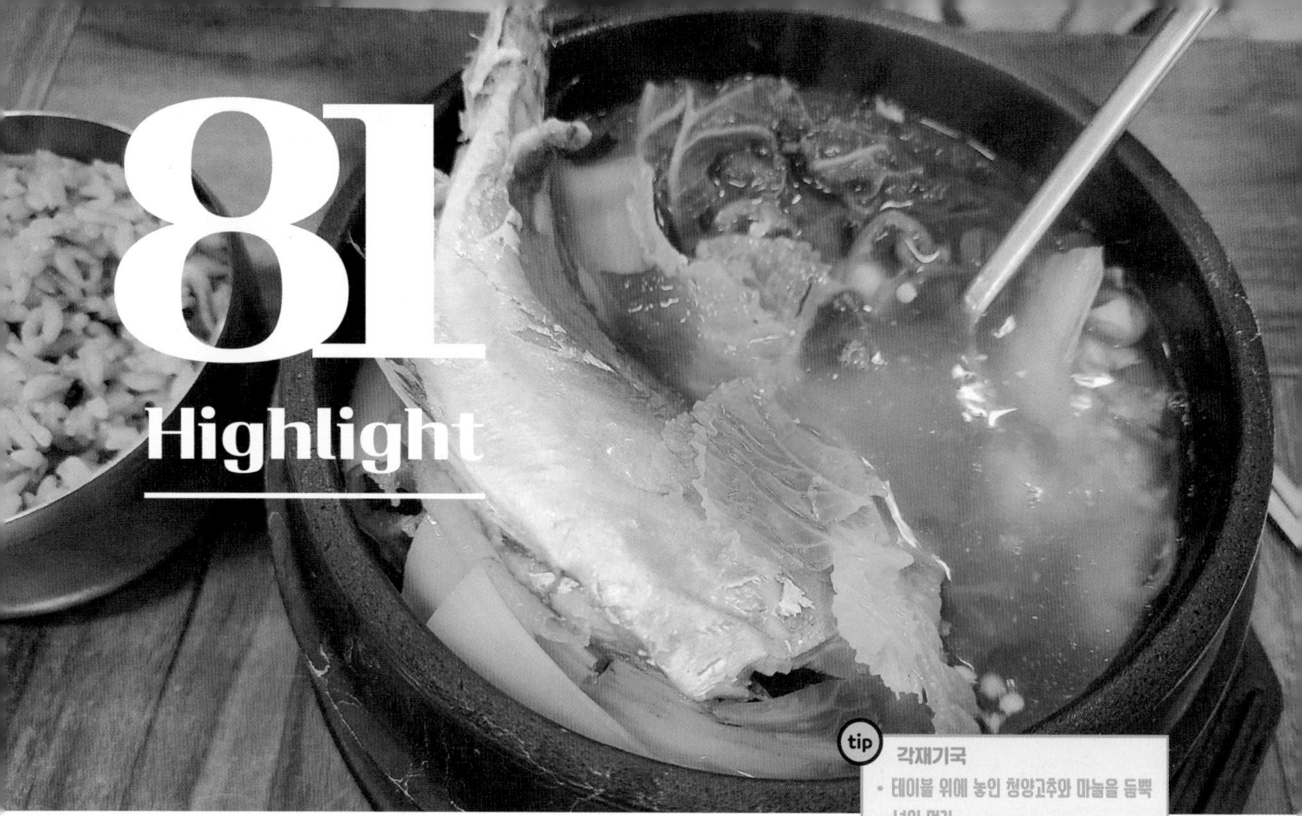

tip 각재기국
- 테이블 위에 놓인 청양고추와 마늘을 듬뿍 넣어 먹기
- 제주 막걸리 한잔과 함께하기

몸보신하기 좋은 제주 음식

개성 넘치는 다양한 식재료와 독특한 식문화가 특징인 제주에서는 먹어본 적 없는 특이한 음식을 맛볼 수 있어요. 특히 결혼식과 같은 큰 행사에서나 먹던 귀한 음식이 이제는 언제든 맛볼 수 있는 음식이 되었습니다. 그중에서도 어른들이 보양식으로 챙겨 먹던 제주 음식 세 가지를 소개합니다.

tip 고사리해장국
- 비주얼에 비해 깊은 맛이 있으니 꼭 도전해볼 것

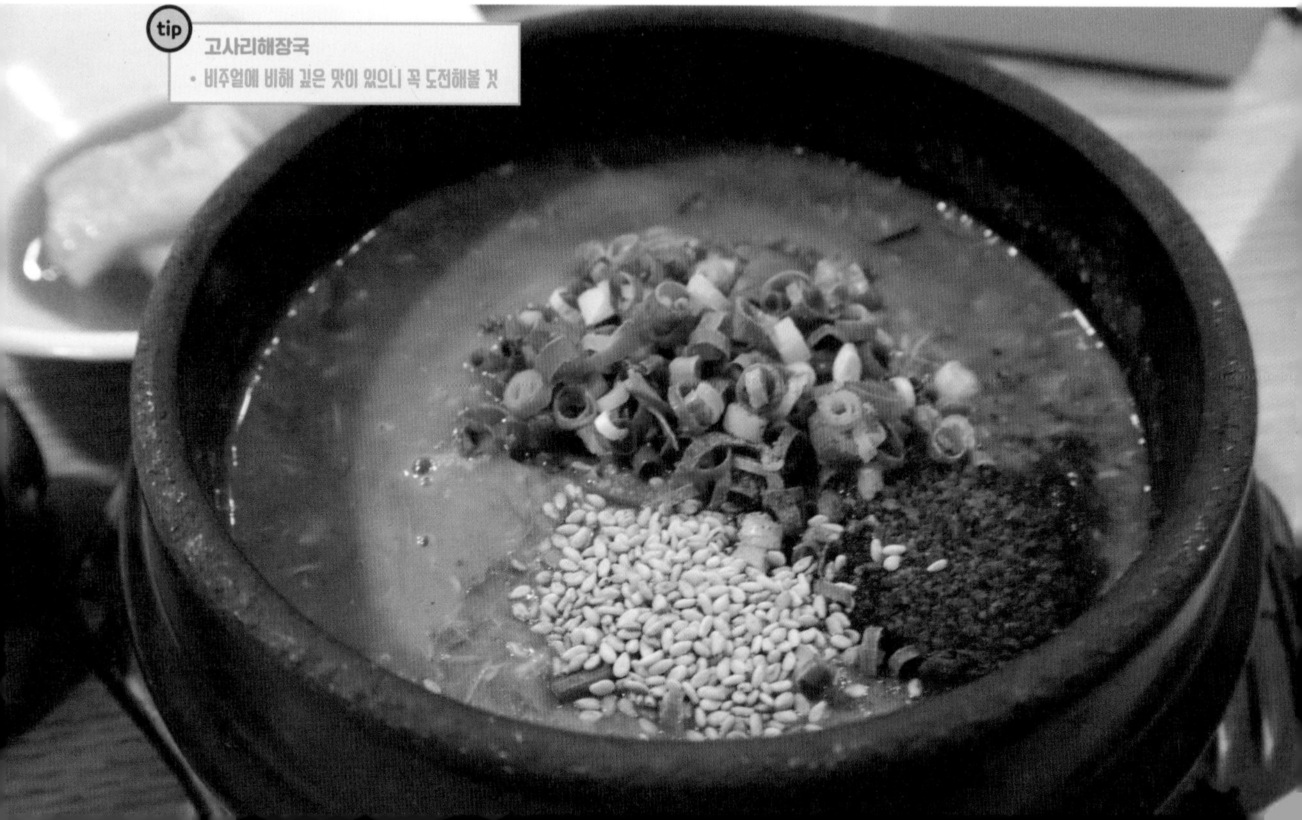

tip 몸국
- 오징어젓갈을 올려 먹으면 더욱 맛있게 즐길 수 있으니 참고
- 포장해서 숙소에서 맛봐도 굿!

전갱이와 배추의 컬래버레이션

각재기국

정성듬뿍 제주국 info **주소** 제주도 제주시 무근성7길 16 **문의** 064-755-9388 **운영 시간** 10:00~20:30(브레이크 타임 15:00~17:30) **휴무** 일요일 **가격** 각재기국 1만 원 , 갈치국 1만3000원 **주차장** 없음(인근 주차)

각재기국은 제주어로 전갱이를 뜻하는 각재기와 배추를 넣어 끓인 맑은 생선국입니다. 파, 마늘, 양파에 비린 맛을 제거하기 위해 살짝 풀어 넣은 된장이 전부지만, 칼칼하면서도 담백함이 느껴져 해장하기에도 안성맞춤이죠. 비릿할 것 같지만 의외로 비린 맛은 느껴지지 않는 메뉴로 한번 먹고 반한 마니아가 많습니다. 고혈압 등 성인병 예방에도 효과가 있어요.

돼지고기 육수에 모자반이 가득

몸국

금능낙원 info **주소** 제주도 제주시 한림읍 금능길 27 **문의** 064-796-6175 **운영 시간** 08:30~20:00(브레이크 타임 16:00~17:00) **휴무** 화요일 **가격** 몸국 1만 원 **주차장** 식당 앞 공터 주차(무료)

집안 대소사가 있을 때나 맛볼 수 있는 제주 전통 요리입니다. 제주에선 결혼식에 온 하객을 접대하는 음식으로도 유명합니다. 돼지고기를 푹 끓인 육수에 톳과 같은 모자반을 넣어 끓인 음식으로 메밀가루를 풀어 걸쭉한 것이 특징. 어울리지 않을 것 같은 돼지와 해조류 모자반의 만남은 의외의 궁합을 보여줍니다.

돼지고기와 고사리가 만나 소고기 맛을 낸다

고사리해장국

우진해장국 info **주소** 제주도 제주시 서사로 11 **문의** 064-757-3393 **운영 시간** 06:00~22:00 **휴무** 연중무휴 **가격** 고사리육개장 1만 원 **주차장** 없음(식당 앞 공영 주차장 이용)

맛있기로 소문난 한라산 고사리. 그래서인지 제주 대표 메뉴에 늘 오르는 것은 고사리해장국입니다. 타 지역에서도 먹기는 하지만 제주도가 특히 유명하죠. 푹 삶아 으깨진 듯한 고사리에 다진 돼지고기를 함께 끓여낸 메뉴예요. 밀가루를 넣어 몸국처럼 걸쭉한 것이 특징입니다. 처음 고사리해장국을 보면 호감 가는 비주얼이 아니라 주춤하게 되지만, 한번 먹기 시작하면 두고두고 생각나는 음식이 될 거예요.

tip

- 아메리카노와 콜라를 합한 음료는 음료수 맥콜과 약간 비슷한 느낌으로 커피의 쓴맛은 없고 달달한 슬러시 느낌이 강해요. 종류가 다양하니 취향에 맞게 도전해보세요.

BEST 01

코카콜라 좋아? 그럼 여기!

카페콜라

빨간 건물이 눈에 쏙 들어오는 이곳은 누가 봐도 다양한 코카콜라가 가득해 보이는 카페입니다. 리미티드 에디션으로 볼 법한 독특하고 예쁜 콜라는 물론이고 아메리카노와 콜라를 합한 특이한 음료도 맛볼 수 있어요. 코카콜라를 주제로 한 다양한 소품이 이렇게나 많나, 싶을 만큼 전시물이 가득합니다. 쇼핑하는 재미부터 사진 찍는 재미까지 두루 갖추었으니 콜라를 좋아한다면 한 번쯤 방문해볼 만해요.

info

주소 제주도 제주시 한림읍 일주서로 5857 **문의** 0507-1408-9969 **운영 시간** 10:00~18:00 **휴무** 화요일 **가격** 커피콕·레몬콕 각 7000원 **주차장** 이용객 무료

이색 테마 카페

하루에 한 곳씩 가도 1년 안에 다 갈 수 있을까 싶을 만큼 제주에는 예쁜 카페가 참 많습니다. 다양한 카페 중 어디로 갈까 고민된다면 조금 특별한 콘셉트로 꾸민 이색 테마 카페를 찾아가보는 것도 재미있어요. 빨간 병에 흰 글씨를 새긴, 북극곰이 즐겨 마시는 코카콜라를 콘셉트로 한 카페, 현실인지 그림 속인지 구분할 수 없을 만큼 신기한 그림 카페, 거인 나라에 온 것 같은 대형 귤 컨테이너까지, 신기하고 재미있는 카페에서 차 한잔 즐겨보세요.

만화 속에 들어온 듯한 느낌

제주그림카페

만화 속 한 장면이 된 듯 2D 느낌으로 착시 현상을 일으켜 신기한 사진을 찍을 수 있는 카페입니다. 유명한 관광지 중 하나인 제주항공우주박물관 안에 위치해요. 실내에 들어서면 화이트와 블랙 컬러로 그림 속에 쏙 들어간 것 같은 느낌이 납니다. 오직 사람만이 입체감 있을 뿐. 그림 속이지만 실제로 나와 있는 기타와 피아노도 이색적이에요. 카페 전체가 하나의 그림이 되어 어느 곳에서든 사진 찍기 좋아 더욱 재미있는 장면을 연출할 수 있어요.

info

주소 제주도 서귀포시 안덕면 녹차분재로 218 **문의** 064-794-9224 **운영 시간** 09:00~18:30 **휴무** 연중무휴 **가격** 너티웨이브 8500원, 그림아인슈패너 7500원 **주차장** 제주항공우주박물관 주차장 이용(무료)

tip

- 제주항공우주박물관 4층에 위치하므로 함께 방문해보기
- 진한 컬러의 옷을 입으면 더욱 이색적인 사진을 남길 수 있으니 참고할 것
- 그림 소품 기타와 피아노 배경으로 더욱 재미있는 사진 찍기

tip

- 귤 모자 쓰고 비 올 때는 노란색과 주황색 우산을 쓰고 대왕 컨테이너와 기념사진 남겨보기
- 1층에 자리 잡고 음료 도르래 체험해보기
- 겨울엔 귤 따기 체험 가능

귤 컨테이너로 쏙~

카페 더 콘테나

귤 딸 때 꼭 필요한 컨테이너. 제주에는 대형 귤 컨테이너가 있어요. 멀리서도 눈에 딱 들어오는 노란 귤 컨테이너 외관이 절로 카메라 셔터를 누르게 합니다. 커피 배달 방식도 재미있어요. 도르래를 이용해 2층에서 1층으로 내려주면 손님들이 직접 받아 원하는 자리에서 차를 마실 수 있죠. 귤 모자 쓰고, 비 올 때는 노란색과 주황색 우산을 쓰고 대왕 컨테이너를 배경으로 기념사진을 남겨보세요.

info

주소 제주도 제주시 조천읍 함와로 513 **문의** 0507-1338-5130 **운영 시간** 10:30~18:00 **휴무** 화·수요일 **가격** 콘테나 커피 8000원 **주차장** 이용객 무료

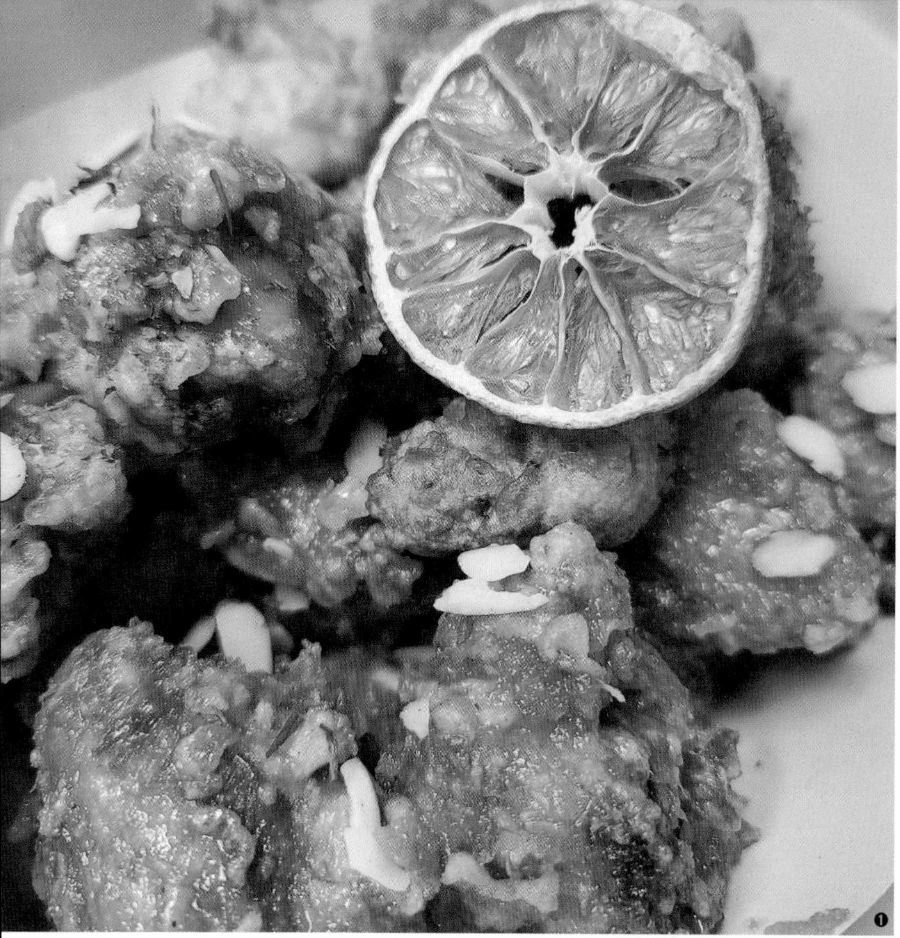

83 Highlight

절대 진리 치킨

전기의 발명만큼이나 한민족에게 큰 발명은 치킨이 아닐는지. 아이, 어른 구분 없이 모든 이의 입맛을 사로잡는 치킨. 제주에서는 다양한 로컬 식재료를 이용한 치킨을 맛볼 수 있어요. 상큼함이 가득한 제주 귤, 신선한 마늘, 메밀과 만난 치킨을 맛보세요. 치킨의 무한 변신은 언제나 환영입니다.

상큼한 귤과 만났다

댕귤치킨

귤의 상큼함과 치킨이 만났어요. 제주도에서만 맛볼 수 있는 댕귤치킨입니다. 치킨이 이렇게 상큼해서 될 일? 바삭한 치킨에 상큼 달콤한 댕귤 소스가 너무 잘 어울려요. 토핑으로 바삭한 귤 칩과 전복까지 올려 치킨 한 마리로 제주의 다양한 맛을 느낄 수 있어요.

제주스럽닭 서귀포올레시장점 info

주소 제주도 서귀포시 태평로 396 문의 0507-1350-8110 운영 시간 16:00~다음 날 01:00 휴무 연중무휴 가격 댕귤치킨 2만4000원 주차장 건물 앞 주차(주변 골목 주차 가능)

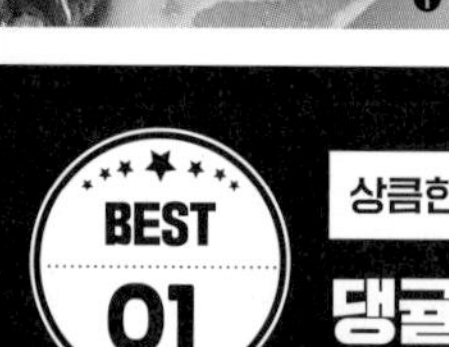

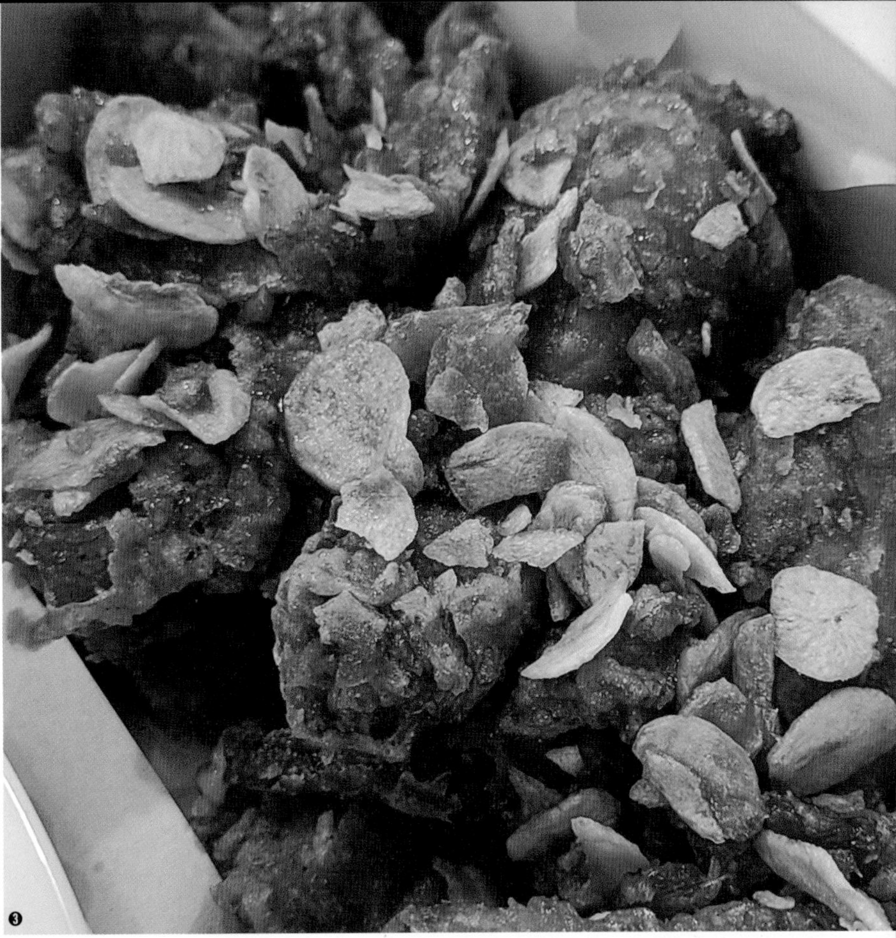

❸

마늘의 제주 이름 마농!

마농치킨

마늘의 제주도 방언 마농. 알싸한 마늘이 치킨을 만나 닭의 느끼한 맛을 잡았어요. 마늘의 깊은 풍미와 푸짐한 양, 양념이 필요 없이 묘하게 빠져드는 마농치킨은 마늘의 매운맛이 느껴지지 않아 아이들도 좋아합니다. 제주 올레시장에서 마농치킨 전문점을 여럿 만나 볼 수 있어요. 기다림은 필수지만 안 먹고 가면 후회하는 것 역시 마농치킨입니다.

한라통닭 info

주소 제주도 서귀포시 중정로73번길 13 문의 064-762-4449 운영 시간 10:00~21:00 휴무 수요일 가격 마농치킨 2만 원 주차장 올레시장 주차장 이용

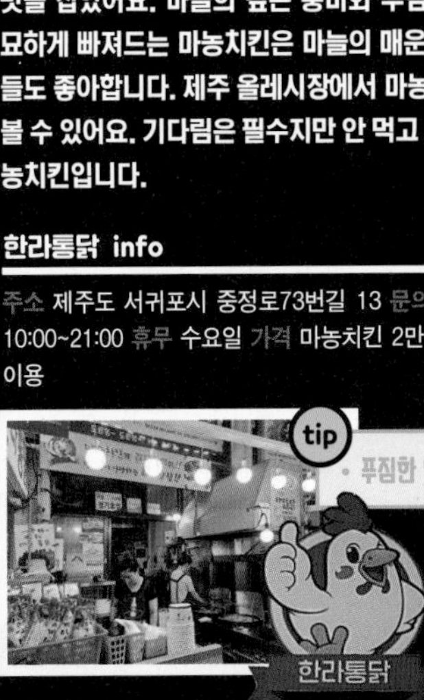

메밀과 치킨이 만났다

메밀치킨

메밀 생산량이 많은 제주. 메밀과 제주 대표 식재료 구좌 당근이 만나 건강한 메밀치킨을 만들었어요. 고소하고 바삭한 식감으로 튀겨낸 메밀치킨은 또 다른 매력을 지니고 있어요. 흙마늘 소스와 건강한 메밀치킨은 곡물 과자 먹듯 두 번 세 번 자꾸 손이 갑니다. 제주의 대표 식재료와 치킨의 만남은 거부할 수 없는 유혹이에요.

메밀꽃치킨 info

주소 제주도 서귀포시 중앙로48번길 17-1 문의 064-732-3335 운영 시간 12:00~21:40 휴무 목요일 가격 메밀치킨 1만9000원 주차장 올레시장 주차장 이용

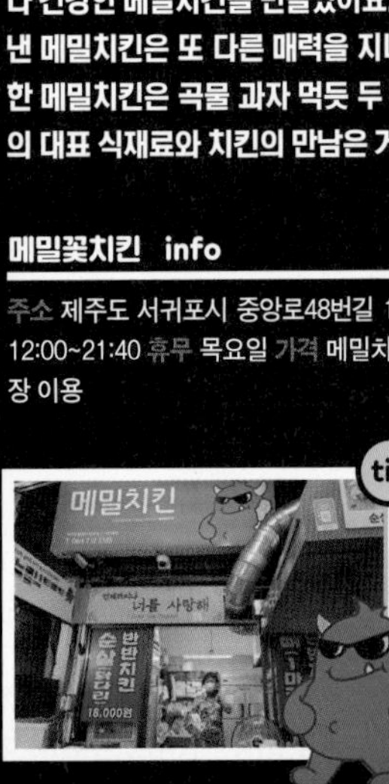

BEST 01

담백하고 얼큰한 맛

갈칫국

제주 아니면 상상도 할 수 없는 갈치 국물 요리. 갈치로 국을 끓인다는 것 자체가 생소하지만 배추와 호박, 갈치가 찰떡궁합을 이루어 얼큰하고 시원한 맛을 냅니다. 청양고추도 팍팍 들어가 얼큰하면서도 해장하기에 좋은 개운한 맛을 느낄 수 있어요. 비린 맛이 날 것 같지만 한 입 먹으면 '의외인데?'라는 생각이 저절로 드는 특별 요리입니다.

뼈까지 바삭한 식감

갈치튀김

큰 갈치 가시는 무조건 버리는 건 줄 아셨죠? 바삭하게 튀겨낸 갈치 가시도 완전 별미. 제주 곳곳에서 통갈치 튀김을 맛볼 수 있어요. 갈치회, 갈치조림이 갈치 요리의 전부라 생각했다면 놀라지 마세요. 바삭함에 한 번, 고소함에 두 번 놀랄 만큼 갈치의 변신은 무죄. 맥주가 절로 생각나는 갈치튀김에 도전해보세요.

BEST 02

단짠의 정석

갈치조림

갈치 요리 중 가장 대중적인 것으로, 전국 어디에서나 맛볼 수 있지만 제주에서 만나는 갈치조림은 여행의 즐거움까지 더해져 더욱 특별한 맛을 냅니다. 통갈치를 그대로 넣은 푸짐한 갈치조림부터 다양한 해산물을 함께 넣어 달달하면서도 맛깔 나는 양념으로 밥도둑이 따로 없어요. 갈치 양념이 가득한 무조림도 일품이에요.

84 Highlight

갈치 요리 취향에 맞게 즐기기

갈치로 유명한 제주에서는 다채로운 갈치 요리를 맛볼 수 있어요. 그중에서도 타 지역에서 먹기 어려운 갈칫국, 갈치튀김은 상상만으로 비릿함이 느껴지지만, 막상 도전해보면 생각과 전혀 달리 신선하고 깊은 맛을 느낄 수 있어요. 긴 갈치를 그대로 살린 통갈치구이부터 밥도둑 갈치조림 등 갈치로 만든 다양한 요리에 빠져보세요.

진정한 밥도둑

갈치구이

진정한 밥도둑. 생선구이를 싫어하는 아이도, 이 아픈 어른도 좋아하는 생선구이 베스트는 단연 갈치구이가 아닐까 싶어요. 제주에서는 갈치 한 마리를 그대로 구워낸 통갈치 구이가 인기예요. 바삭한 껍질과 짭조름하고 도톰한 살은 밥 한 그릇을 '순삭' 하게 만드는 최고의 반찬입니다. 통갈치구이 하나면 가족 모두 배부르게 즐길 수 있어요.

부두식당

직접 운항하는 승찬호로 잡아올린 싱싱한 해산물로 믿고 먹는 40년 전통 맛집. 사계절 다양한 메뉴로 인기가 좋습니다. 가성비 좋은 갈치 요리뿐 아니라 방어, 고등어 모든 요리가 일품. 단골 되는 건 시간문제입니다.

info **주소** 제주도 서귀포시 대정읍 하모항구로 62 **문의** 064-794-1223 **운영 시간** 10:00~21:30 **휴무** 수요일 **가격** 특대 방어회(2인) 8만 원, 고등어회 소 5만 5000원, 왕갈치구이 8만 원, 왕갈치조림 대 8만5000원 **주차장** 이용객 무료

제주광해 애월

푸짐한 상차림과 멋진 애월해안 뷰까지 모두 다 잡은 곳. 인원수에 맞춘 세트 메뉴와 다양한 단품 메뉴를 갖춰 골라 먹는 재미가 있어요. 갈치 요리 외에도 메인 요리 부럽지 않은 서브 메뉴로 푸짐한 한 끼를 누릴 수 있어요. 식사 후 아래 소품 숍 구경도 필수입니다.

info **주소** 제주도 제주시 애월읍 애월해안로 867 **문의** 0507-1312-4789 **운영 시간** 10:00~21:00 **휴무** 연중무휴 **가격** 갈치조림 4만3000~8만8000원 **주차장** 이용객 무료

글라글라하와이

제주 남쪽 끝 하와이 분위기가 물씬 나는 인테리어로 인기 만점인 글라글라하와이. 유명인도 여럿 다녀간 모슬포 맛집입니다. 여러 해산물 메뉴 중 단연 눈길을 끄는 것은 통갈치를 그대로 튀겨낸 은갈치앤칩스. 바삭한 식감에 반할 거예요.

info **주소** 제주도 서귀포시 대정읍 하모항구로 70 **문의** 0507-1410-2737 **운영 시간** 11:30~23:00(브레이크 타임 15:00~17:00) **휴무** 화요일 **가격** 은갈치앤칩스 1만9000원 **주차장** 근처 공영 주차장

85 Highlight

제주 전복 요리

전복죽, 전복회가 전복 메뉴의 전부라 생각했다면 놀라기는 일러요. 제주에서는 전복을 이용한 다양한 요리를 만날 수 있어요. 전복 내장과 전복 살, 버터의 컬래버레이션이 예술인 전복돌솥밥은 물론 세상 고급스러운 전복김밥, 고소한 향이 물씬 나는 버터구이까지. 전복의 변신은 무죄. 전복의 매력에 푹 빠져보세요.

BEST 01 누룽지까지 대만족 전복돌솥밥

전복을 올려서 지은 돌솥밥도 별미예요. 밥을 푸짐하게 뜬 후 버터를 넣고 식당마다 다른 특제 양념을 더해 슥슥 비벼 먹으면 밥도둑이 따로 없어요. 돌솥을 가득 채운 밥 역시 흰쌀밥이 아닌 전복 내장 밥으로 고소함은 두 배가 됩니다. 따뜻한 밥에 버터가 살짝 녹아들며 전복과 하나 되어 감칠맛을 더해줍니다. 비릿할 것 같다는 건 기분 탓. 고슬고슬한 식감에 진한 전복의 향기가 입안 가득 퍼져 쫀득함과 구수함을 느낄 수 있어요.

BEST 02

고소함 무한대

전복버터구이

버터와 만난 전복은 맛이 없는 게 이상할 정도. 버터가 녹아 전복과 하나 되어 노르스름 군침 도는 비주얼과 냄새를 자랑합니다. 신선한 제주 전복의 쫄깃함과 고소함이 그대로 느껴지는 메뉴로 어른, 아이 모두 호불호 없이 만족하는 메뉴입니다. 극강의 쫄깃함과 고소함을 만나보세요. 전복 싫어하는 분도 충분히 도전할 수 있어요.

탱글탱글 식감 최고

제주김만복 전복김밥

안 먹어본 사람보다 먹어본 사람이 더 많은 제주김만복 전복김밥. 가운데 달걀이 커서 조금 아쉽다는 평도 있지만 마니아층이 많아 좋아하는 분들은 꾸준히 찾는 편. 제주에 불어온 예쁜 김밥 유행의 선두 주자인 만큼 사진 찍기 예쁜 모양으로 포장한 후 해변에서 기념사진 남기고 먹기 좋습니다. 제주 곳곳에 매장이 있어 어디서든 맛볼 수 있어요.

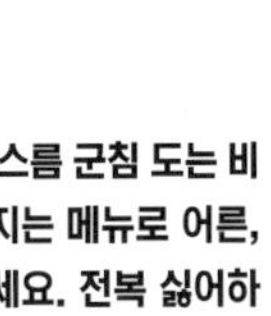

제주김만복 본점 info

주소 제주도 제주시 오라로41 **문의** 064-759-8582 **운영 시간** 08:00~19:00 **휴무** 연중무휴 **가격** 만복이네김밥 8500원 **주차장** 이용객 무료

명진전복

제주 전복 요리 전문점 중 손꼽히는 맛집으로 시간 상관없이 웨이팅이 필수입니다. 동쪽 평대리 해변을 내려다보며 즐기는 전복 요리는 맛과 뷰 모두 관광객들을 사로잡습니다. 담백하면서도 누룽지까지 일품인 전복뚝배기와 뿔소라까지 함께 구워주는 전복구이도 인기 만점. 남녀노소 모두 만족스러운 한 끼 식사로 충분합니다.

info

주소 제주도 제주시 구좌읍 해맞이해안로 1282 **문의** 064-782-9944 **운영 시간** 09:00~21:30 **휴무** 화요일 **가격** 전복죽 1만2000원, 전복돌솥밥 1만5000원, 전복구이 3만 원 **주차장** 이용객 무료 주차

86 Highlight

캐릭터 충전

유치할 것 같지만 절대 유치하지 않은 곳. 애들만 갈 것 같지만 어른이 더 좋아하는 곳. 아이들은 당연하고 어른들도 너무 예뻐 사진을 많이 찍을 수밖에 없는 캐릭터 천국 세 곳을 소개합니다. "지금까지 난 이런 애들 좋아하지 않았어!"라고 장담했다면 당장 사과해야 할지도 모르겠어요.

BEST 01

무민의 집으로 초대합니다

무민랜드

핀란드 최고의 예술가 토베 얀손의 무민 가족을 제주에서 만날 수 있어요. 무민 골짜기에 살고 있는 무민 가족과 함께 리비에라로 떠나보세요. 귀여움 넘치는 3층 무민 하우스는 정말 예뻐요. 무민 동화 속 장소를 그대로 느끼고 체험해볼 수 있는 공간으로 가득합니다. 아직 무민 만화를 본 적이 없다면 무민 밸리 영상관에서 영화를 감상해보는 것도 추천드려요. 무민 골짜기를 그대로 재현한 미디어 아트 존은 물론 무민 라운지 북 카페에 앉아 무민 책을 가득 구경하기 좋습니다.

info **주소** 제주도 서귀포시 안덕면 병악로 420 **문의** 064-794-0420 **운영 시간** 10:00~19:00(입장 마감 18:00) **휴무** 연중무휴 **가격** 어른 1만5000원, 청소년 1만4000원, 어린이 1만2000원 **주차장** 이용객 무료

tip
- 거대한 무민 만나기
- 루프톱 무민 정원 꼭 가보기
- 무민 북 카페에서 신나게 책 보기

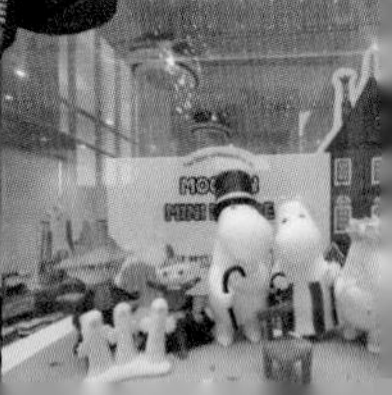

tip

- 진짜 헬로키티의 머리 리본은 어디에 있을까요?
  정답: 키티는 왼쪽, 쌍둥이 동생 미미는 오른쪽
- 핑크 가득한 키티방에서 함께 사진 찍기
- 3D 애니메이션 꼭 보기

핑크빛 가득한 키티 세상

헬로키티아일랜드

info **주소** 제주도 서귀포시 안덕면 한창로 340 **문의** 064-792-6114 **운영 시간** 09:00~18:00(입장 마감 17:00) **휴무** 연중무휴 **가격** 어른 1만4000원, 청소년 1만3000원, 어린이 1만1000원 **주차장** 이용객 무료

세계 모든 이를 두 팔 벌려 환영하고 초대하는 헬로키티 아일랜드. 워낙 유명한 캐릭터라 모르는 이가 없을 듯해요. 3층 규모의 헬로키티아일랜드에는 키티의 역사관, 도서관, 미술실, 음악실 등 헬로키티 스쿨과 스쿨버스까지 포토 존으로 가득합니다. 키티와 키티의 강아지 시나모롤, 남자 친구 다니엘 등 키티 좋아하는 분이라면 누구든 오감이 만족스러울 만합니다. 세계 최초로 헬로키티 3D 애니메이션도 볼 수 있으니 놓치지 마세요.

tip

- 야외 정원 산책하며 스탬프 미션을 수행해 배지 선물 받기
- 야외 정원이 너무 넓어 걷기 힘들다면 30분 단위로 운행하는 스누피 버스를 탈 것
- 루시의 가드닝 스쿨에서 예쁜 열매와 나뭇잎을 스누피 그림에 붙이는 스누피 보태니컬 아트 체험하기

제주 자연에서 뛰어노는 스누피를 만나요

스누피가든

제주 자연과 찰떡궁합을 자랑하는 스누피가든. 〈피너츠〉에 등장하는 스누피의 대사 "일단 오늘 오후는 쉬자"를 모티브로 꾸몄어요. 실내 전시관에서 만나는 스누피 친구들도 반갑지만, 넓은 야외 정원에서 산책하며 중간중간 만나는 스누피 친구들은 반가움이 두 배입니다. 제주 중산간 지역 기후와 생태를 그대로 살려 스누피 가든으로 완벽하게 탄생했어요. 외국 분위기가 물씬 나는 비글 스카우트 캠프 공간에서는 동심으로 돌아가 스카우트가 된 기분을 느낄 수 있을 거예요. 넓은 공간인 만큼 시간 여유 갖고 방문하세요.

info **주소** 제주도 제주시 구좌읍 금백조로 930 **문의** 064-903-1111 **운영 시간** 4~9월 09:00~19:00, 10~3월 09:00~18:00 **휴무** 연중무휴 **가격** 어른 1만8000원, 청소년 1만5000원, 어린이 1만2000원 **주차장** 이용객 무료

BEST 01

가족 모두 만족하는 종합 공원

휴애리자연생활공원

사계절 다른 꽃들로 관광객을 맞이하는 휴애리. 아이들을 위한 동물원과 동물 먹이 주기 프로그램은 물론 겨울엔 감귤 따기와 여름에는 청귤 따기 체험도 할 수 있어요. 흑돼지 공연도 아이들에게 인기 만점. 부모님은 휴애리 꽃축제를 즐기고 아이들은 꽃 가득한 휴애리에서 다양한 체험을 할 수 있는 데다 예쁜 가족사진을 남길 수도 있어 인기 높습니다. 민속 놀이 체험도 필수.

info **주소** 제주도 서귀포시 남원읍 신례동로 256 **문의** 064-732-2114 **운영 시간** 09:00~18:00 **휴무** 연중무휴 **가격** 어른 1만3000원, 청소년 1만1000원, 어린이 1만 원 / 감귤 체험 5000원 **주차장** 이용객 무료

BEST 02

뷰 맛집

코코몽에코파크

서귀포 바다가 한눈에 들어오는 환상적 뷰를 자랑하는 이곳은 자연과 함께하는 공원으로, 그야말로 친환경 공간입니다. 아이들이 자연에서 뛰어놀 수 있고, 전 연령 탑승 가능한 코코몽 기차는 매번 인기가 좋습니다. 그물 다리를 타고 나무 위의 집을 통과하며 아이들 전용 슬라이드와 짚라인까지 타다 보면 아이들 만족도 최고. 시간 맞춰 나오는 코코몽 캐릭터 친구들과 사진도 가득 남겨보세요.

info **주소** 제주도 서귀포시 남원읍 태위로 536 **문의** 1661-4284 **운영 시간** 3~10월 10:00~18:00, 11~2월 10:00~17:30 **휴무** 화·수요일 **가격** 어른 1만5000원, 어린이(24개월~13세) 2만5000원 **주차장** 이용객 무료

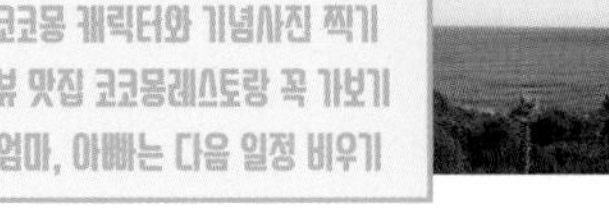

87 Highlight

아이와 함께

제주는 가족 여행하기에 딱 좋은 즐길 거리로 가득합니다. 연령별 아이들 취향에 따라 조금 다르기는 하지만 아이들이라면 누구든 환호할 만한 여행지 세 곳을 소개합니다. 아이들만 재미있는 게 아니라 어른들도 의외로 만족도 높은 곳이니, 가족 모두 즐거운 제주 여행을 계획해보세요.

BEST 03

실물 크기 브라키오사우루스를 만날 수 있는 곳

제주공룡랜드

아이들이라면 꼭 한번은 흥미를 보이는 공룡. 이곳은 실제 공룡과 같은 사이즈의 공룡 모형을 만날 수 있는 테마파크입니다. 누가 봐도 가짜라 피식 웃음이 나오지만 아이들에게는 세상 신기하고 즐거운 곳. 약 115,700㎡(3만5,000여 평)의 넓은 부지 곳곳에 다양한 체험 학습장과 동물원, 볼거리가 가득합니다. 엄마, 아빠 학창 시절에 보던 과학실을 그대로 옮겨놓은 듯 올드해 보이는 전시관이라 더 매력적입니다. 3D 입체 영상 역시 놓칠 수 없는 관람 포인트. 넓은 정원에서 아이들이 맘껏 뛰어놀 수 있어 가족 여행객에게는 꾸준한 인기 관광지입니다.

info 주소 제주도 제주시 애월읍 광령평화2길 1 문의 064-746-3060 운영시간 4~10월 09:30~18:30, 11~3월 09:30~18:00 휴무 연중무휴 가격 어른 9000원, 청소년 7000원, 어린이 6000원 주차장 이용객 무료 주의 현재 장기 리모델링 작업 중으로 방문 전에 운영 여부 반드시 확인

tip

- 실물 크기 브라키오사우루스 모형 앞에서 인증숏 필수
- 공룡이 가득 나오는 3D 입체 영상 시간 맞춰 관람하기
- 야외 정원이 넓으니 아이들 간식을 준비할 것

88 Highlight

부모님과 함께라면

한복 입고 전 부치고 춤추고 노래하던 환갑잔치는 이제 그만. 가족이 모여 기념사진 찍던 유행은 끝나고 요즘은 환갑, 칠순 기념 여행을 더 많이 가는 추세예요. 딱 적당한 비행시간에 부모님이 좋아하실 만한 여행지는 단연 제주. 부모님 모시고 떠나는 제주 여행 만족도 최고의 코스로 알차게 계획해보세요.

곶자왈 숲속 기차 여행

에코랜드 테마파크

오래 걷는 걸 힘들어하는 부모님도 충분히 제주 자연을 즐길 수 있는 곳입니다. 시간마다 운영하는 1800년대 증기기관차 볼드윈 기종 기차를 타고 테마별로 조성된 4.5km 곶자왈공원을 둘러볼 수 있습니다. 계절마다 피는 다양한 꽃과 식물은 물론 화산송이길 산책을 즐기며 사진 찍기도 좋은 곳. 유모차 타는 아기와 함께해도 충분히 즐길 수 있어요. 기차를 타고 각 정거장에 내려 산책하며 다음 장소로 이동하는데, 공원 곳곳의 풍경이 이국적입니다. 피크닉가든의 에코로드는 두 가지 코스로, 시간 여유가 있다면 긴 코스로 산책하며 제주의 곶자왈 숲속을 만나보세요.

info **주소** 제주도 제주시 조천읍 번영로 1278-169 **문의** 064-802-8000 **운영 시간** 08:30~17:20(폐장 18:30) **휴무** 연중무휴 **가격** 어른 1만4000원, 청소년 1만 2000원, 어린이 1만 원 **주차장** 이용객 무료

tip

- 기차는 한 방향으로만 도니 순서대로 각 역 즐겨보기
- <반지의 제왕>에 나온 듯한 호빗의 집 만나보기
- 피톤치드 가득한 화산송이길 산책하기

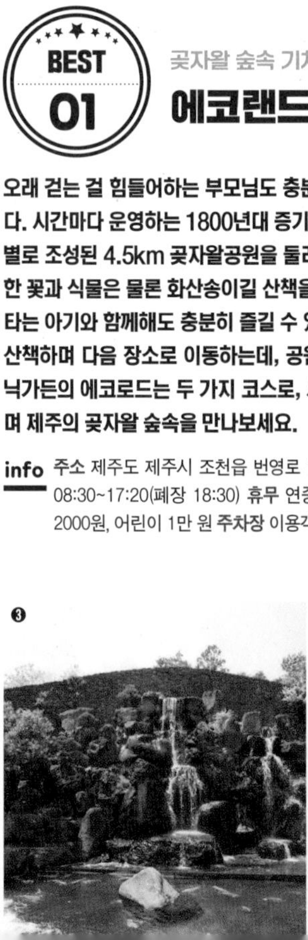

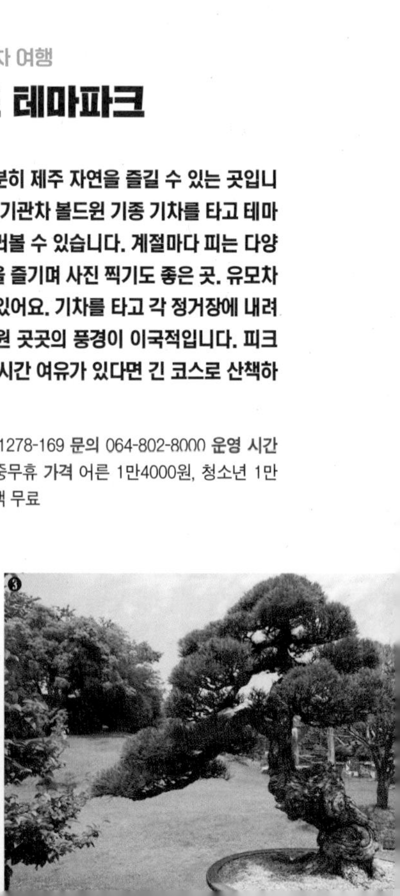

tip
- 비 오는 날에도 관람할 수 있는 실내 테마 공원
- 무료 체험 가능한 옛 교복 입고 기념사진 남기기
- 공포의집, 민속놀이마당도 즐기기

BEST 02

추억 여행 끝판왕

선녀와나무꾼테마공원

"맞다 맞아!" 소리가 가득한 추억의 테마파크. 타임머신 타고 어린 시절로 돌아간 부모님이 옛날이야기하기에 바쁜 곳입니다. 어르신 패키지여행에 필수로 들어가는 장소죠. 덕분에 공원 중간 먹거리 장터에서 어르신들의 노랫소리가 가득 들립니다. 그 시절 경험이 없는 젊은 층에게는 그저 신기하고 함께한 부모님들에게는 아련한 과거로 여행하게 합니다.

info 주소 제주도 제주시 조천읍 선교로 267 문의 064-784-9001 운영 시간 09:00~18:30(입장 마감 17:30) 휴무 연중무휴 가격 어른 1만3000원, 청소년 1만1000원, 어린이 1만 원 **주차장** 이용객 무료

BEST 03

세계에서 제일 아름다운 정원

생각하는정원

농사짓던 농부가 황무지를 개척해 하나하나 만들고 꾸민 힐링 정원입니다. 곳곳에 다양한 분재와 해송, 그리고 다양한 모양의 수석이 놓여 있어 차분하게 사색하며 둘러보기에 좋습니다. 내국인보다 외국인의 평이 좋고 더 유명한 곳으로 트립어드바이저에서 높은 평점을 받고 있어요. 공원 내에 위치한 레스토랑에서 웰빙 뷔페를 즐겨보세요. 더욱 건강하고 깔끔한 맛을 경험할 수 있습니다.

info 주소 제주도 제주시 한경면 녹차분재로 675 문의 064-772-3701 운영 시간 09:00~18:00 휴무 연중무휴 가격 어른 1만3000원, 청소년 1만1000원, 어린이 7000원 **주차장** 이용객 무료

tip
- 건강해지는 맛 웰빙 뷔페 추천
- 정원이 내려다보이는 카페에서 천천히 커피 향 음미해보기
- 아이와 함께라면 물고기 먹이 주기도 추천

89 Highlight

힐링을 선사하는 웰니스 관광지

힐링 명소로 유명한 제주. 몸이 아파 치료 목적으로 찾거나 안식년 등 힐링을 위한 웰니스 여행지로 떠오르는 곳 역시 제주. 사람 많고 눈이 뱅글뱅글 돌아갈 만큼 복잡한 여행지가 아닌 피톤치드 가득하고 좋은 공기 마실 수 있는 곳으로 여행을 떠나보는 건 어떨까요. 6월에 가장 아름다운 반딧불이의 모습을 보면서 힐링하고 건강을 챙기세요.

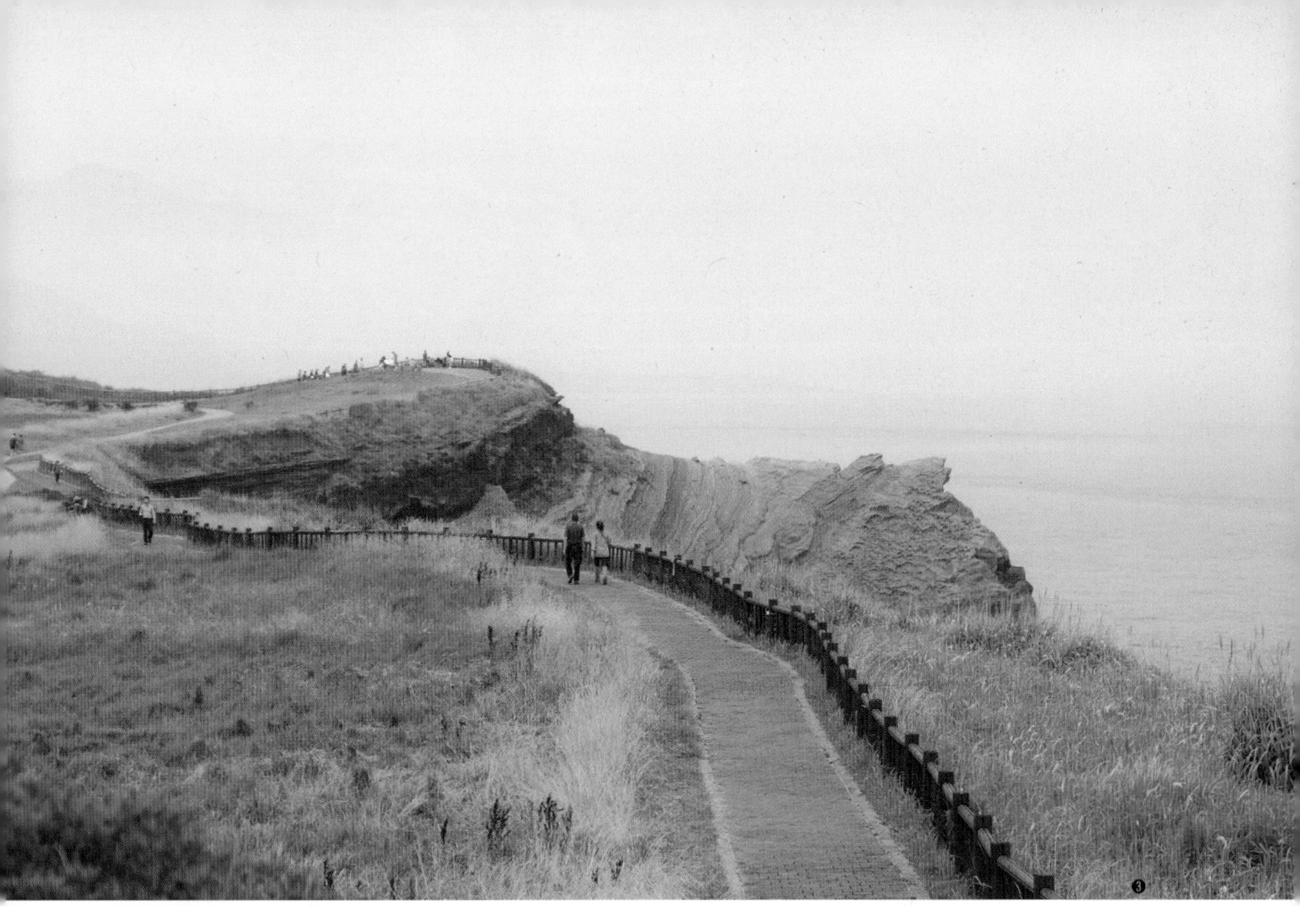

❸

BEST 01

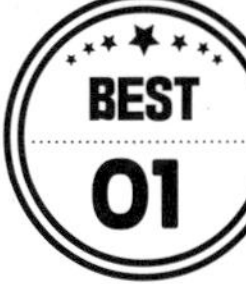

사계절 피톤치드 흡수

비자림

제주에 처음 생긴 삼림욕장으로 세계 최대 규모를 자랑합니다. 수려한 비자나무와 덩굴식물, 화산송이가 깔린 비자림을 산책하며 피톤치드를 가득 흡수해보세요. 좋은 공기를 마시는 것만으로도 건강해지는 듯한 기분입니다. 전체적으로 평평해 몸이 불편한 분들도 산책 가능합니다. 여름에도 다른 곳보다 기온이 낮아 사계절 걷기 좋습니다.

info

주소 제주도 제주시 구좌읍 비자숲길 55 **문의** 064-710-7912 **운영 시간** 09:00~17:00 **휴무** 연중무휴 **가격** 어른 3000원, 어린이 1500원 **주차장** 이용객 무료

tip

- 2.2km A코스 이용 시 유모차, 휠체어로도 통행 가능

BEST 02

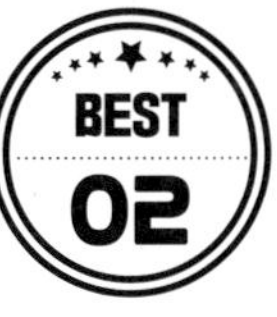

반딧불이가 만들어내는 크리스마스트리

청수리 반딧불

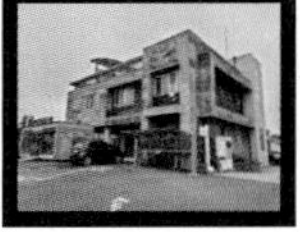

매년 6~9월 청수리 곶자왈에서는 반딧불이를 만날 수 있어요. 총 3개 코스로 예약 시간에 맞춰 진행됩니다. 숨소리를 죽이고 조명 하나 없이 밤하늘 달빛 아래 곶자왈을 걸어보세요. 달빛 아래를 걷다 마지막 곶자왈 깊은 숲속에서 반딧불이가 밝히는 트리 조명은 어떤 반딧불이 투어와 비교할 수 없을 정도로 아름답습니다.

info

주소 제주도 제주시 한경면 연명로 348 **문의** 064-772-5580 **운영 시간** 20:00~(체험 가능 기간 6월 1일~7월 14일 / A 숲 터널길 2.6㎞ 체험 시간 70분, B 테우리길 3㎞ 체험 시간 80분, 미지의숲길 1.5㎞ 체험 시간 40분) **휴무** 체험 기간 외 휴무 **가격** 어른 1만 원, 어린이 5000원 **주차장** 도로, 마을 주차 **주의** · 벌레 퇴치제 금지 · 긴옷과 편한 신발 필수 · 날씨 따라 체험 가능 여부 변동

BEST 03

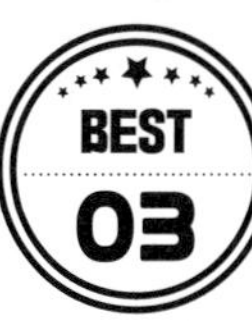

안구 정화 코스

송악산 둘레길

소나무가 많다고 이름 지은 송악산. 대한민국 최남단 마라도와 가파도, 형제섬과 산방산을 조망하며 걷는 송악산 둘레길은 안구 정화 코스로, 약 3.2km 길이를 1시간 정도 걸을 수 있어요. 특히 여름에는 노지 수국이 가득해 더욱 아름답습니다. 손때가 묻지 않은 자연 그대로의 송악산과 어우러진 수국은 그 어떤 수국 명소에 뒤지지 않아요.

info

주소 제주도 서귀포시 대정읍 송악관광로 421-1 **문의** 064-120 **운영 시간** 24시간 **휴무** 연중무휴 **가격** 무료 **주차장** 이용객 무료

tip

- 수국 피는 6월 가장 예쁜 경치를 볼 수 있으니 참고할 것
- 둘레길 산책하다 보이는 일제 진지동굴 체험하기

❶

❸

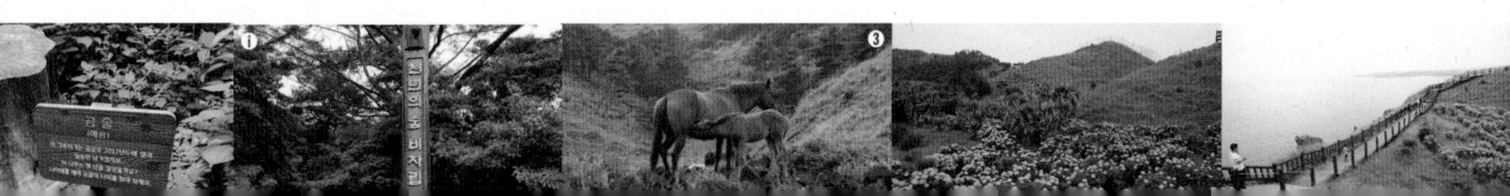

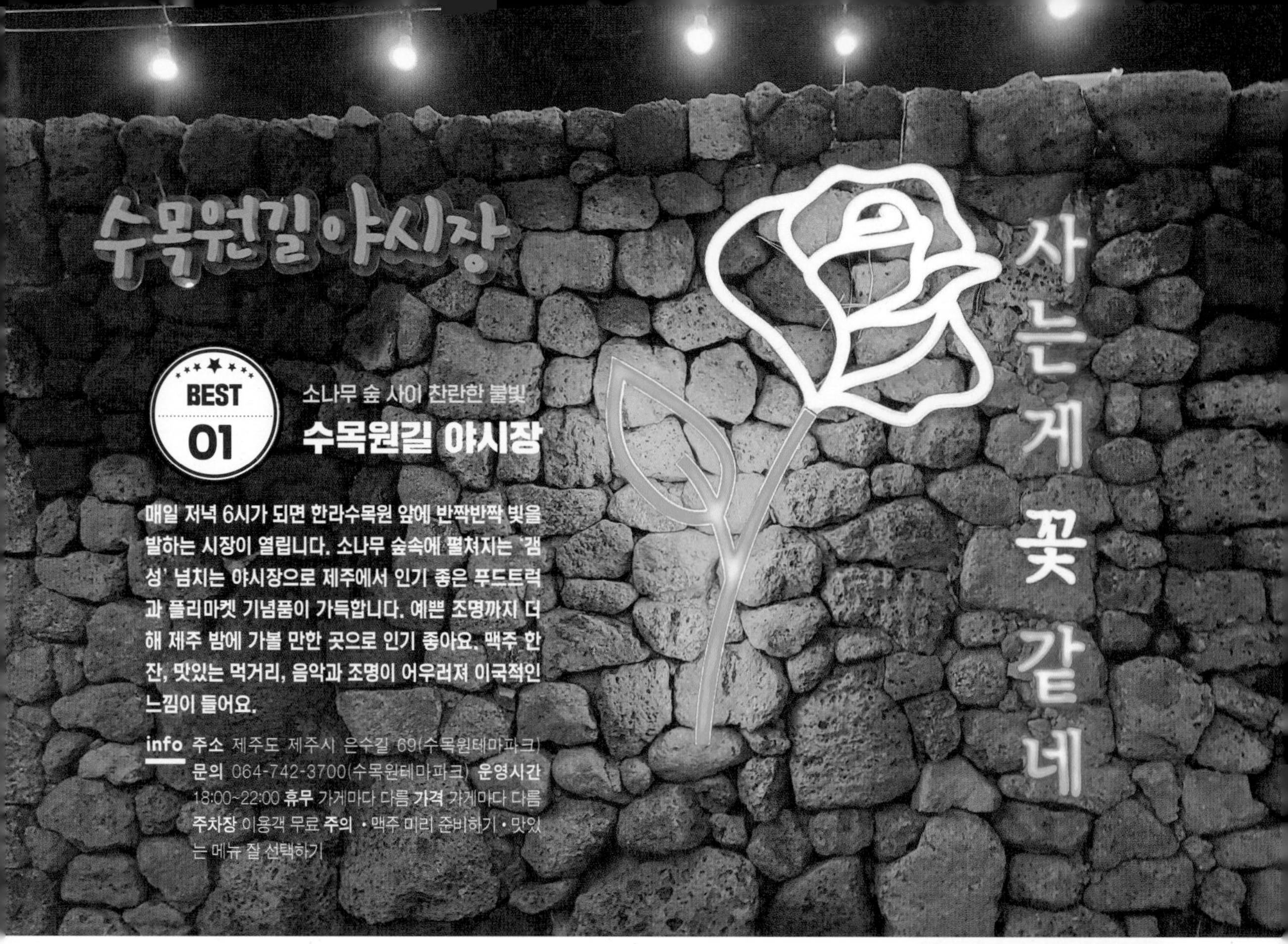

BEST 01

소나무 숲 사이 찬란한 불빛

수목원길 야시장

매일 저녁 6시가 되면 한라수목원 앞에 반짝반짝 빛을 발하는 시장이 열립니다. 소나무 숲속에 펼쳐지는 '갬성' 넘치는 야시장으로 제주에서 인기 좋은 푸드트럭과 플리마켓 기념품이 가득합니다. 예쁜 조명까지 더해 제주 밤에 가볼 만한 곳으로 인기 좋아요. 맥주 한 잔, 맛있는 먹거리, 음악과 조명이 어우러져 이국적인 느낌이 들어요.

info **주소** 제주도 제주시 은수길 69(수목원테마파크) **문의** 064-742-3700(수목원테마파크) **운영시간** 18:00~22:00 **휴무** 가게마다 다름 **가격** 가게마다 다름 **주차장** 이용객 무료 **주의** • 맥주 미리 준비하기 • 맛있는 메뉴 잘 선택하기

BEST 02

맛있는 거 다 모여!

동문시장 야시장

음식 앞에서 이렇게 많이 고민되기는 처음일 거예요. 매일 저녁 6시가 되면 동문시장 8번 게이트 앞은 30개 넘는 음식 포차로 가득합니다. 제주스러움을 듬뿍 담은 흑돼지, 전복 요리부터 멘보샤, 랍스터 등 종류가 너무 많아 어지러울 정도. 이걸 먹을까 저걸 먹을까, 갈등하다 시간 다 갑니다. 청년 사업으로 제주시에서 엄선한 메뉴로 구성한 만큼 취향에 맞는 음식을 찾을 수 있을 거예요.

info **주소** 제주도 제주시 관덕로14길 20 **문의** 064-752-3001 **운영 시간** 하절기(5~10월) 19:00~24:00, 동절기(11~4월) 18:00~24:00 **휴무** 가게마다 다름 **가격** 가게마다 다름 **주차장** 최초 30분 무료, 최초 30분 초과 1000원 **주의** · 줄이 길다고 무조건 맛집은 아니니 참고 · 음식 먹기 전 음료 미리 준비하기

제주 심야 '핫플'

4시만 되면 문을 닫아버리는 식당, 6시면 운영을 끝내는 관광지. 제주에서 '긴 긴 밤 뭐 하지?' 고민된다면 바로 여기. 제주의 밤을 뜨겁게 지켜줄 여행지 세 곳을 소개합니다. 제주에서 밤에 할 게 없다고 생각한다면 이제 실망 금지.

Highlight

제주 밤하늘 별 보러 가요

제주별빛누리공원

제주 밤하늘을 한번에 즐길 수 있는 곳이 있어요. 다양한 별의 탄생, 오로라, 일식과 월식 등 쉽고 재미있게 관람하는 전시실도 있지만, 무엇보다 '꿀잼'은 2층 천체투영실입니다. 편안한 의자에 앉아 천장의 돔 스크린을 통해 제주의 아름다운 밤하늘을 감상하다 보면 잠이 솔솔 오기도 합니다. 우주를 여행하는 4D 입체영상관도 스릴 최고. 별빛누리공원 실내를 즐기고 마지막 하이라이트, 야외에서 즐기는 별 관측은 아이와 어른 모두에게 신비로운 우주를 보여줍니다. 단, 날씨에 따라 별 관측이 제한될 수 있어요.

info **주소** 제주도 제주시 선돌목동길 60 **문의** 064-728-8900 **운영 시간** 15:00~23:00 **휴무** 월요일 **가격** 통합 관람료 어른 5000원, 청소년·어린이 2,000원 / 선택 관람료 어른 2000원, 청소년·어린이 800원 **주차장** 이용객 무료

- 키 120cm 이상 4D 영상관 체험은 필수
- 제주 밤하늘의 별들 직접 관측해보기

제주공항 근처 관광지

91 highlight

아쉬운 여행 마지막 날, 공항으로 가기 전 시간이 남았는데 멀리 가지는 못하겠다 싶을 때 잠깐 다녀올 만한 제주공항 근처 관광지를 소개합니다. 공항과 멀지 않아 잠시 둘러보는 마지막 일정으로 딱 좋습니다.

tip

- 해변에 앉아 머리 위로 날아가는 비행기 사진 찍기
- 말등대 앞에서 거인 숏은 필수
- 가능하면 선셋도 감상하기

BEST 01 이호테우해수욕장

쌍둥이 말등대 찍고 가요

제주공항에서 가장 가까운 해수욕장입니다. 해변에 누워 있으면 머리 위로 다양한 비행기가 지나가는 걸 가까이에서 볼 수 있기도 합니다. 모래사장 뒤 소나무 숲은 여름이 되면 캠핑하는 사람들이 많이 찾습니다. 특히 SNS에서 인기 좋은 포토 스폿인 빨강과 흰색의 조랑말 등대에서 거인 숏은 필수. 쌍둥이 말등대 사진도 찍고 시내와도 가까워 공항 가기 전 짧게 방문하기 좋아요

info **주소** 제주도 제주시 이호일동 1665-13 **문의** 064-728-39941 **운영 시간** 24시간 **휴무** 연중무휴 **가격** 무료 **주차장** 이용객 무료

BEST 02 한라수목원

떠나기 전 피톤치드 가득 마셔요

산림욕장, 수생식물원, 양지식물원은 물론 광이오름까지 올라갈 수 있는 도심 속 허파 한라수목원입니다. 약 165,289㎡(5만 평)의 삼림욕장, 1.7km의 산책 코스를 갖춘 이곳은 공항에서 약 20분 거리에 있어 공항 가기 전 좋은 공기를 좀 더 마시고 싶다면 고민 없이 추천합니다. 주차 요금만 지불하면 무료로 1100여 종의 식물이 자라는 수목원을 맘껏 즐길 수 있어요. 저녁엔 수목원길 야시장도 함께 방문하기 좋습니다.

info **주소** 제주도 제주시 수목원길 72 **문의** 064-710-7575 **운영 시간** 09:00~17:00 **휴무** 설날·추석 당일 **가격** 무료 **주차장** 최초 10분 무료, 승용 자동차 소·중·대형 기본 1000원(기본 2시간)

tip

- 판다가 나올 듯한 대나무 숲 걸어보기
- 시간이 된다면 광이오름도 함께 방문해볼 것
- 수목원 야시장(18:00~22:00)도 둘러보기

BEST 03

공항에서 가장 가까운 10분 컷 오름

도두봉

tip
- 키세스 존에서 사진 찍기
- 도두봉 둘레길 산책로도 걸어보기

느린 걸음으로 가도 10분이면 정상에 오를 수 있는 도두동. 정상에서 제주공항 활주로에서 오르내리는 비행기를 보기 좋은 곳입니다. 앞뒤로 막힘없이 뻥 뚫린 뷰 덕에 바다, 공항, 제주 도심까지 한눈에 들어옵니다. 공항에서 가장 가까운 오름으로 일몰부터 일출까지 모두 만족스러워요. 요즘은 정상 근처 키세스 존이라 불리는 포토 존 덕분에 더욱 많은 관광객이 찾고 있어요.

info 주소 제주도 제주시 도두일동 산1 문의 064-742-8861 운영 시간 24시간 휴무 연중무휴 가격 무료 주차장 없음(주변 공영 주차장 이용)

92 Highlight

구해줘 제주

요즘 가장 화두가 되는 건 지구온난화, 환경오염 문제입니다. 대대로 물려줘야 할 지구의 자연이 각종 쓰레기들로 몸살을 앓고 있어요. 제주에서는 그런 쓰레기들의 해결책을 다양하게 제시하고 있습니다. 폐기물을 이용한 관광지와 기념품 만들기를 비롯해 환경을 지키는 방법을 만나보세요.

바다 쓰레기가 모여 보석이 되었다! 비치코밍

반짝반짝 지구상회

제주 바다에 늘 떠밀려오는 쓰레기. 주워도 주워도 쓰레기가 생깁니다. 반짝반짝지구상회는 해변을 빗질하듯 바다에 버려진 쓰레기를 주워 다양한 작품을 만드는 비치코밍(beachcombing)을 체험할 수 있는 곳입니다. 바다 생물의 생명을 위협하는 유리 조각을 모아 가마에 구워내 액자, 브로치 등을 만들어보세요. 바다에서 주운 유리 조각이 반짝반짝 보석으로 재탄생해 세상에 하나뿐인 나만의 그림이 완성됩니다. 바다 쓰레기도 해결하고 기념품도 만들고, 지구를 위한 의미 있는 시간이 됩니다.

info

주소 제주도 제주시 한림읍 귀덕6길 192 문의 010-2631-0310 운영 시간 10:00~17:00 휴무 월~수요일 가격 바다 유리 액자 만들기 3만6000원 주차장 이용객 무료

제로 웨이스트를 위해

지구별가게

모든 제품을 재사용할 수 있도록 권장하고 폐기물을 배출하지 않는 생산으로 생활 속 쓰레기를 줄이는 방법을 제안하는 지구별가게. 제주시와 서귀포에서 매장을 운영하는 이곳에서는 에코 백, 천 생리대, 대나무 칫솔, 고체 치약 등 친환경 제품 및 지구를 지킬 수 있는 다양한 아이템을 판매합니다. 쓰레기로 몸살을 앓는 것이 제주만의 문제가 아닌 전 지구의 문제인 만큼 쓰레기 배출을 최소화하는 데 동참해보세요.

info 제주시 매장

주소 제주도 제주시 월랑로58 문의 064-711-8291 운영 시간 10:00~19:00 휴무 토요일, 일요일 가격 유리 빨대 4500원, 샴푸 바 1만1000원, 대나무 칫솔 3400원 주차장 상점 앞 주차 혹은 주변 공영 주차장 이용

info 서귀포시 매장

주소 제주도 서귀포시 서호로 7-22 문의 0507-1473-0180 운영 시간 월~금요일 10:00~17:00, 토요일 11:00~15:00 휴무 일요일 가격 지구별커피 4000원 주차장 이용객 무료(협소, 근처 공영 주차장 이용)

제주에서 만나는 정크 아트

서프라이즈 테마파크

폐자원을 활용한 다양한 예술 작품 '정크 아트'를 만나볼 수 있는 공원입니다. 아이들이 좋아하는 히어로는 물론 누가 봐도 반가울 애니메이션 주인공을 만날 수 있어요. 전시된 모든 작품이 일상에서 버려지는 폐자원으로 만들었다는 것이 신기합니다. 지구를 위해 가장 필요한 예술 분야라 할 수 있어요. 영화 속 유명한 캐릭터, 로봇, 공룡 등 폐자원이 변신한 모습을 확인해보세요.

info

주소 제주도 제주시 조천읍 남조로 2243 문의 064-783-7272 운영 시간 09:00~21:00 휴무 연중무휴 가격 어른 1만3000원, 청소년 1만1000원, 어린이 1만 원 주차장 이용객 무료

93 Highlight

© 해녀의부엌

제주스러움이 가득한 공연

걷고 이동하며 제주를 즐기기 어렵다면 편하게 앉아 제주를 즐기는 공연은 어떨까요. 아슬아슬 말 위에서 펼쳐지는 박진감 넘치는 더마파크 마상 공연, 해녀의 이야기와 식사가 공존하는 해녀 공연 등 제주에서만 즐길 수 있는 다양한 프로그램이 많습니다. 제주 이색 공연을 즐겨보세요.

말 위에서 저게 가능해?

더마파크 마상 공연

제주 하면 떠오르는 것 중 한 가지는 바로 말입니다. 더마파크와 몽골 마사협회가 공동으로 구성한 기마 공연단의 심장 쫄깃해지는 마상 공연은 눈 돌릴 틈 없이 흥미롭습니다. 위대한 정복자 광개토대왕을 주인공으로 말 위에서 펼치는 멋진 공연을 볼 수 있어요. 아슬아슬 떨어질 듯 말 듯 말 위에서 달리며 서커스 부럽지 않은 장면을 연출하는 한 편의 드라마를 보고 나면 절로 물개 박수를 치게 됩니다.

info **주소** 제주도 제주시 한림읍 월림7길 155 **문의** 064-795-8080 **운영 시간** 09:00~17:30(공연 10:30·14:30·17:00) **휴무** 연중무휴 **가격** 어른 2만 원, 중·고등학생 1만8000원, 어린이 1만5000원 **주차장** 이용객 무료

tip
- 카메라 연속촬영과 동영상은 필수
- 공연 후 말에게 당근 먹이 주기 체험해보기(1개당 1000원)

해녀의 이야기와 식사가 함께하는 곳

해녀의부엌

해녀의 삶을 만나고 식사까지 할 수 있는 해녀 중심의 다이닝 쇼로, 제주에서만 볼 수 있는 특별한 공연입니다. 해녀들의 삶을 그대로 녹여낸 공연이 끝나면 제주 해녀가 잡은 식재료로 만든 멋진 한 상이 차려집니다. 평소 접하지 못했던 다양한 식재료를 맛보고 제주의 다양한 해산물과 전통 음식을 알아가면서 어디에서도 느낄 수 없는 감동과 맛을 경험해보세요.

info **주소** 제주도 제주시 구좌읍 해맞이해안로 2265 **문의** 070-5224-1828 **운영 시간** 09:00~18:00 **휴무** 화·수요일 **가격** 해녀이야기(금·토·일요일) 5만5000원, 부엌이야기(목요일) 4만 원 **주차장** 이용객 무료

tip
• 호락호락하지 않은 제주 해녀의 삶을 조금 가까이 보고 느껴보기

제주신화뮤지컬

함덕메리굿

제주 신화와 관련된 다양한 이야기를 바탕으로 한 뮤지컬 공연과 식사를 한자리에서 즐길 수 있어요. 관객과 소통하는 공연이라 잠시도 눈을 뗄 수 없습니다. 배우들의 노래와 제주에 얽힌 이야기가 새로운 감동을 줍니다. 노래 실력이 출중한 것은 물론 공연 중 웃음 포인트도 여럿. 철마다 신선한 재료로 제공하는 식사 역시 제주를 가득 담았습니다. 규모가 작아 초대받은 느낌이 가득한 공연으로 사전 예약은 필수입니다.

info **주소** 제주도 제주시 조천읍 함덕로 32 **문의** 0507-1350-5353 **운영 시간** 12:00~21:00 **휴무** 월·화·수요일 **가격** 디너 다이닝 4만5000원 **주차장** 이용객 무료 **주의** 식사 메뉴, 공연 내용이 조금씩 다를 수 있으니 참고, 예약 필수

tip
• 공연 시작 전 소원 쓰기

❶
붉은반무늬방석고둥
Trochus conus (Gmelin,1791)
분포 : 인도 태평양 indo pacific
❷
❸

94 Highlight

바다 친구를 만나요

사면이 바다로 둘러싸인 제주에서 바다 생물 만나는 건 식은 죽 먹기. 바다에 어떤 친구들이 살고 있는지 만나보세요. 신비한 바다 세계에 아이도 어른도 모두 만족할 거예요. 다양한 생물이 가득한 국내 최대 아쿠아 플라넷은 물론 국내 바다에서 수집된 다양한 생물들까지. 제주 바다 친구들의 매력에 빠져보세요.

아시아 최대 규모 아쿠아리움

아쿠아플라넷 제주

제주 아쿠아플라넷은 아시아 최대 규모이며 단일 수조로는 세계 최대 사이즈로 500여 종 4만8000여 마리의 바다 생물을 만날 수 있는 곳이에요. 특히 주변 경관이 좋아 실내에서 보이는 뷰도 남달라요. 바다 친구들과 교감하고 잠시도 눈을 돌릴 수 없는 수중 공연까지 볼거리와 즐길 거리로 다양합니다. 제주 앞바다를 재현한 초대형 수조 앞에 서면 바닷속에 들어간 듯한 기분을 느낄 수 있어요.

info

주소 제주도 서귀포시 성산읍 섭지코지로 95 **문의** 1833-7001 **운영 시간** 09:30~19:00 **휴무** 연중무휴 **가격** 어른 4만700원, 청소년 3만8900원, 어린이 3만6900원 **주차장** 이용객 무료 ※ • 시간에 맞춰 수중 공연 관람하기(The Greatest Ocean 2 & 아쿠아 스토리 공연 시간 11:10·3:00·15:00·16:50) • 해녀 공연 시간 동안 기다리며 고래빵 먹기 필수(제주 해녀 물질 시연 10:40·12:30·14:10·16:00)

• 성산 일출봉이 한눈에 들어오는 야외 정원에서 사진 찍기

지구는 넓고 조개는 많다

세계조가비 박물관

제주뿐 아니라 세계 각국에서 수집한 1만 5000여 종의 다양한 조가비를 만날 수 있어요. 자연 그대로의 색감, 다양한 모양과 사이즈의 이색 조가비로 가득합니다. 조형물과 다양한 조가비가 만나 더욱 멋진 작품이 되었어요. 작은 조가비는 돋보기로 구경하고 다양한 조가비 속 바다 소리에 귀 기울여보세요.

info

주소 제주도 서귀포시 태평로 284 **문의** 064-762-5551 **운영 시간** 09:30~17:00 **휴무** 연중무휴 **가격** 어른 7000원, 중·고생 5000원, 어린이 4000원 **주차장** 이용객 무료

• 바다 소리 체험해보기
• 돋보기로 작은 조가비 관찰하기

바다 생물의 모든 것

제주해양동물박물관

개복치, 고래상어뿐 아니라 제주 바다에서 심심찮게 볼 수 있는 이름 모를 생명체에 대한 궁금증을 모두 해결할 수 있습니다. 이곳에서 소개하는 해양 동물은 우리나라에서 수집된 실물 표본으로 더욱 생생한 바다 생물을 볼 수 있어요. 입장 시 제공하는 돋보기로 디테일하게 바다 생물을 관찰하고 체험 학습지에 문제를 풀어나가는 재미도 있습니다.

info

주소 제주도 서귀포시 성산읍 서성일로 689-21 **문의** 064-782-3711 **운영 시간** 09:00~18:00 **휴무** 수요일 **가격** 어른 1만 원, 청소년 9000원, 어린이 8000원, 가족(어른 2명+어린이 1명) 3만 2000원 **주차장** 이용객 무료 ※ • 도슨트 프로그램 이용하기(11:00·15:00) • 체험 학습지와 입장 시 제공하는 돋보기를 이용해 더 열심히 박물관 투어 체험하기(나이에 따라 난이도가 조금 다르니 참고)

• 해양 동물 만들고 컬러링 북 체험도 잊지 말것

마방목지

95 Highlight

제주 말의 모든 것

사람이 태어나면 서울로 보내고 말이 태어나면 제주로 보내라고 합니다. 그만큼 제주는 말이 특성화된 곳으로 승마 체험은 물론이고 말과 관련된 다양한 볼거리, 즐길 거리를 제공해요. 제주를 여행할 때 꼭 한번은 해봐야 할 승마 체험과 경마뿐 아니라 다양한 재미를 제공하는 렛츠런파크, 이국적인 분위기와 제주스러움을 가득 담은 마방목지 등 제주 말을 가까이에서 만나봅시다.

제주의 진정한 노블레스 오블리주

헌마공신김만일기념관

임진왜란 당시 전란으로 말이 부족한 시기 여러 마리의 개인 소유 말을 나라에 바쳤던 김만일. 김만일기념관에서는 그 시절 김만일의 업적과 말에 대한 다양한 이야기를 접할 수 있습니다. 규모가 크지는 않지만 김만일이 헌마 공신이 된 사연을 담은 샌드아트 영상을 시작으로 제주를 대표하는 말에 관련된 내용을 보고 체험할 수 있어요.

info

주소 제주도 서귀포시 남원읍 서성로 919 **문의** 064-805-9801 **운영 시간** 09:00~18:00 **휴무** 월요일 **가격** 무료(변동 가능성 있음) **주차장** 이용객 무료

- 말 가면 쓰고 재미있는 사진 찍어보기
- 낙인 찍기, 승마 체험 등 말과 관련된 재미있는 즐길 거리 놓치지 말 것

제주, 말, 이국적

마방목지

천연기념물 제347호로 지정해 보호하는 제주 혈통 조랑말을 방목하는 곳으로 가장 제주스러운 모습을 볼 수 있어요. 여름에는 초록 가득한 넓은 평야에 수많은 말이 그려내는 풍경이 한 폭의 그림 같아요. 겨울에 하얀 눈으로 덮인 마방목지는 제주 필수 코스 중 하나입니다.

info

주소 제주도 제주시 516로 2480 **문의** 064-710-2298 **운영 시간** 24시간 **휴무** 연중무휴 **가격** 무료 **주차장** 이용객 무료

- 제주시에서 서귀포로 이동 중 잠시 멈춰 힐링할 수 있는 곳
- 겨울에 눈 구경하기에 가장 좋은 스폿

말에 대한 모든 것을 즐길 수 있는 곳

렛츠런파크 제주

렛츠런파크는 경마부터 아이들 놀이터, 승마 체험까지 다양한 볼거리와 즐길 거리를 갖춘 테마파크입니다. 넓은 부지에 아이들을 위한 다양한 액티비티 체험이 가능합니다. 자전거를 탈 수 있는 공간도 마련되어 도민분들에게는 언제든 가기 좋은 넓은 공원으로 인기 만점. 타 지역에서도 볼 수 있지만 제주라 더 잘 어울리는 곳입니다.

info

주소 제주도 제주시 애월읍 평화로 2144 **문의** 064-786-8114 **운영 시간** 09:30~18:00 **휴무** 월·화요일 **가격** 비경마일 무료, 경마일(금·토·일요일) 어른 2000원 **주차장** 이용객 무료

- 아이들과 함께라면 소풍 도시락 준비하기

맹금류 공연까지 즐겨요

화조원

tip

- 화조원 맹금류 공연 시간 체크하고 꼭 보기(맹금류 비행 관람 공연 시간 11:00·13:00·15:00·16:30)
- 맹금류와 기념사진 찍기에 도전하기
- 알파카가 갑자기 다가와도 놀라지 말기

입장과 동시에 눈매가 매서운 독수리를 볼 수 있는 화조원에서는 다양한 맹금류를 철망 없이 가까이에서 만나볼 수 있어요. 족히 유아 키 정도 되는 거대한 독수리와 마주 보면 등골이 오싹해지기도 합니다. 시간만 잘 맞춘다면 야외 공연장에서 독수리 공연을 볼 수 있어요. 알파카도 만나고 〈해리 포터〉에서나 볼 법한 부엉이들도 만나보세요.

tip

- 귀가 축 처진 귀여운 롭이어 토끼 만나보기
- 알파카 먹이 주고 사진 찍기

다양한 체험을 한곳에서 즐기는 테마파크 속 동물원

실내동물원 라온ZOO

날씨에 상관없이 동물을 만날 수 있는 체험형 동물원입니다. 사육사와 동반해 동물 체험을 할 수 있어요. 이곳에서는 다양한 조류를 만날 수 있어 새 좋아하는 분들에게는 가장 좋은 여행지가 되어줍니다. 파충류를 비롯해 만화 속 주인공인 다양한 동물을 실내·외에서 만나고 교감할 수 있어요. 동물원 외에도 카트, 승마, 마상 공연까지 즐길 수 있는 테마 공원이라 여러 일정을 한곳에서 즐길 수 있습니다.

BEST 03

날씨 상관없이 즐기는 사계절 동물원

캐니언파크 제주

tip

- 동물만 볼 예정이라면 저렴한 나이트 사파리권으로 즐기기
- 미꾸라지, 밀웜, 채소 먹이 주기 체험 즐기기

사계절 날씨에 구애받지 않고 언제든 귀여운 동물 친구를 만날 수 있는 캐니언파크 제주입니다. 입장 시 먹이 주기 체험으로 미꾸라지를 구매했다면 서둘러 수달에게 가보세요. 귀여운 수달이 손을 내밀고 자꾸 손짓하다 날렵한 미꾸라지를 순식간에 두 손으로 잡아 먹는 모습이 귀엽고 놀랍습니다. 세상에 가장 거대한 쥐 카피바라도 만날 수 있어요. 애니메이션 〈씽〉에서 신나게 노래 부르던 호저 등 생각보다 훨씬 귀엽고 깜찍한 동물 친구들을 만나보세요.

96 Highlight

동물과 교감하기

언제 봐도 신기한 동물 친구들. 제주 곳곳에서 작은 동물원을 만날 수 있어요. 아이들과 함께하기에 좋은 곳이자 동물 좋아하는 분들에게 안성맞춤 여행지입니다. 알파카가 졸졸 따라오고 수달이 빨리 밥 달라고 손가락을 내미는 곳에서 귀여운 동물 친구들을 만나보세요.

화조원 info

주소 제주도 제주시 애월읍 애원로 804 **문의** 0507-1388-9988 **운영 시간** 09:00~18:00(입장 마감 17:00) **휴무** 연중무휴 **가격** 어른 1만8000원, 청소년 1만6000원, 어린이 1만4000원 **주차장** 이용객 무료

라온ZOO info

주소 제주도 제주시 한림읍 월림7길 155 **문의** 0507-1447-1332 **운영 시간** 10:00~17:00 **휴무** 둘째주 화요일 **가격** 24개월 이상~어른 1만2000원, 18개월~24개월 미만 6000원 **주차장** 이용객 무료

캐니언파크 info

주소 제주도 제주시 삼무로 51 **문의** 064-711-1145 **운영 시간** 월·수·목·금요일 12:00~19:00, 토·일요일 11:00~20:00 **휴무** 화요일 **가격** 주중 1만2000원, 주말 1만4000원 / 나이트 사파리(17:00 이후) 평일 7500원, 주말 9500원 **주차장** 신제주 공영 주차장 2시간 무료 **주의** 유모차 반입 불가

97 Highlight

제주 속 해외

이국적 풍경을 볼 수 있는 제주. 고유의 분위기 자체만으로도 너무 좋지만 해외 느낌까지 나는 덕에 일타이피 여행을 즐길 수 있어요. 발리, 런던, 그리고 일본까지, 제주 속 해외여행을 떠나보세요.

사계절 메리 크리스마스

바이나흐튼 크리스마스박물관

크리스마스 한 달 전부터 크리스마스 마켓이 열려 겨울이면 수많은 관광객이 방문하는 곳입니다. 유럽 크리스마스 마켓처럼 규모가 큰 것은 아니지만 유럽 크리스마스 감성을 가득 느낄 수 있어요. 독일의 중세 도시 로텐부르크에 위치한 바이나흐튼 뮤지엄의 외관을 그대로 옮겨온 느낌입니다. 실내에는 귀여운 호두 까기 인형을 비롯해 다양한 크리스마스 목공품과 국내에서 구입하기 어려운 크리스마스 맥주, 와인 등 다양한 제품을 구입할 수 있어요. 2층에서는 다채로운 크리스마스 장식을 무료 관람할 수 있어요. 다양한 체험도 가능하니 12월에 제주를 찾는다면 잊지 말고 방문해보세요. 크리스마스 시즌이 아니어도 사계절 크리스마스를 느껴볼 수 있는 박물관으로 운영하고 있습니다.

info

주소 제주도 서귀포시 안덕면 평화로 654 **문의** 010-2236-6306 **운영 시간** 10:30~18:00
휴무 연중무휴 **가격** 무료 **주차장** 이용객 무료

tip

- 박물관 옆 빈티지 숍, 잡화점도 잊지 말고 둘러보기

제주 속 런던

플랏포커피

주택가에 있어 더욱 숨은 커피 맛집으로 느껴지는 플랏포. 입구에서 런던 '갬성'이 폴폴 느껴집니다. 작고 아늑한 느낌이 아주 잠시 런던 여행을 하고 있는 듯한 기분이 들어요. 테이블마다 올려둔 빈티지 설탕 깡통은 멋스러움을 더해줍니다. 플랫화이트 커피와 영국 대표 간식 스콘까지 곁들이면 찰떡궁합입니다.

info

주소 제주도 제주시 원노형5길 27 **문의** 010-4130-0340 **운영 시간** 08:00~18:30 **휴무** 연중무휴(휴무 시 인스타그램 공지) **가격** 플랫 화이트 5000원, 스콘 3500원 **주차장** 없음(공영 주차장 또는 유료 주차장 이용)

tip

- 비 오는 날 외관과 함께 찍으면 '찐' 런던 분위기
- 영국 대표 스콘도 커피와 함께 맛보고 영국 느끼기

일본 교토 느낌 솔솔

순아커피

100년이 넘은 적산 가옥을 레노베이션해 운영 중인 곳. 일본 양식으로 지은 대부분의 건물은 소멸되었고 몇 안 되는 적산 가옥이라는 데 의미가 있습니다. 오랜 역사를 고스란히 지켜온 근대건축물로 동문시장 옆에 있어요. 아슬아슬한 계단을 올라서면 삐거덕 소리가 가득한 일본 다다미방이 마치 일본 교토 여행을 온 듯한 느낌을 줍니다. 순아 할머니의 삶의 흔적이 고스란히 남아 있는 순아커피만의 분위기를 느껴보세요.

info

주소 제주도 제주시 관덕로 32-1 **문의** 010-9102-0120 **운영 시간** 09:00~19:00 **휴무** 일요일 **가격** 개역(제주보리) 5000원, 아메리카노 4000원 **주차장** 없음(동문시장 주차장 이용) **주의** 2층 올라가는 계단이 가파르니 주의할 것

- 관덕정, 동문시장과 함께 둘러보기

98 Highlight

약천사
- 법당 앞에서 보이는 서귀포 바다 감상하기
- 한국에서 가장 큰 부처님 목불로 만나보기

소원을 말해봐

간절한 마음을 담은 곳으로 사찰만 한 곳이 있을까요. 절에 가서 수능 대박을 기원하고 가정의 안녕과 가족의 건강을 간절히 기원하곤 합니다. 부처님의 자비로운 미소에 불공을 드리는 신자들의 염원이 가득합니다. 꼭 불교 신자가 아니라도 여행 삼아 한번은 방문해봐도 좋아요. 도심보다는 공기와 뷰가 좋은 곳에 있어 힐링하기에도 참 좋습니다. 마음이 편안해지는 제주의 아름다운 절에서 마음속 소원 하나쯤 빌어보세요.

관음사
- 한라산 등반을 목적으로 하지 않아도 충분히 감동적이니 꼭 한번 방문해볼 것
- 눈이 내린 겨울 관음사의 매력도 놓치지 말기

tip

법화사

- 배롱나무와 연꽃이 가득해 동양화 같은 여름의 법화사 풍경 즐겨보기
- 조용한 사찰을 원한다면 무조건 픽!

동양 최대 법당

약천사

info 주소 제주도 서귀포시 이어도로 293-28 문의 064-738-5000 운영 시간 24시간 휴무 연중무휴 가격 무료 주차장 이용객 무료

'죽기 전에 꼭 가봐야 할 국내 여행지 1001'에 선정된 동양 최대의 법당 약천사. 그 어떤 사찰에서 이런 멋진 뷰를 볼 수 있을까 싶을 정도로 전망이 멋진 곳입니다. 건물 3층에 해당하는 높이 25m의 화려한 법당만큼이나 야자수와 하귤나무, 유채꽃이 가득한 외관도 멋집니다. 높은 야자수와 법당의 조화는 더욱 이국적인 분위기를 연출합니다.

한라산 정기와 소원을 함께 모아

관음사

info 주소 제주도 제주시 산록북로 660 문의 064-724-6830 운영 시간 24시간 휴무 연중무휴 가격 무료 주차장 이용객 무료

곧게 뻗은 삼나무와 108개의 석불이 반겨주는, 한라산 정기로 가득 찬 관음사. 겨울에는 하얀 눈이, 봄에는 벚꽃이, 가을에는 노란 은행나무가 반겨주는 예쁜 절입니다. 한라산을 등반하는 분들이 선택하는 관음사 코스가 바로 이곳이죠. 등반 시작과 끝에서 많은 등산객이 방문하기도 하지만, 일주문부터 사천왕문까지 향하는 길목에 놓인 불상들과 삼나무의 모습을 사진에 담기 위해 찾는 분도 많습니다.

해상왕 장보고가 건립한 사찰

법화사

info 주소 제주도 서귀포시 하원북로35번길15-28 문의 0507-1472-5225 운영 시간 24시간 휴무 연중무휴 가격 무료 주차장 이용객 무료

여름이면 배롱나무와 연꽃이 예쁘게 피어나는 법화사는 어떤 사찰보다 조용하면서도 아름다운 곳입니다. 하나하나 정성 들여 가꾼 듯한 정원의 하이라이트는 가운데 구품연지와 2층 누각 구화루. 구품연지를 가득 채운 연꽃과 그 사이 돌다리는 고즈넉함의 끝판왕. 조용한 여행지를 원한다면 단연 최고입니다. 제주도 기념물 제13호이자 제주도 3대 사찰 중 하나로 제주 4·3 사건의 아픔이 담긴 곳이기도 합니다.

이렇게 예뻐서 될 절?

전국 어느 사찰이든 나지막이 들리는 불경 소리와 초록이 우거진 주변 풍경이 마음을 편안하게 해줍니다. 조용하면서도 고즈넉한 분위기에 좋은 공기까지 갖춘 제주의 예쁜 절 세 곳을 소개합니다.

여신 산방덕이 흘리는 눈물 석간수가 떨어지는 곳

산방굴사

설문대 할망이 한라산 백록담의 봉우리를 뽑아 던져 만들었다는 전설이 있는 산방산 남쪽 중턱에서 영주10경 중 하나인 산방굴사를 만날 수 있어요. 여느 사찰과 다르게 입장료가 있다는 점이 아쉽지만 해발 200m에 위치한 자연 석굴인 산방굴사에 도착해 뷰를 보면 절대 아깝지 않다 싶을 거예요. 이왕 방문했다면 용머리해안과 산방산 통합 관람권을 구입하길 추천합니다. 계단을 오르는 게 힘들다면 입구 보문사에서도 충분히 멋진 뷰를 감상할 수 있어요. 산방굴사까지 올라갈 예정이라면 편한 신발은 필수입니다.

info **주소** 제주도 서귀포시 안덕면 산방로 218-12 **문의** 064-794-2940 **운영 시간** 24시간 **휴무** 연중무휴 **가격** 어른 1000원, 청소년 500원, 어린이 500원 / 산방산·용머리해안 통합 관람 2500원, 청소년·어린이 1500원 **주차장** 이용객 무료

tip

- 자식을 바라는 부부가 소원을 빌면 이루어진다는 생명 기원의 장소 만나보기
- 생각보다 가파른 계단이라 조금 힘들 수 있으니 저질 체력이라면 마음의 준비하기
- 용머리해안까지 한눈에 들어오는 멋진 뷰를 보고 싶다면 날씨 좋은 날 방문하기

〈효리네 민박〉에서 걷던 예쁜 그 길

천왕사

〈효리네 민박〉 촬영지로 더욱 유명해진 천왕사 가는 길. 현재 방송에 나온 삼나무로 빼곡한 몽환적인 숲길은 볼 수 없지만, 그 길 끝에 위치한 천왕사는 변함이 없습니다. 한라산 정기로 가득 찬 천왕사는 수많은 봉우리와 골짜기로 이루어진 아흔아홉 골 중 하나인 금봉곡 아래 위치합니다. 그래서인지 고즈넉함을 그대로 느낄 수 있어요. 바로 뒤 한라산이 펼쳐져 있어 겨울엔 설경이, 가을엔 단풍이 더없이 아름답습니다. 천왕사 가는 길이 워낙 예뻐 크게 기대했다면 달라진 모습에 실망할 수도 있지만, 천왕사는 여전히 고운 자태로 반겨줍니다.

info 주소 제주도 제주시 1100로 2528-111 문의 064-748-8811 운영시간 24시간 휴무 연중무휴 가격 무료 주차장 이용객 무료

- 겨울엔 설경, 가을엔 단풍 구경하기
- 삼나무숲길 걸어보기

한라산이 한눈에 들어오는 절

선덕사

한라산이 한눈에 들어오는 경치와 함께 조용히 산책하며 둘러보기 좋은 절입니다. 보기 드문 목조 건물로 이루어져 더욱 의미 있을 뿐 아니라 최근 미디어로 진행하는 도슨트 투어까지 더해 편하고 재미있게 관람할 수 있습니다. 절까지 펼쳐진 산책로도 힐링 로드. 가까이에 있는, 천국의 문이라 불리는 효명사 이끼문도 함께 둘러보면 좋습니다.

info 주소 제주도 서귀포시 상효동 산86-16 문의 064-732-7677 운영 시간 24시간 휴무 연중무휴 가격 무료 주차장 이용객 무료

- 도슨트 투어 참여해보기
- 미디어 아트 관람도 추천

100 Highlight

녹차 향 가득한 여행지

초록이 가득한 힐링 명소 녹차밭. 아마 깜짝 놀랄 만큼 많은 제주 녹차밭에 놀라게 될 거예요. 보성 부럽지 않게 끝없이 펼쳐진 녹차밭에서 시음도 하고 녹차를 구입할 수도 있어요. 녹차를 사용한 다양한 디저트를 맛볼 수 있는 오설록은 물론 예쁘기까지 한 제주 대표 녹차밭을 만나봅시다.

가장 인기 좋은 녹차밭

오설록 티 뮤지엄

제주 녹차밭 중 가장 인기 좋은 곳을 꼽으라면 바로 오설록입니다. 끝이 안 보이는 넓은 녹차밭과 녹차로 만든 다양한 먹거리로 제주 찾는 관광객이라면 꼭 한번은 들르는 곳이에요. 특히 호불호 없이 즐기기 좋은 녹차 아이스크림과 그린 티 롤케이크는 1년 내내 인기 좋습니다. 녹차밭이 잘 내려다보이는 독특한 외관의 건축물 또한 세계 10대 미술관으로 꼽힐 정도로 잘 꾸며져 있어요.

info **주소** 제주도 서귀포시 안덕면 신화역사로 15 **문의** 064-794-5312 **운영 시간** 09:00~18:00 **휴무** 연중무휴 **가격** 입장료 무료, 녹차 아이스크림 5000원, 녹차 롤케이크 5800원 **주차장** 이용객 무료 **주의** 체험 프로그램 예약 필수

- 녹차 관련 다양한 제품 구매하기
- 바로 옆 제주 이니스프리 하우스도 함께 둘러보기 좋으니 참고

한라산 뷰가 예쁜
노부부의 녹차밭

서귀다원

초록 녹차밭과 한라산이 그림 같은 다원입니다. 노부부가 귤밭을 멋진 녹차밭으로 바꿔 운영하고 있어요. 초록 밭도 좋지만 녹차밭을 따라 길게 뻗은 삼나무 역시 이곳의 인기 스폿. 녹차밭 위쪽으로 보이는 건물에는 초록 다원을 바라보며 녹차를 시음할 수 있어요. 1인 5000원에 녹차와 함께 제공하는 귤정과도 별미. 바라만 보고 있어도 힐링되는 경치에 사진 찍는 관광객들의 발길이 끊임없이 이어져요.

info **주소** 제주도 서귀포시 516로 717 **문의** 064-733-0632 **운영 시간** 09:00~17:00 **휴무** 화요일 **가격** 입장료 무료, 찻집 이용 시 1인 5000원 **주차장** 이용객 무료

- 일반 녹차와 녹차를 숙성해 우려낸 황차 즐기기
- 귤정과와 녹차 함께 맛보기

거문 오름 품은 녹차밭

올티스

오설록에 비해 상대적으로 덜 알려진 곳이라 조용히 녹차밭을 즐길 수 있어요. 유네스코 지정 세계자연유산 거문오름과 녹차밭이 너무 잘 어울립니다. 북적이는 제주 관광지와 다르게 고즈넉하고, 유기농 재배로 키운 최고급 차 제품을 구입 혹은 맛볼 수 있어요. 티 클래스 참여는 사전 예약 필수.

info **주소** 제주도 제주시 조천읍 거문오름길 23-58 **문의** 0507-1401-9700 **운영 시간** 10:00~18:00 **휴무** 연중무휴 **가격** 티 클래스 1인 2만 원(1일 4회, 50분 소요) **주차장** 이용객 무료

- 티 클래스 참여하고 차 시음해보기

BEST 01

세계 최대 착시 테마파크

박물관은 살아있다

유명한 명화 속 주인공이 되어 재미있는 사진을 찍을 수 있는 트릭아트 뮤지엄. 그저 멀게만 느껴지던 모나리자가 휘파람을 불고 그림 속 동물들이 튀어나올 것만 같은 살아 있는 듯한 작품을 배경으로 세상 하나뿐인 사진을 남길 수 있어요. 각 나라 핫 스폿에서 찍은 사진은 해외 어딘가에 와 있는 듯한 느낌을 줍니다. 실감 나는 사진 누가누가 잘 찍나 경쟁하다 보면 카메라 용량이 부족할지도 몰라요.

info **주소** 제주도 서귀포시 중문관광로 42 **문의** 064-805-0888 **운영 시간** 09:00~21:30 **휴무** 연중무휴 **가격** 어른 1만4000원, 청소년 1만3000원, 어린이 1만2000원 **주차장** 이용객 무료

- 18개의 음색으로 연주하는100년 된 오르간 신통이 만나기
- 블랙 원더랜드 에피소드의 시크릿 하우스 속 7개 공간에서 멋진 사진 남기기
- 카트 타는 공간도 이어져 있으니 함께 즐겨보기

101 Highlight

이색 볼거리가 가득한 실내 관광지

자연과 함께하는 야외 관광지도 많지만 다양한 테마로 꾸민 실내 관광지도 많은 제주도. 다양한 볼거리와 재미를 갖춘 실내 관광지 세 곳을 소개합니다. 비 오는 날, 날씨 궂은 날 늦은 시간까지 둘러볼 수 있고, 사진 찍는 재미까지 누릴 수 있으니 취향에 맞게 즐겨보세요.

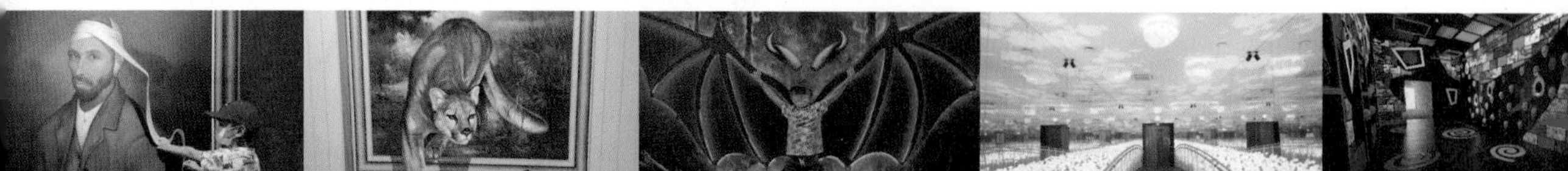

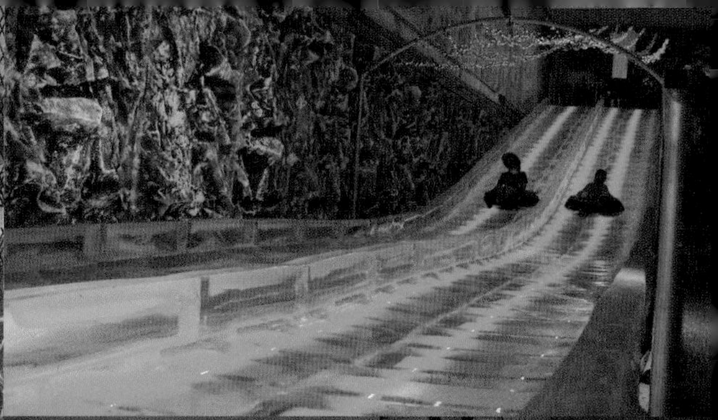

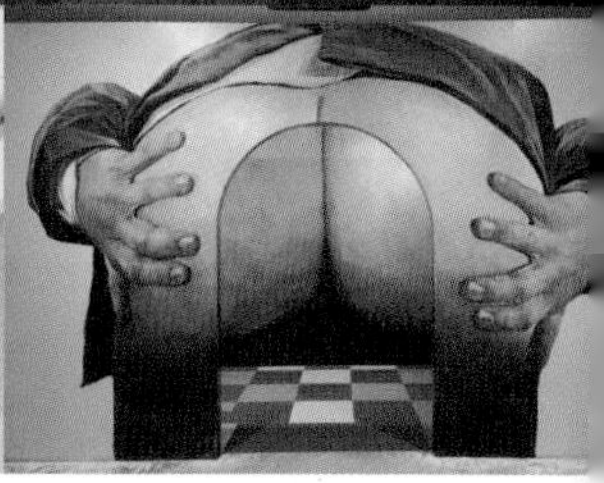

히어로 덕후라면 여기는 꼭

피규어뮤지엄 제주

영화 속 히어로부터 만화 주인공, 게임 캐릭터까지 나 캐릭터 좀 좋아해, 히어로 좀 좋아해 하는 분이라면 연령, 성별 상관없이 감동할 만한 전시관입니다. 〈토이스토리〉 캐릭터들의 환영을 받으며 입장하면 초입부터 닥터 스트레인지가 영화 속 모습 그대로 반겨줍니다. 3관 라이프 사이즈(Life Size)에서는 마블 히어로들을 한자리에서 만나볼 수 있어요. 〈아이언맨〉 1편 속 동굴 안 초기 아이언맨의 모습부터 마지막 아이언맨 슈트까지. 영화 속 한 장면에 들어온 것 같은 느낌의 실물과 비슷한 피규어들이 마치 살아 움직이는 듯한 기분을 줍니다. 2층에는 영화 속 배트맨 차가 멋스럽게 전시되어 있을 뿐 아니라 폐기물을 이용해 예술품으로 만드는 정크아트로 표현한 〈트랜스포머〉부터 〈에일리언〉의 디테일에 두 번 놀랄 수밖에 없어요. 여자아이들이 좋아하는 디즈니 캐릭터와 베어브릭 전시관도 다양한 볼거리를 제공해요.

info 주소 제주도 서귀포시 안덕면 한창로 243 문의 0507-1433-2264 운영 시간 09:30~18:00 휴무 연중무휴 가격 어른 1만2000원, 중·고등학생 1만 원, 24개월~초등학생 9000원 주차장 이용객 무료

- SNS 후기 공유하면 캐릭터 가면을 선물로 주는 이벤트 참여하기
- 외부 전시관도 놓치지 말고 꼭 둘러볼 것
- 터치는 금지지만 사진은 자유, 영화 속 주인공들과 다양한 사진 남기기

365일 얼음썰매 탈 수 있는 곳

수목원 테마파크

맛있는 먹거리와 예쁜 불빛으로 저녁에도 인기 좋은 이곳에는 실내에도 즐길 거리와 볼거리가 가득해요. 연중 언제라도 얼음썰매를 탈 수 있는 아이스 뮤지엄은 물론 3D 착시아트와 함께 재미있는 사진도 찍을 수 있어요. 5D 영상관, 초콜릿, 아이스크림 만들기 체험, VR 체험 등 하루 종일 즐길 거리로 가득합니다.

info 주소 제주도 제주시 은수길 69 문의 064-742-3700 운영 시간 09:00~19:00 휴무 연중무휴 가격 초콜릿 만들기 8000원 / 제주아이스뮤지엄+3D 착시아트+5D 영상관 어른 1만5000원, 청소년·어린이 1만4000원 주차장 이용객 무료

tip

- 낮에는 테마파크, 저녁에는 수목원 야시장까지 함께 둘러보기
- 야간 LED 조명이 예쁜 수목원길도 함께 즐기기

102 Highlight

tip
동문재래시장
- 매일 먹거리로 가득한 야시장 구경하기
- 6시 이후에 가면 더욱 저렴하게 회를 구입할 수 있으니 참고

제주 시장 어디 가지?

맛있는 먹거리와 북적북적 사람 사는 냄새가 나는 곳, 가장 신선하고 제주스러운 식재료를 구입할 수 있는 곳. 바로 전통시장입니다. 상설로 사계절 언제든 방문할 수 있는 제주시의 가장 큰 시장인 동문시장, 서귀포 올레시장은 물론 5일 간격으로 장이 서는 제주에 가장 큰 민속오일장까지. 저렴한 가격에 맛있는 음식을 구경하는 재미가 쏠쏠합니다.

제주에서 제일 큰 시장

동문재래시장

제주도민뿐 아니라 관광객까지 가득해 단 하루도 조용할 틈 없는 전통 깊은 동문재래시장. 1945년 해방과 함께 형성된 제주를 대표하는 시장으로 제주 여행객이라면 99% 방문합니다. 수산물, 축산뿐 아니라 관광객들의 입맛을 사로잡을 다양한 먹거리와 기념품까지 쇼핑할 수 있어요. 시장 구석구석 전통 있는 맛집도 많고 저녁에 가면 저렴하고 싱싱한 회를 살 수 있어 숙소 가기 전 마지막 코스로 안성맞춤. 8번 게이트 쪽에 야시장을 오픈해 더욱 많은 관광객들이 찾는 제주 필수 여행지 중 한 곳입니다.

info **주소** 제주도 제주시 관덕로14길 20 **문의** 064-752-3001 **운영 시간** 08:00~21:00 **휴무** 가게마다 다름 **가격** 가게마다 다름 **주차장** 동문시장 공영 주차장 이용(30분 이내 무료)

tip

서귀포매일올레시장

- 다양한 먹거리를 구입한 후 가운데 의자에 앉아서 바로 먹어보기
- 기념품 구입하기에도 좋고 숙소에 포장해 갈 만한 음식이 다양하니 참고할 것

tip

제주시민속오일장

- 끝자리 2·7일에 방문해 저렴한 시장 맛집 도전해보기

서귀포 필수 코스

서귀포매일올레시장

제주시에 동문시장이 있다면 서귀포에는 올레시장이 있어요. 제주동문시장과 쌍두마차인 올레시장은 서귀포에서 가장 큰 상설 시장으로 연중 관광객에게 인기 만점입니다. 한 걸음 옮기기 어려울 만큼 맛있는 먹거리가 많습니다. 저렴하고 싱싱한 회도 구입 가능하고 마늘 가득한 마농치킨도 인기. 가운데 잠시 쉴 수 있는 의자 옆에 앉아 간식을 즐길 수 있어요.

info **주소** 제주도 서귀포시 서귀동 340 **문의** 064-762-1949 **운영 시간** 하절기(3~9월) 07:00~21:00, 동절기(10~2월) 07:00~20:00 **휴무** 가게마다 다름 **가격** 가게마다 다름 **주차장** 올레시장 공영 주차장 이용(30분 이내 무료)

5일마다 만나는 먹거리 천국

제주시민속오일장

조선시대 상거래 장소의 시초로 100년이 넘는 역사를 자랑하는 민속오일장은 매달 2·7로 끝나는 날 오픈합니다. 제주에는 지역마다 여러 오일장이 열리지만 공항에서 가깝고 규모도 큰 편이라 도민, 관광객 할 것 없이 항상 북적입니다. 할머니들이 판매하는 할망 장터, 다양한 꽃과 식물을 파는 화훼, 과일 등 제주에서 생산되는 모든 것이 유통되는 곳입니다. 옛 시골 장터처럼 강아지나 토끼를 파는 모습도 볼 수 있고, 저렴한 가격에 맛난 먹거리를 먹을 수 있는 것도 오일장의 매력. 장기간 제주에 머물며 신선한 식재료를 구입하고 싶다면 오일장은 필수입니다. 호떡 하나 먹으며 둘러보세요.

제주시민속오일장 info

한림민속오일장 (4·9일)	제주시민속오일장 (2·7일)	서귀포향토오일장 (4·9일)	세화오일장 (5·0일)	대정오일시장 (1·6일)	고성오일시장 (1·6일)
주소 제주도 제주시 한림읍 한수풀로4길 10 **문의** 064-796-8830 **운영 시간** 08:00~17:00 **주차장** 이용객 무료	**주소** 제주도 제주시 오일장서길 26 **문의** 064-743-5985 **운영 시간** 08:00~18:00 **주차장** 이용객 무료	**주소** 제주도 서귀포시 중산간동로7894번길 18-5 **문의** 064-763-0965 **운영 시간** 08:00~21:00 **주차장** 이용객 무료	**주소** 제주도 제주시 구좌읍 해맞이해안로 1412 **문의** 064-782-0520 **운영 시간** 08:00~14:00 **주차장** 이용객 무료	**주소** 제주도 서귀포시 대정읍 신영로36번길 65 **문의** 064-730-1615 **운영 시간** 08:00~14:00 **주차장** 이용객 무료	**주소** 제주도 서귀포시 성산읍 고성오조로 93 **문의** 064-760-4282 **운영 시간** 08:00~14:00 **주차장** 이용객 무료

BEST 01

B1 청년몰

제주시 청년 지원 사업으로 창업을 준비한 젊은이들의 다양한 상점으로 가득한 동문공설시장 지하 1층 청년몰도 꼭 방문해보세요. 젊은 사장님들의 개성 넘치는 감각이 담긴 독특한 기념품, 저렴하면서도 맛있는 음식과 디저트를 한자리에서 만나볼 수 있습니다. 여름에 덥고 겨울에 추운 시장이 아닌 언제든 시원하고 따뜻한 실내라 사계절 인기가 좋아요.

주소 제주도 제주시 동문로 16 **운영 시간** 11:00~23:00 **휴무** 화요일

편하게 즐길 수 있는 푸드코트

103 Highlight

동문시장 MUST

동문시장은 제주에서 가장 큰 전통시장으로 관광객, 도민 할 것 없이 모두에게 인기 높습니다. 공항이랑 가까운 거리에 위치해 접근성도 좋고 상설 시장이라 언제 가도 늘 먹거리와 쇼핑 거리가 넘쳐나요. 매일 저녁 입맛을 자극하는 다양한 먹거리로 초대하는 야시장 또한 동문시장의 명물. 제주를 여행한다면 동문시장은 꼭 가보세요.

info **주소** 제주도 제주시 관덕로14길 20 **문의** 064-752-3001 **운영 시간** 08:00~21:00 **휴무** 가게마다 다름 **가격** 가게마다 다름 **주차장** 30분 무료 1시간 이내 500원, 15분 추가 300원

BEST 02

야시장 가기

동문시장에서 가장 유명한 곳은 바로 저녁에 오픈하는 동문 먹거리 야시장입니다. 동문시장 8번 게이트에 가면 매일 저녁 한 걸음도 못 뗄 만큼 맛나는 음식을 파는 포장마차를 가득 만나볼 수 있어요. 밤에 즐길 거리가 별로 없는 제주인 만큼 동문 야시장은 그야말로 인산인해. 수십 가지 제주스러움을 가득 담은 먹거리 덕분에 더욱 고민이 됩니다.

추천 메뉴 전복김밥 7000원, 흑돼지오겹말이 9000원

제주 야간 필수 코스

BEST 03

포장 회 사기

저렴하고 가성비 좋은 회를 구입할 수 있는 동문시장. 싱싱한 회를 원하는 가격에 바로 구입할 수도 있지만 저녁 5시 이후에 갔을 때 만나는 초저렴 회는 주머니 얇은 여행자들이 공략하기 좋습니다. 마음에 드는 여러 종류의 회를 3개 선택하면 평균 2만 원으로 구입할 수 있어요. 한라산 소주 한잔에 회 몇 점 먹고 싶다면 포장한 회를 저렴하게 구입하는 것을 추천합니다. 계절마다 다르지만 딱새우부터 제철회, 겨울에는 방어도 저렴한 가격에 부담 없이 맛볼 수 있어요.

가격 어종에 따라 다름

가성비 최고

BEST 01

돼지가 나를 보고 웃네?

흑돼지고로케

핑크색 간판으로 시선을 끄는 흑돼지고로케. 치즈 듬뿍, 오리지널, 감자, 매운, 카레 등 다섯 가지 맛이 있어요. 즉석에서 먹는다고 하면 고로케에 웃고 있는 돼지를 그려줍니다. 포장 손님에게는 그림 대신 소스를 넣어주죠. 빵집에서 사 먹는 크로켓과는 전혀 다른 식감으로 바삭한 겉에 고기만두처럼 속이 꽉 차 있어요. 하나만 먹어도 든든하고 술안주로 포장해서 즐겨도 좋습니다.

info 주소 제주도 서귀포시 중정로73번길 18-1 문의 064 -762-1949 가격 치즈듬뿍고로케 3500원, 오리지널고로케 3000원

104 Highlight

올레시장 인기 주전부리

제주시에 동문시장이 있다면 서귀포시에는 그 바통을 이어가는 대표 올레시장이 있어요. 동문시장만큼 맛있는 먹거리와 볼거리, 쇼핑 거리로 가득해 서귀포 쪽을 여행 중인 분들이라면 무조건 방문하는 방앗간입니다. 동문시장과는 또 다른 분위기로 맛있는 먹거리가 반겨줍니다. 맛있는 게 너무 많아 한 걸음 한 걸음 발을 떼기 힘들 거예요. 야시장도 운영 중이니 꼭 방문하세요.

info **주소** 제주도 서귀포시 서귀동 340 **문의** 0507-1353-1949 **운영 시간** 하절기 07:00~21:00, 동절기 07:00~20:00 **휴무** 가게마다 다름 **가격** 가게마다 다름 **주차장** 60분 1500원, 30분 이내 출차 시 무료

BEST 02

귀여운 문어, 그냥 갈 수 없지

문어빵

쫀득한 치즈와 제주 보리, 잘게 자른 문어가 만나 귀여운 문어빵이 되었어요. 귀여운 비주얼 때문에 그냥 지나치기 힘들죠. 방금 구워낸 문어빵의 쫀득한 식감과 쭈욱 늘어나는 치즈 덕분에 아이들에게 더욱 인기 만점. 귀여운 문어 다리에서 별 모양을 찾아보는 것은 또 다른 재미예요. 올레시장 먹거리 쇼핑 전 문어 한 마리 뜯고 본격적으로 쇼핑을 즐겨보세요. 함께 파는 제주 수제 맥주도 곁들이기 좋습니다.

info 주소 제주도 서귀포시 서귀동 340 문의 010-2608-3122 **가격** 1개 4000원

BEST 03

만두니, 땅콩이니

땅콩만두

땅콩으로 유명한 우도. 우도에서 난 고소한 땅콩으로 반죽한 땅콩만두예요. 우도돼지네땅콩만두 종류는 두 가지. 고기만두와 김치만두 중 취향에 맞게 선택할 수 있어요. 언제 가도 인기 만점. 줄 서기는 필수입니다. 땅콩만두와 잘 어울리는 우도땅콩막걸리도 함께 판매해요. 집에서 택배로도 받을 수 있다고 하니 땅콩만두 생각날 땐 주문해보세요.

info 주소 제주도 서귀포시 중정로73번길 15-1 문의 064-733-9949 요금 땅콩만두 1인분 5000원

105 Highlight

소원 비는 송당리마을

젊은이들의 힙함과 제주스러움, 아기자기한 매력과 다양한 볼거리로 가득 찬 송당리는 마치 하나의 테마파크 같아요. 이색적인 것들과 예쁘고 개성 넘치는 카페, 주머니 가득 채워서 나가게 만드는 작은 상점 구경하는 재미에 송당리의 하루는 짧기만 합니다.

BEST 01

금색 찬란 인테리어 소품 가득

파앤이스트

빈티지하면서도 감각적인 수공예 제품을 만나볼 수 있는 곳. 약 50m 떨어진 곳에 위치한 가구 숍도 함께 둘러볼 수 있어요. 구옥을 그대로 살린 외관과 판매하는 제품이 이질감 없이 정말 잘 어울려요. 크지 않은 매장이지만 아기자기한 소품을 보고 있으면 물욕이 절로 끓어오릅니다.

tip

- 독특한 제품이 많으니 고르는 재미 느껴볼 것
- 멋스럽고 빈티지한 외관을 배경으로 사진 찍기

info **주소** 제주도 제주시 구좌읍 중산간동로 2263 **문의** 064-782-1370 **운영 시간** 11:00~17:30 **휴무** 연중무휴 **가격** 가게마다 다름 **주차장** 없음

BEST 02

송당리 패셔니스타가 되려면 여기로

다빈이네잡화점

양말, 문구, 빈티지한 의류와 모자, 가방까지 갖추어 나이를 불문하고 여심을 저격하는 잡화점. 여행지 어딘가에서 샤랄라한 원피스를 입고 산책하고 싶다면 이곳을 찾아보세요. 오롯이 여행자 모드로 평소와 다른 스타일에 도전해봅시다. 화려한 패턴의 양말, 모자만으로도 여행 기분을 살려줄 거예요.

info **주소** 제주도 제주시 구좌읍 중산간동로 2257 **문의** 010-8951-2447 **운영 시간** 11:00~18:00 **휴무** 수요일 **가격** 제품마다 다름 **주차장** 없음

tip

- 아기자기한 매력 넘치는 소품과 옷 판매
- 귀여운 인테리어를 배경으로 사진 찍기

송당리 꿀오름

아부오름

오름의 모습이 집안 어른이 앉아 있는 모습과 같다는 의미에서 이름 붙여진 아부오름. 정상의 원형 분화구를 보기 위해 5분만 투자하면 되는 곳으로, 정상까지 누구든 쉽게 오를 수 있고 스냅사진 명소로 인기 만점입니다. 영화와 CF 촬영지로도 유명합니다. 정상에서 눈으로 보는 것보다 항공 촬영한 사진의 분화구 속 삼나무가 더욱 멋스러워 보입니다. 오름 입구에서 사진 소품을 대여하는 트럭도 있으니 참고하세요.

info 주소 제주도 제주시 구좌읍 송당리 산164-1 문의 064-740-6000 운영 시간 24시간 휴무 연중무휴 가격 무료 주차장 이용객 무료

tip

- 입구 나 홀로 나무에서 사진 찍기
- 사진 소품 미리 준비하기

tip
- 의자공원 입구 대화합문 대형 의자 만나보기
- 개성 넘치는 의자마다 좋은 글귀가 많으니 천천히 읽으며 산책해보기

BEST 01

9개의 샘과 거대한 의자를 만나는 곳

낙천아홉굿마을

연못, 샘을 가리키는 제주어 '굿'을 붙여 아홉굿마을이라 부릅니다. 주민들이 직접 1000개의 의자를 만들고 체험 공간을 조성해 지금의 마을을 만들었습니다. 이곳에서 주로 생산하는 보리를 재료로 다양한 체험 프로그램을 진행 중이에요. 보리피자 만들기, 보리빵 만들기, 보리수제비 만들기, 물 드리네 천연 염색 체험, 농산물 수확 체험 등 도시에서는 좀처럼 접하기 힘든 다양한 체험을 진행합니다. 제주 올레길 13코스 중간 지점으로, 보기 어려운 연못이 마을 안에 9개나 있어요. 주민들의 사랑으로 하나하나 만든 여러 의자도 이색적입니다.

info **주소** 제주도 제주시 한경면 낙수로 97 **문의** 064-773-1946 **운영 시간** 09:00~17:00 **휴무** 연중무휴 **가격** 보리피자 만들기·보리빵 만들기 각 1인 8000원, 보리수제비 만들기 1만1000원 **주차장** 이용객 무료 **주의** 농촌 체험은 예약 필수

BEST 02

자연과 예술이 하나 되는 곳

저지문화예술인마을

현대미술관부터 김창열미술관, 문화 예술 공공 수장고 등 예술인들의 마을답게 다양한 볼거리를 선사합니다. 한국에서 가장 아름다운 마을 4호로 지정되기도 한 이곳에서는 자연과 예술이 하나 되어 더욱 아름답고 개성 넘치는 모습을 만나볼 수 있어요. 전국 유명한 예술인들이 모여 사는 곳이라 더욱 의미 있습니다.

info 제주현대미술관 **주소** 제주도 제주시 한경면 저지14길 35 **문의** 064-710-7801 **운영 시간** 09:00~18:00 **휴무** 월요일,1월 1일, 명절 **가격** 어른 2000원, 청소년 1000원, 어린이 500원 **주차장** 이용객 무료

tip
- 현대미술관 정원에서 표범 몸에 장미꽃, 공룡 머리에 꽃 얼굴처럼 신기하게 조합한 모습 둘러보기
- 물방울로 유명한 김창열미술관도 추천
- 저지오름과 함께 방문하기

마을 전체가 동백 천국

동백마을

동백꽃 군락지로 유명한 신흥리는 동백마을이라는 이름이 붙을 정도로 동백으로 가득합니다. 약 3000그루 이상의 동백나무로 동백 올레길을 조성했고, 아름다운 숲으로 상을 받기도 한 제주 동백마을 숲도 만나볼 수 있어요. 또 동백을 이용한 다양한 체험을 진행 중이에요. 동백 비누 만들기, 동백으로 스킨, 오일 만들기 등 다양한 활동을 할 수 있고, 식용 동백기름을 이용한 동백 비빔밥 한 상 차림도 맛볼 수 있어요. 그저 예쁘기만 했던 동백으로 다양한 체험을 즐겨봅시다.

info **주소** 제주도 서귀포시 남원읍 한신로531번길 22-1 **문의** 064-764-8756 **운영 시간** 09:00~17:00 **휴무** 주말, 공휴일 **가격** 동백 비누 만들기 1인 1만 원, 동백비빔밥 1인 1만5000원 **주차장** 마을 주차 가능

tip

- 예약 후 동백마을 체험 프로그램에 참여해보기
- 동백숲길 산책은 필수
- 동백이 가득한 겨울(12·1월) 방문 추천

106 Highlight

이색 마을 투어

마을마다 특색 있는 주제로 관광산업이 더욱 발달한 제주. 구석구석 다양한 테마로 어서 오라고 손짓하는 곳, 예술인들이 모여 사는 제주의 저지예술마을, 거대한 의자와 농촌 체험이 기다리는 낙천아홉굿마을, 방풍목이 또 하나의 역사가 된 제주 동백마을 등 이색 체험까지 더한 제주의 특별한 마을을 만나보세요.

tip

- 국토 최남단비에서 인증사진 필수
- 독특한 모양의 마라도 성당 만나보기
- 마라도 짜장면집은 모두 다 맛집이니 마음에 드는 곳 선택하기

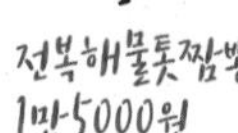

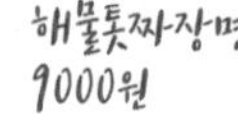

대한민국 최남단

마라도

"짜장면 시키신 분?" 광고로 더 많이 알려진 마라도. 대한민국 최남단에 위치한 이곳은 다른 것보다 짜장면이 인기예요. 마라도 짜장은 특이하게 톳이 올려져 있고 짬뽕에는 톳과 톨미역이 가득해요. 워낙 작은 섬이라 식사하고 한 바퀴 둘러보는 데 2시간이면 충분합니다.

info 주소 제주도 서귀포시 대정읍 가파리 600 문의 064-120 교통편 운진항 출발 09:40·10:30·11:10·12:20·13:10·13:50·14:30·15:10, 마라도 출발 10:20·11:50·13:00·14:30·15:50 / 왕복 어른 1만8000원, 청소년 1만7800원, 어린이 9000원

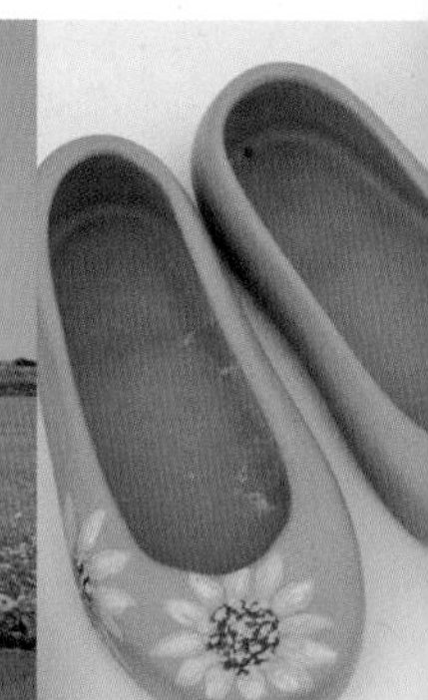

청보리가 넘실대는 가오리 모양의 섬

가파도

청보리막걸리·청보리핫도그 각 4000원

모슬포항에서 약 10분이면 도착하는 가오리 모양의 가파도. 청보리가 자라는 4월에는 서두르지 않으면 여객선을 타기도 어려울 만큼 인기가 좋습니다. 걷기 좋은 올레길로 유명한 곳이라 사계절 언제 가도 좋지만 청보리축제 기간 방문하면 다양한 프로그램을 체험할 수 있는 것은 물론, 바람 따라 예쁘게 흔들리는 초록빛 가득한 멋진 가파도의 모습을 만날 수 있어요.

info 주소 제주도 서귀포시 대정읍 가파리 문의 064-794-7130 교통편 운진항 출발 08:40·09:00·09:30·10:00·10:30·11:00·11:20·12:10·13:00·13:30·14:00·14:30·15:00·16:00, 가파도 출발 10:50·11:20·11:40·12:30·13:20·13:50·14:20·14:50·15:20·15:50·16:20·16:40·17:00 / 왕복 어른 1만3100원, 청소년 1만2900원, 어린이 6600원 ※ 4월 축제 기간 동안 서두르지 않으면 가파도 왕복 배편을 구하기 어려울지도 모르니 서두를 것

해물짜장 9000원 해물짬뽕 1만5000원

tip

- 마라도보다 큰 섬이니 걷는 게 힘들다면 자전거를 대여해 한 바퀴 돌아볼 것
- 제주에서 가장 낮은 섬으로 넓은 보리밭, 산방산과 한라산까지 멋진 뷰를 가득 담은 사진 찍기
- 청보리막걸리와 청보리핫도그 맛보기

땅콩아이스크림
5000원

tip

- 우도에서 가장 유명한 땅콩아이스크림 꼭 먹기
- 우도봉에서 세계 각국의 등대 구경하기
- 거대한 뿔소라 모형에서 기념사진 찍기

BEST 03

소가 누워 있는 듯한 섬

우도

땅콩과 뿔소라로 유명한 우도는 제주 부속 섬 가운데 가장 인기 있는 섬으로, 제주 안의 또 다른 제주라 불립니다. 성산항, 종달항에서 배를 타면 약 15분 뒤에 도착하며, 입도 후 자전거, 미니 전기차로 한 바퀴 돌아보면 훨씬 더 편하게 우도의 아름다움을 느낄 수 있어요. 특히 에메랄드빛 바다가 보기만 봐도 힐링을 선사하는 하고수동해변, 산호 해변으로 불리는 홍조단괴해변은 세계적으로 손꼽히는 아름다움을 자랑합니다.

info 주소 제주도 제주시 우도면 삼양고수물길 1 문의 064-782-5671 교통편 성산항 기준 왕복 어른 1만500원, 중·고등학생 1만100원, 초등학생 3800원, 2~7세 3000원(우도 진입 허용 차량-임신부, 노인, 7세 미만 영·유아, 대중교통 이용 약자, 장애인, 업무용 차량, 우도 숙박 예약자) / 우도 전기차 4만 원, 전기 자전거 1만5000원

107 Highlight

섬 속의 섬

제주 본섬 여행도 좋지만 본섬만큼 매력적인 부속 섬 여행도 인기입니다. 작은 제주라 불리는 우도는 1년 내내 인기 명소. 청보리 철이면 배 타기도 어려운 가파도, 광고에 나와 더욱 유명해진 마라도 외에도 《어린 왕자》의 보아 뱀 속 코끼리가 생각나는 비양도, 부속 섬 중 가장 큰 무인도인 차귀도, 새연교에서 걸어가는 새섬 등 다양한 섬이 매력을 뽐내죠. 다음 제주 여행은 섬 속 섬으로 떠나봅시다.

108 Highlight

제주 기념품 플렉스

자고로 여행의 끝은 쇼핑입니다. 각 여행지의 특산품이나 여행을 추억할 만한 기념품을 하나씩 구입하죠. 예전에 제주 여행 기념품으로 초콜릿과 돌하르방 열쇠고리가 전부였다면 요즘은 셀 수 없을 만큼 다양한 기념품이 가득합다. 제주를 테마로 삼은 다양한 상품이 여러 디자이너 손에서 탄생하고 있어요. 이제는 또 하나의 여행 코스로 방문해야 하는 제주 기념품 숍. 어디서 플렉스할지 선택해보세요.

tip
- 모이소만의 시그너처 상품 담아보기
- 시즌별 다양한 제주 기념품 찾아보기

BEST 02

제주공항에서 가까운

ㅁㅇㅅ

제주공항에서 가까운 곳에 위치한 소품 숍으로 여행 시작과 끝에 방문하기 좋아요. 〈오징어 게임〉이 생각나는 ㅁㅇㅅ 간판이 재미있어요. 제주도 방언 '제주도 특별한 거 머 이서(뭐 있어)?'에서 가게명이 탄생했다고 해요. 다양한 제주 특산품을 비롯해 직접 디자인한 제품, 3000여 개 이상의 다양하고 아기자기한 제주 기념품으로 가득합니다.

info 주소 제주도 제주시 신광로8길 14 문의 0507-1448-0005 운영 시간 10:00~20:00 휴무 연중무휴 가격 제품마다 다름 주차장 건물 앞 주차

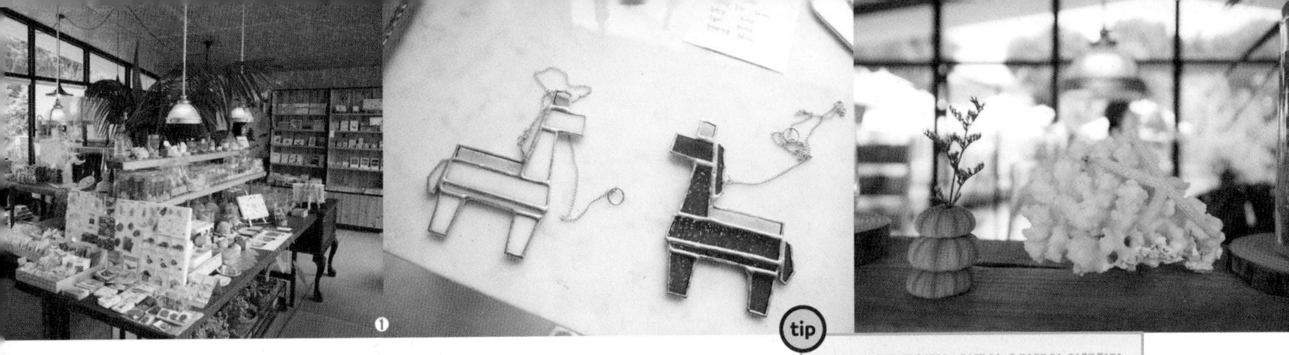

tip
- 소품 숍으로 들어가는 길목의 숲길에서 산책하기
- 카페, 옷 가게, 소품 숍까지 한곳에서 즐겨볼 것

BEST 01

성산일출봉의 아름다움을 담았다

제주i

숲속에 숨은 비밀의 상점 같은 외관이 참 매력적인 제주i. 공장에 찍어낸 듯한 소품으로 가득 찬 곳들과 달리 제주 바다에서 직접 주운 조개껍질로 만든 소품, 제주를 가득 담은 핸드메이드 제품이 눈길을 끄는 예쁜 소품 숍이에요. 성산 일출봉이 뒤로 펼쳐진 경치까지 예쁩니다. 구매 영수증으로 옆에 카페도 저렴하게 이용할 수 있어요. 제주에서만 판매하는 수제 잼과 디저트도 맛보고 구입할 수 있습니다.

info **주소** 제주도 서귀포시 성산읍 일출로288번길 8 **문의** 0507-1326-8668 **운영 시간** 10:30~19:30 **휴무** 연중무휴 **가격** 제품마다 다름 **주차장** 건물 앞 주차 가능

BEST 03

우리는 모두 무언가의 덕후다

베리제주

tip
- 입구 옆 돌담은 베리제주 포토 존
- 고양이 좋아하는 분들이라면 고민 없이 여기

'이런 골목길 안에 소품 숍이 있어?'라는 생각이 드는 곳에서 베리제주를 만날 수 있어요. 제주 전통 주택을 아기자기 예쁜 기념품 숍으로 탈바꿈시킨 베리제주. 입구에서부터 바닥의 고양이 발자국이 관광객을 맞아줍니다. 소품 숍 안에서도 고양이 여러 마리를 만날 수 있어 '고양이 집사님'이라면 더욱 만족할 만합니다. 제주를 테마로 끝도 없이 펼쳐진 다양한 제품을 만나보세요.

info **주소** 제주도 제주시 애월읍 고내로7길 45-14 **문의** 0507-1403-7520 **운영 시간** 10:00~20:00 **휴무** 연중무휴 **가격** 제품마다 다름 **주차장** 없음(인근 공영 주차장 이용)

umu

109 Highlight

보는 재미, 먹는 재미, 찍는 재미

이제는 맛만 있어서 될 일이 아니에요. 사진 찍기에도 예쁘고 맛까지 있어야 관심받는 세상. 먹는 재미에 보는 재미, 찍는 재미까지 더한 제주 이색 디저트 세 가지를 만나보세요. 제주스러움을 가득 담은 비주얼, 바다에서 인증숏은 필수. 사랑스러움까지 가득한 귀여운 디저트는 먹기 아까울 지경.

우뭇가사리를 끓여 만든 제주 푸딩

우무

우뭇가사리, 초코, 커스터드, 말차 푸딩 등 네 가지 맛을 제공하는 디저트 숍. 제주 해녀가 우도, 가파도 등지에서 직접 채취한 우뭇가사리를 오랜 시간 끓여 만든 푸딩으로 맛도 영양도 만점 디저트예요. 주재료인 우뭇가사리 실물 영접도 가능하니 더욱 흥미로워요. 맛이 떨어지면 폐기 처분하는 것은 물론 제주 자연을 생각한 친환경 제품 패키지까지, 우무의 인기에는 이유가 있습니다.

info

한림점 주소 제주도 제주시 한림읍 한림로 542-1 **문의** 0507-1327-0064 **운영 시간** 09:00~20:00 **휴무** 연중무휴 **가격** 우뭇가사리 푸딩 6800원 **주차장** 바로 앞 공영 주차장 이용

공항점 주소 제주도 제주시 관덕로8길 40-1 **문의** 010-4471-0064 **운영 시간** 09:00~20:00 **휴무** 연중무휴 **가격** 커스터드 푸딩·말차푸딩 각 6800원 **주차장** 주변 공영 주차장 이용

- 포장한 우무 푸딩은 에메랄드빛 해변에서 인증사진 필수

현무암이야, 빵이야?

제주바솔트

제주에서 가장 흔하게 볼 수 있는 현무암을 빵으로 표현했어요. 돌인지 빵인지 헷갈리는 귀여움 가득한 현무암 모양에 제주스러움을 가득 담았습니다. 겉은 현무암 질감을 그대로 살린 듯 거칠고, 속에는 여섯 가지 맛의 재료가 들어 있어 부드럽고 달콤하게 즐길 수 있어요. 한국 관광기념품 공모전에서 국무총리상을 수상한 제주 대표 디저트로 매장을 방문하면 맛보고 구입할 수 있어요. 하루 100세트만 한정 판매한다고 하니 미리 연락해보고 가세요.

info

주소 제주도 제주시 가령골3길 6 **문의** 064-721-7625 **운영 시간** 10:00~19:00 **휴무** 수요일, 1월 1일, 설날, 추석 당일 **가격** 제주돌빵 5개 1만 2000원 **주차장** 건물 앞 무료 주차

- 제주스러움을 가득 담은 돌빵 들고 돌담 앞에서 기념사진 찍기

하르방이 커피 속에 퐁당

쪼끌락

이보다 더 제주스러운 디저트가 또 있을까. 제주의 마스코트 돌하르방이 커피에 퐁당 빠졌어요. 동쪽의 에메랄드빛 대표 해변 김녕 바다 앞이라 뷰까지 감동. 돌하르방 모양으로 만든 커피 얼음에 하얀 우유를 부어 반신욕하는 듯한 돌하르방의 모습이 재미를 줍니다. 어린이용 음료도 똑같이 만들어 아이와 함께하기 좋습니다. 돌하르방 모양 쿠키 또한 찍는 재미와 먹는 재미까지 즐길 수 있어요.

info

주소 제주도 제주시 구좌읍 김녕로21길 21 **문의** 010-9066-3436 **운영 시간** 10:30~18:30 **휴무** 수요일 **가격** 돌하르방 라테 6500원, 돌하르방 아포가토 7000원 **주차장** 바로 앞 공영 주차장 이용

- 하르방 목이 똑 부서지는 재미있는 사진 찍어보기
- 김녕해변 보면서 안구 힐링 필수

110

Highlight

뉴트로 '갬성'

유행은 돌고 돈다. 새로움(new)과 복고(retro)가 만나 뉴트로(newtro)가 되었어요. 요즘은 일부러 개화기 복장을 입고 사진을 찍기도 하고 복고풍 카페를 찾기도 합니다. 제주에서도 복고와 새로움이 만난 뉴트로 카페와 식당을 많이 만나볼 수 있어요. 누군가에게는 추억이, 누군가에는 새로움이 공존하는 그 시절 그곳으로 여행을 떠나봅시다.

옥분상회

tip
- 마지막 하이라이트 한라산 볶음밥도 꼭 먹어보기

tip
- 비밀의 문 인증숏 필수

BEST 01 권당집

레트로 감성 가득한 옛날 그 맛

권당집은 제주 냉동 삼겹살 맛집으로 소문이 자자한 곳으로, 제주 곳곳에서 만날 수 있어요. 촌스러운 간판 아래 미닫이문을 열고 들어가면 추억이 되살아나는 인테리어가 맞아줍니다. 촌스러운 그릇과 거대한 델몬트 병에 가득 담긴 보리차, 한 장씩 뜯어 넘기는 달력이 그 시절을 떠오르게 합니다. 인테리어 소품 역할을 하는 옛 교과서에 어른들은 그야말로 추억 소환. 소주 한잔과 냉동 삼겹살, 관자까지 저렴하게 즐기며 그 시절 이야기에 시간 가는 줄 모르는 추억의 식당이 그저 반갑습니다.

info

주소 제주도 제주시 조천읍 신북로 509 **문의** 0064-782-6096 **운영 시간** 17:00~24:00 **휴무** 일요일 **가격** 제주산 냉동 삼겹살 160g 1만1000원, 치즈볶음밥 3000원 **주차장** 주변 공터 주차

BEST 02 옥분상회

어릴 적 보던 동네 슈퍼에서 찾은 '갬성'

지금처럼 대형 마트가 흔하지 않던 1970~1980년대, 동네 핫 스폿은 단연 슈퍼. 어린 시절 한 번쯤 방문했던 슈퍼의 느낌을 그대로 살린 옥분상회는 이름까지 그 시절을 떠올리게 합니다. 전시된 상품이 전부인가 싶지만 알록달록 달콤한 맛이 가득하던 사랑방 선물 사탕이 있는 장식장을 당기면 진짜 숨겨진 보물을 만나게 됩니다. 실내에 들어서면 옛날 소품부터 어린 시절 보던 TV와 잡지, 추억을 소환하는 옛 소품이 반겨줍니다. 어린 시절로 돌아간 듯 반가운 그곳에서 옥분라테를 마셔보세요.

info

주소 제주도 서귀포시 남원읍 남한로 14 **문의** 070-4215-0830 **운영 시간** 11:00~20:00 **휴무** 월·일요일 **가격** 크림 다방커피 5500원, 옥분라테 6000원 **주차장** 건물 앞 도로 주차 가능

BEST 03 제주시차

옛날 할머니집 감성

조용한 마을에 자리 잡은 레트로 느낌의 제주시차. 들어가는 길목부터 외관까지 차분하면서도 과거로 돌아간 듯한 착각이 들게 합니다. 카페 곳곳에 디스플레이되어 있는 옛날 감성의 촌스러운 벽지와 타자기, TV, 선풍기와 그릇까지 1970~1980년대 시절로 돌아간 듯한 정겨움이 묻어납니다. 조용한 실내에 빛이 가득해 더욱 따뜻한 이곳의 인기 만점 화과자는 분위기를 더합니다.

info

주소 제주도 제주시 한림읍 귀덕5길 20-14 **문의** 없음 **운영 시간** 12:00~17:00 **휴무** 부정기(인스타그램 공지) **가격** 꿀밤라테 6500원, 화과자 1개 4000원 **주차장** 귀덕리 3218 정자 앞 주차 **주의** 노키즈 존이니 참고

111
Highlight

도수 35% 가격 3만 원
어울리는 안주 해장국

도수 40% 가격 1만8000원
어울리는 안주 흑돼지두루치기

도수 15% 가격 8000원
어울리는 안주 딱새우회

제주 술 마셔봤어?

애주가라면 각 여행지 출신 술을 맛보지 않을 수 없죠. 지역 식재료로 특색 있는 술을 만들기도 하니까요. 제주 역시 고유의 맛과 향을 담은 전통술을 다양하게 선보이고 있어요. 병부터 너무 예쁜 허벅술, 유명한 먹거리 오메기떡과 같이 만들어내는 오메기술, 그리고 고소리술까지 제주만의 특색을 가득 담은 전통주 한잔 즐겨봅시다.

소장하고 싶은 예쁜 병

허벅술

옛날 제주도민들이 물을 담아 나르던 물건을 물허벅이라고 해요. 논이 적은 제주에는 쌀로 빚은술이 아주 귀했답니다. 쌀을 원료로 조금씩 술을 빚고 그 술을 물허벅에 담은 것이 허벅술이 되었어요. 지금은 전통 방식으로 만든 술이라기보다는 증류식 소주를 물허벅과 같은 병에 담아 판매하고 있어요. 흔한 병 디자인이 아니라서 선물용으로도 더욱 인기입니다.

깔끔함이 일품, 식전주로 추천

오메기술

제주 하면 떠오르는 것은 오메기떡입니다. 바로 그 오메기떡과 누룩을 이용해 만든 것이 바로 오메기술이에요. 쌀이 귀한 제주에서는 차조로 술을 많이 만들었는데, 그 시절 전통 방식으로 만든 제품입니다. 참고로 오메기는 좁쌀의 제주도 방언으로 좁쌀로 만든 제주 전통 약주라 할 수 있어요. 은은한 과실 향이 특징이며 도수가 높지 않고 깔끔한 맛으로 인기가 좋습니다.

우리나라 3대 소주

고소리술

고소리술은 오메기술을 증류해 만든 것으로 안동소주, 개성소주와 함께 우리나라 3대 소주로 꼽힐 만큼 유명한 제주 술입니다. 시간이 빚은 술이라고 할 만큼 전통 방식을 고수해 사람 손으로 직접 만듭니다. 무형문화재 기능보유자 김을정 할머니와 전수자가 맥을 잇고 있는 술로 목 넘김이 부드러운 게 특징입니다.

112
Highlight

고르기 정말 힘든 최고의 올레길

스페인에 산티아고 순례길이 있다면 제주에는 올레길이 있어요. 멋진 경치를 감상하며 곳곳을 산책할 수 있고, 중간중간 간세와 리본이 반겨줍니다. 제주올레 패스포트에 각 올레길 스탬프를 채우면서 제주올레 425km 26코스를 모두 걸은 완주자는 제주올레 명예의 전당에 기록됩니다. 편한 복장과 물, 실제 여권 크기의 패스포트를 들고 올레길 산책을 시작해보세요.

에메랄드빛 해안 따라 걷는 5~6시간 코스

올레길 20코스

김녕서포구에서 시작해 제주해녀박물관까지 약 5~6시간 코스로, 에메랄드빛 해안으로 유명한 동쪽 김녕·월정리·세화해변을 모두 만날 수 있어요. 17.6km로 길이는 조금 긴 편이지만 에메랄드빛 해변을 여럿 포함해 최고의 안구 힐링 올레길 코스라 할 수 있어요.

info 난이도 중 길이 17.6km 시작 김녕서포구(제주도 제주시 구좌읍 김녕리 4081) 도착 제주해녀박물관(제주도 제주시 구좌읍 해녀박물관길 26)

서귀포의 아름다움을 만끽하기 좋은 3~4시간 코스

올레길 6코스

어디선가 요정이 나올 것 같은 예쁜 물빛의 서귀포 자연 하천 쇠소깍에서 시작되는 올레길 6코스. 귀여운 보목마을이 내려다보이는 제지기오름, 백두산 천지를 닮았다 해서 이름 붙은 소천지와 이중섭거리, 서귀포의 가장 큰 시장인 올레시장까지 모두 둘러보는 서귀포 '핫플' 코스라 할 수 있어요. 총 길이 11km로 서귀포의 아름다움을 느끼기에 좋습니다.

info 난이도 하 길이 11km 시작 쇠소깍다리(제주도 서귀포시 하효동 961) 도착 제주올레여행자센터(제주도 서귀포시 중정로 22)

서쪽의 인기 명소를 한 번에 둘러볼 수 있는 4~5시간 코스

올레길 15-B코스

저녁 노을 질 무렵 한림항을 출발해 물놀이하기 좋은 곽지해수욕장과 예쁜 카페가 한곳에 모여 있는 한담해안산책로를 지나 고내포구까지 도보로 약 2시간 50분 소요됩니다. 인기 명소를 한번에 둘러볼 수 있으니 도전해보세요. 제주에서 가장 핫한 애월을 가장 천천히 둘러보고 싶다면 올레길 15코스 중 B코스를 선택하세요. 곽지해수욕장부터 한담 해안산책로를 거쳐 서쪽의 인기 명소를 둘러볼 수 있습니다.

info 난이도 하 길이 13km 시작 한림항(제주도 제주시 한림읍 한림해안로 93) 도착 고내포구(제주도 제주시 애월읍 고내리 1111-4)

tip 올레길을 더욱 재미있게 즐기는 법

❶ 붉은산호의 수수께끼에 도전해보세요. 제주 최초의 아웃도어 미션형 게임으로 모바일 게임 사이트와 연동해 붉은 산호의 수수께끼 미션을 올레길 현장 정보와 함께 풀어갑니다. 그냥 걷기만 하는 것이 아쉽다면 미션을 해결하며 올레길을 즐겨보는 것도 좋은 방법. 붉은산호의 수수께끼 키트 구입: www.jejuolle.org/playthejeju

info 가격 1만1900원 게임 장소 제주올레여행자센터~법환포구(올레 7코스 구간) 소요 시간 약 3~5시간(8km) 참여 시간 09:00~17:00

❷ 클린올레에 참여해보세요. 올레길 시작 또는 도착점인 제주올레공식안내소에서 클린올레 봉투를 받아 걸으면서 쓰레기를 주워요. 의미 있는 활동이자 봉사 활동 인증도 가능합니다.

113 Highlight

제주 먹거리 선물, 이건 어때?

초콜릿, 열쇠고리를 제주 기념품으로 구입하던 시절은 이제 끝. 맛나는 디저트 또한 먹거리 선물로 인기 만점입니다. 그 중에서도 제주공항에서만 구입할 수 있는 마음샌드, 팥으로 가득한 오메기떡 혹은 아이스크림 같은 달달함이 가득한 오메기떡, 누구나 호불호 없이 즐기기 좋은 과즐까지 이번 여행에선 다양한 먹거리 선물을 구입해보는 건 어떨까요.

아이스크림인가, 오메기떡인가

아이스 오메기떡

14가지 맛으로 만나는 아이스 오메기떡. 전통 오메기떡의 팥이 부담스럽다면 호불호 없이 즐길 수 있는 오메오메 아이스오메기떡도 좋습니다. 오메기떡 안에 감귤, 유명한 우도 땅콩이 들어 있는 땅콩크림맛, 오메기 크림 등 시원하게 아이스크림 먹듯 즐길 수 있어요. 오메기떡 싫어하는 아이들도 좋아합니다.

info **오메오메 본점 주소** 제주도 제주시 서해안로 191 **문의** 064-746-2717 **운영 시간** 09:00~20:00 **휴무** 화요일 **가격** 1개 3000원, 4개 1만1000원, 6개 1만6500원 **주차장** 이용객 무료

- 먹기 전 냉동실에서 미리 꺼내 살짝 녹이면 더욱 쫀득한 아이스 오메기떡을 즐길 수 있으니 참고
- 인터넷 주문, 택배도 가능

tip
• 제주 한정 상품으로 선물용으로 추천

BEST 02

제주공항에서만 살 수 있는 그것!

마음샌드

제주공항에 가야 맛볼 수 있는 마음샌드는 출국장 파리바게트, 제주공항 렌터카 하우스점, 제주공항 탑승점 딱 세 곳에서 판매합니다. 유통기한 10일에 실온 보관은 필수. 대만의 대표 간식 펑리수와 크기와 모양이 비슷해요. 제주가 생각나는 그림을 새겨 넣어 제주스러움을 가득 담은 마음샌드는 겉은 부드럽게 부서지고, 속에는 유명한 우도 땅콩과 버터, 캐러멜이 들어 있어 더욱 고소합니다. 요즘은 새롭게 한라봉맛도 출시되었으니 다양한 맛으로 즐겨보세요.

info 파리바게트 제주공항점 **주소** 제주도 제주시 공항로 2 제주국제공항 **문의** 064-746-0741 **운영 시간** 06:00~21:00 **휴무** 연중무휴 **가격** 10개 세트 1만6000원 **주차장** 공항 주차장 이용 ※ 예약 가능(09:00~19:00), 재고 소진 시 조기 마감

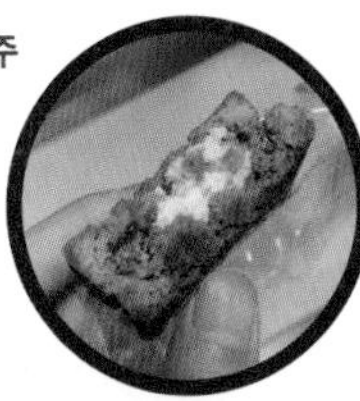

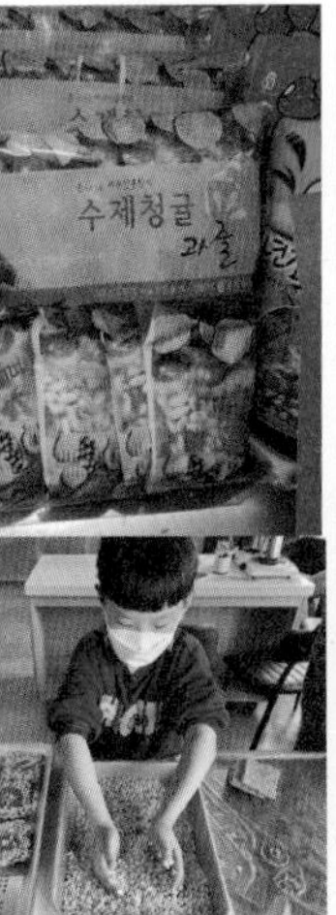

tip
• 하나로마트나 전통시장 어디에서든 구입 가능
• 감귤과즐 외에도 청귤과즐, 한라봉과즐 등 다양한 종류 판매

BEST 03

먹어도 먹어도 질리지 않는 달달함

제주과즐

과즐은 살짝 튀겨낸 찹쌀과자에 조청을 바르고 쌀튀밥을 묻힌 유과의 한 종류예요. 제주에서는 과즐에 감귤 향을 입힌 다양한 감귤과즐을 만나볼 수 있어요. 바삭한 식감과 많이 달지 않은 맛으로 아이들 간식이나 맥주 안주로도 안성맞춤이에요. 부담스럽지 않은 가격이라 선물 주기에도 적당합니다. 청귤, 우도땅콩과즐 등 다양한 맛으로 즐겨보세요.

info 가격 6개입 6000원 선(판매처마다 다름)

114 Highlight

제주 간식 로드

여행 중간중간 출출할 때 식사하기에는 헤비한 느낌이라면 간단히 제주 전통 간식을 즐겨봅시다. 떡볶이, 순대, 김밥이 한 접시에 나오는 것으로, 제주에서는 모닥치기라고 불러요. 떡튀순에 김밥까지 맛이 없을 수 없는 조합. 기념품으로도 인기 좋은 오메기떡, 맹숭맹숭한데 자꾸만 끌리는 빙떡까지, 제주 전통 간식으로 제주 여행에 재미를 더해보세요.

한 접시에 다 모여!

모닥치기

여러 개를 한 접시에 모아서 준다는 뜻의 모닥치기. 떡볶이 좋아하는 분이라면 제주에서 모닥치기는 선택 아닌 필수입니다. 식당마다 조금씩 차이는 있지만 김밥, 떡볶이와 튀김, 전 또는 순대가 담겨 있어요. 한 접시에 분식이 총출동한 느낌이라 알고 보면 별거 없다 싶지만, 제주에서만 볼 수 있는 조합이니 떡볶이 러버라면 꼭 도전해보세요.

올레시장에서 맛보는 추억의 분식
김밥+떡볶이+순대+만두 1만 원

쫀득쫀득한 제주 대표 간식

오메기떡

보리와 조가 주식이었던 제주에서는 이것을 이용해 다양한 음식을 만들었어요. 차조로 속을 만들고 겉에 팥고물을 묻혀 만든 오메기떡은 제주 전통 음식입니다. 현대에 들어 겉면에 아몬드, 땅콩 같은 견과류를 묻힌 오메기떡뿐 아니라 속을 귤이나 딸기 등 과일로 채우고 아이스크림처럼 시원하게 먹는 오메기떡도 판매하고 있어요. 완제품을 구매하는 것도 좋지만 직접 오메기떡 만들기 체험도 하고 맛보는 것도 추천합니다.

오메기떡 구입 info

오복떡집 **주소** 제주도 제주시 동문로2길4 **문의** 064-753-4641 **운영 시간** 08:00~21:00 **휴무** 둘째·넷째 주 수요일 **가격** 48개 3만7000원(냉동 4만 원), 25개 2만 원(냉동 2만3000원) 진아떡집 **주소** 제주도 제주시 동문로4길7-1 **문의** 064-757-0229 **운영 시간** 06:00~15:00 **휴무** 부정기 **가격** 8개 6000원, 32개 2만 5000원, 48개 3만7000원

오메기떡 만들기 체험
하효맘 주소 서귀포시 효돈순환로 217-8 문의 064-733-8181 운영 시간 11:00~18:00 휴무 일요일 가격 체험 1인 1만5000원 주차장 이용객 무료

맹숭맹숭한 매력

빙떡

메밀 생산지로 유명한 제주도인 만큼 메밀을 이용한 요리도 많아요. 그중에서도 메밀가루에 양념한 무소를 넣어 만든 빙떡은 제주 전통 음식입니다. 평범하게 생긴 비주얼과 다소 밋밋한 맛으로 처음에는 매력을 느낄 수 없을 수도 있지만, 금방 만들어낸 따뜻한 빙떡의 담백함은 두고두고 생각납니다. 제주에서는 예로부터 결혼식이나 제사에 꼭 먹는 음식인 빙떡의 건강하고 담백한 맛에 빠져보세요.

제주시민속오일장(2·7일)에서 맛보기
빙떡 1개 1000원

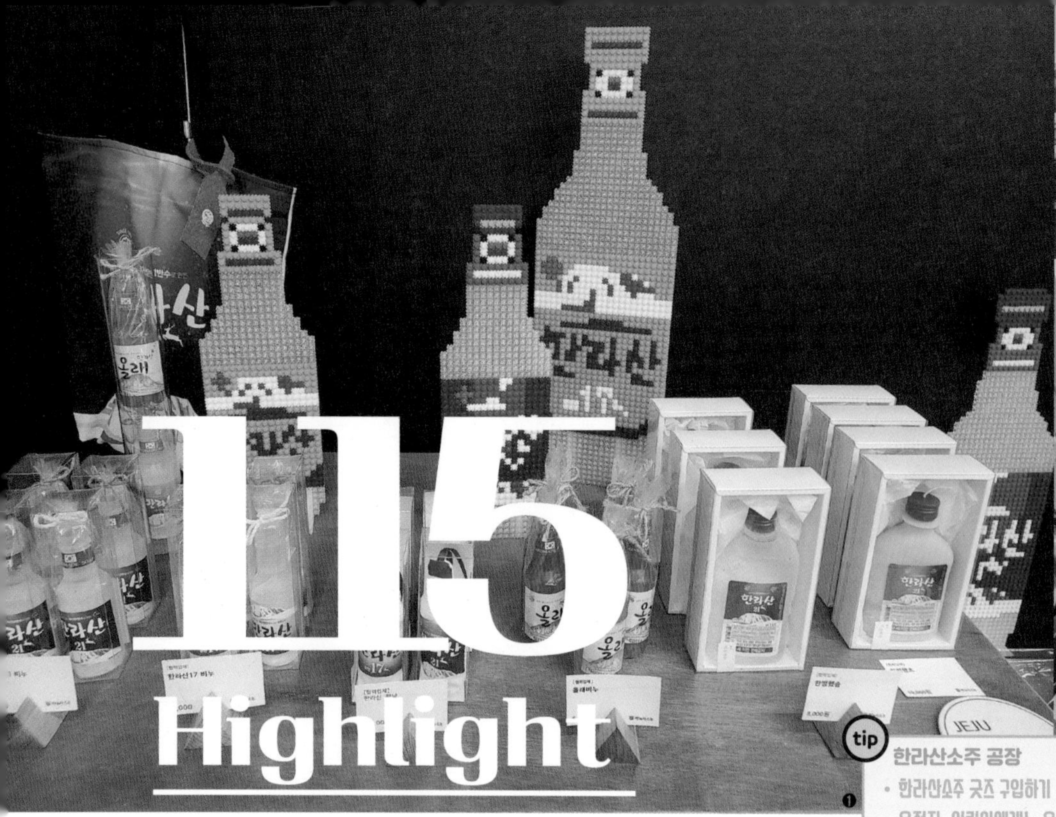

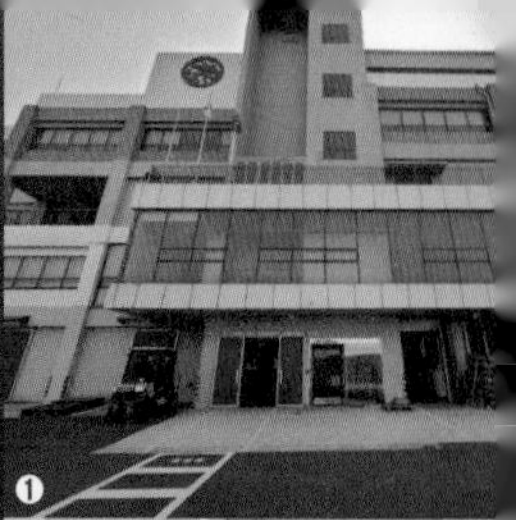

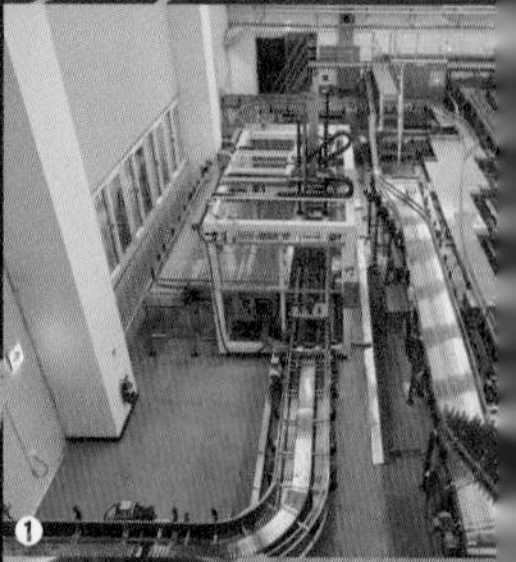

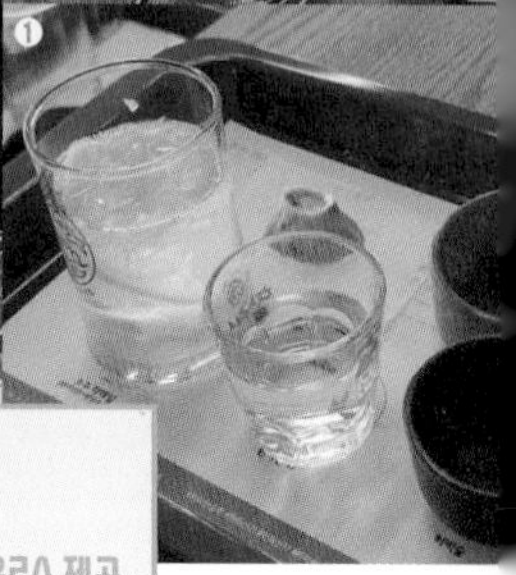

115 Highlight

tip 한라산소주 공장
- 한라산소주 굿즈 구입하기
- 운전자, 어린이에게는 음료수 제공

애주가 방앗간

제주에 왔다면 제주 전통술을 마시는 것 또한 여행의 참맛이죠. 제주에서 유명한 한라산소주를 마트에서만 사지 말고 직접 공장 투어도 해보고 시음도 하며 또 하나의 재미를 느껴보세요. 맥주파라면 맥주 공장 투어도 빼놓을 수 없겠죠. 그 외 제주 전통주 오메기, 고소리술도 직접 보고 구매해보세요. 술쟁이들에게 이보다 더 신나는 여행 코스는 없을 거예요.

tip 맥파이 브루어리
- 멋스러운 분위기에서 맥주만 즐겨도 굿!

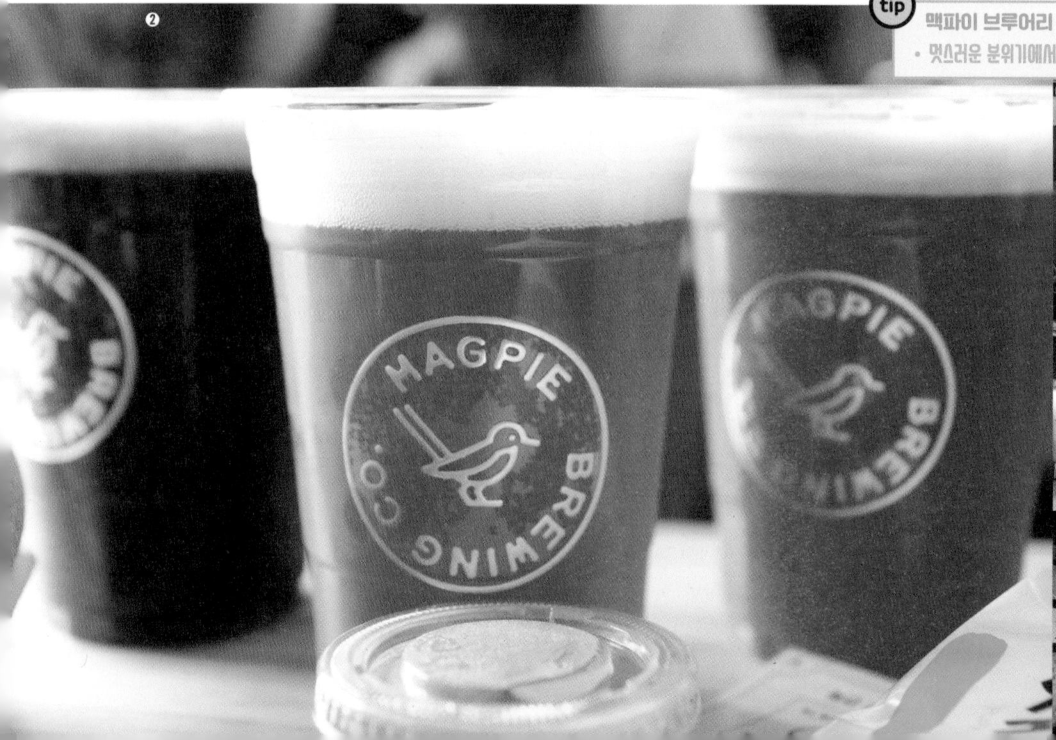

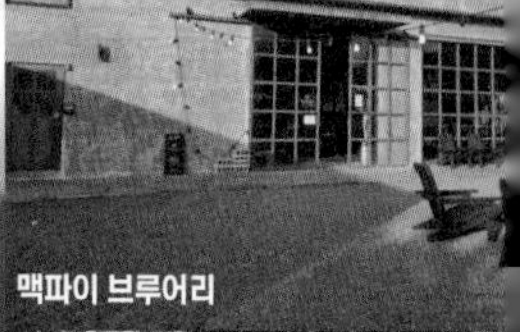
맥파이 브루어리

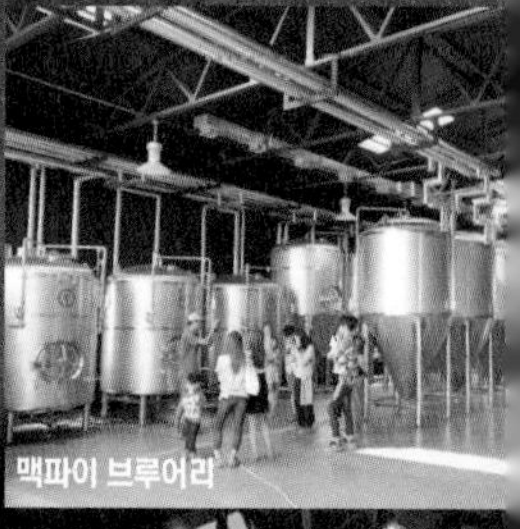
맥파이 브루어리

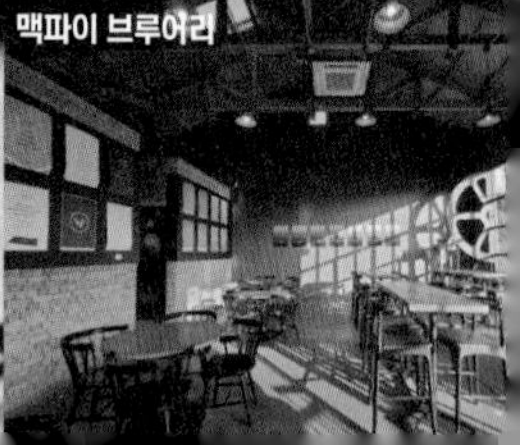
맥파이 브루어리

tip 제주샘주

- 제주 전통주를 시중 마트보다 더 저렴하게 구입 가능하니 참고

한라산소주의 모든 것

한라산소주 공장

info 주소 제주도 제주시 한림읍 한림로 555 문의 064-729-1959 운영 시간 금~일요일 13:00~17:30 휴무 월~목요일 가격 어른 6000원, 미성년자 3000원, 도민 1000원 주차장 이용객 무료

1950년부터 오늘날까지 제주에서 인기 만점인 한라산소주는 유명한 국제 주류 품평회의 블라인드 테스트 결과 금상을 차지할 만큼 유명합니다. 이처럼 유명한 한라산소주의 역사는 물론 제조 공정까지 모두 알아볼 수 있어요. 오직 제주산 쌀과 제주 천연 암반수로 만든 알코올 도수 21%의 한라산소주는 물론 물 길어 나르는 제주 전통 항아리 허벅과 같은 디자인으로 만든 허벅술도 만나봅시다. 마지막 하이라이트는 애주가들이 가장 좋아할 시음회까지 이어지니 소주 좋아하는 분이라면 제주 여행을 행복하게 완성할 수 있어요.

맥주 러버들의 천국

맥파이 브루어리

info 주소 제주도 제주시 동회천1길 23 문의 064-721-0227 운영 시간 12:00~20:00(브루어리 투어 주말 13:00·14:00·16:00·17:00·18:00) 휴무 월·화요일 가격 참가비 어른 1만5000원(투어+샘플 맥주 2잔 포함), 청소년(만 8~18세) 5000원(음료 1잔 포함) 주의 만 8세 미만 아동은 입장 제한

서울에서 시작했지만 지금은 제주 대표 맥주 브루어리가 되었어요. 맥주 애호가에게는 천국과 같은 곳입니다. 맥파이 역사를 비롯해 양조의 전 과정을 관람하는 양조장 투어를 즐겨보세요. 맥주를 만드는 과정, 다양한 맥주 재료의 맛과 향을 느껴보고 이국적 분위기와 개성 넘치는 탭 룸에서 맥주 시음까지, 맥주 좋아하는 분들이라면 그냥 지나칠 수 없는 방앗간입니다.

제주 전통술이 여기 다 있네?

제주샘주

info 주소 제주도 제주시 애월읍 애원로 283 문의 064-799-4225 운영 시간 09:30~18:00 휴무 1월 1일·설날, 추석 당일 가격 오메기떡·칵테일·쉰다리 체험 각 1인 1만5000원 주차장 이용객 무료

대한민국 우리 술 품평회에서 7년 연속 수상한 제주샘주. 입구에 돌로 만든 거대한 고소리술 오브제가 반겨주는 이곳에서는 여느 양조장 투어 프로그램과는 달리 체험 프로그램을 진행합니다. 제주 전통 간식 오메기떡 만들기 체험은 물론이고 제주 전통주인 고소리술, 오메기술, 세우리, 니모메를 시음하고 구매할 수 있으니 이왕 제주 전통주를 구입할 예정이라면 맛보고 선택하는 것도 좋은 방법입니다. 제주 전통술에 도전해보고 싶은 애주가라면 필수.

116 Highlight

요기만 가도 한라산 정기 가득

짧은 여행 기간은 핑계, 사실은 저질 체력으로 한라산 정상 등반은 꿈도 못 꾸는 사람들 여기 여기 붙어라. 산 정상은 TV로 보는 것이라 생각하지만 제주 하면 한라산. 안 가기에는 아쉬운 이들을 위해 한라산 공기라도 마실 수 있는 장소를 소개합니다. 요기만 다녀와도 한라산 정기를 조금 마시고 온 걸로.

제주 최고의 눈꽃 명소

1100고지

한라산을 가장 쉽고 빠르게 느낄 수 있는 곳으로 이만한 장소가 또 없습니다. 차량으로 이동 가능한 해발 1,100m에 위치해 한라산을 등반하지 않아도 겨울 한라산의 매력을 느끼기에 충분합니다. 습지 보호 지역으로 람사르 습지에 등록되어 있어요. 나무 덱이 있어 한 바퀴 크게 산책하며 둘러보기 좋고, 습지의 동물, 야생화 등을 볼 수 있습니다. 특히 눈이 가득한 겨울에는 예쁜 눈꽃에 압도되고 맙니다.

info **주소** 제주도 서귀포시 1100로 1555 **문의** 064-747-1105 **운영 시간** 24시간 **휴무** 연중무휴 **가격** 무료 **주차장** 1100고지 휴게소 무료 주차장

- 한라산을 등반하지 않아도 겨울 눈꽃을 볼 수 있는 최고의 장소
- 1100고지 휴게소에서 간단한 간식 먹기

❸

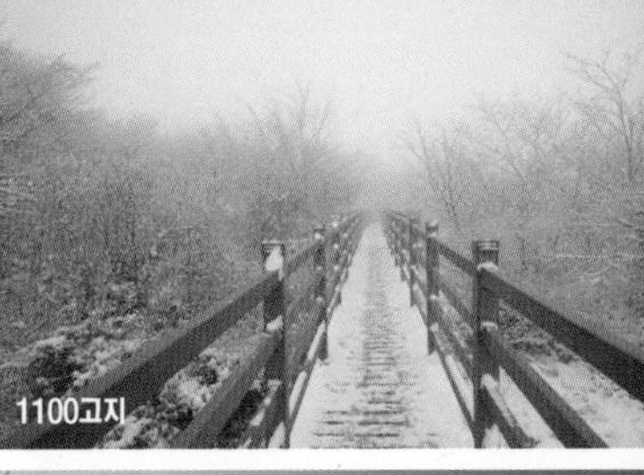

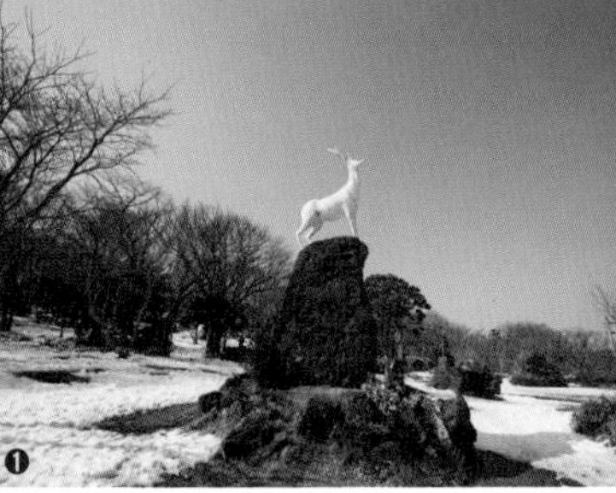

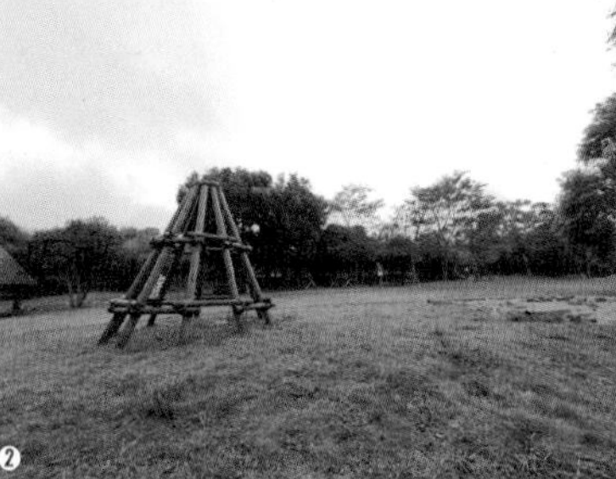

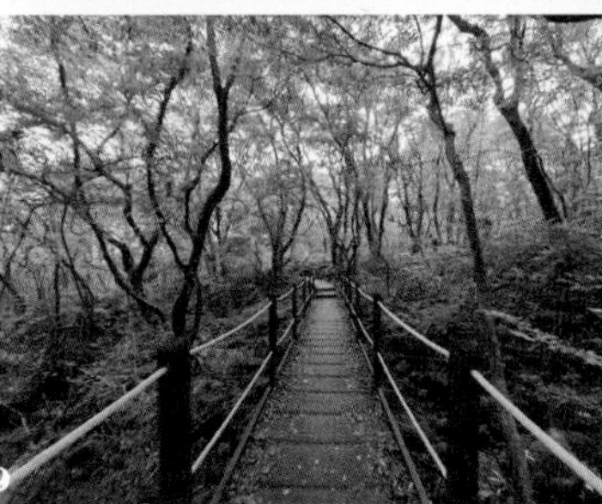

tip
- 작은 슈퍼에서 커피 한잔하며 쉬어 가기
- 망원경으로 서귀포 감상하기

1100고지

❶

❷

❷

BEST 02

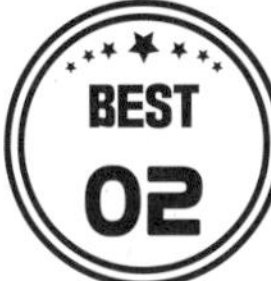

작은 한라산

한라생태숲

해발 600m에 위치한 한라생태숲에는 다양한 종류의 식물이 서식하고 있습니다. 대중교통으로도 쉽고 편하게 방문 가능하며 산책하면서 한라산 공기를 맘껏 마실 수 있어요. 여러 코스의 산책로가 잘 조성되어 있을 뿐 아니라 어린이 자연 놀이터와 쉼터도 갖추었고, 다양한 숲해설 프로그램도 운영하니 지루할 틈이 없어요.

info 주소 제주도 제주시 516로 2596 문의 064-710-8688 운영 시간 3~10월 09:00~18:00, 11~2월 09:00~17:00 휴무 연중무휴 가격 무료 주차장 이용객 무료 주의 숲해설 프로그램(무료) 사전 예약 필수

tip
- 간식거리 챙겨 소풍 가기
- 유아숲체험원도 잘되어 있으니 아이와 함께하기

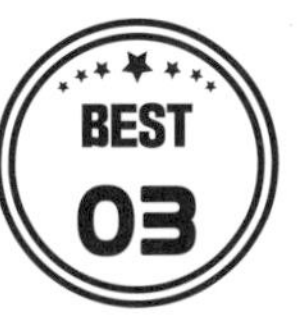

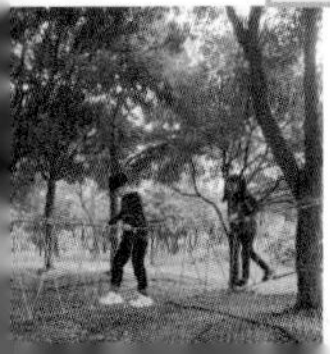

BEST 03

서귀포 가기 전 숨 고르기

거린사슴전망대

거린사슴오름 기슭 전망대로 1100도로에 있어요. 제주시에서 서귀포로 넘어가는 도중에 위치해 드라이브하다 자칫 지나치기 쉬워요. 천천히 주행하며 1100도로를 내려오다 잠시 쉬어 가기 좋습니다. 서귀포를 한눈에 내려다볼 수 있는 망원경도 준비되어 있어요. 500원을 넣고 서귀포 섶섬, 새연교, 새섬, 범섬, 서귀포항까지 서귀포 시내를 맘껏 즐겨보세요.

info 주소 제주도 서귀포시 1100로 791 문의 064-742-8861 운영 시간 24시간 휴무 연중무휴 가격 무료 주차장 이용객 무료

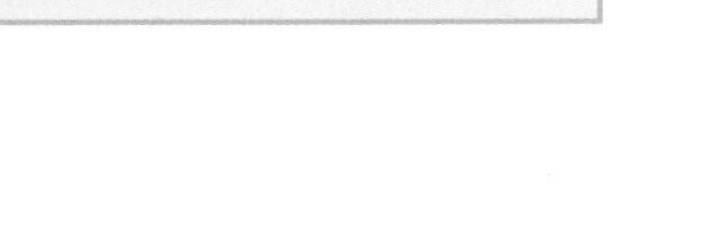

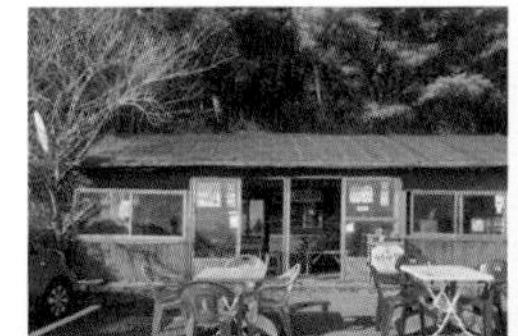

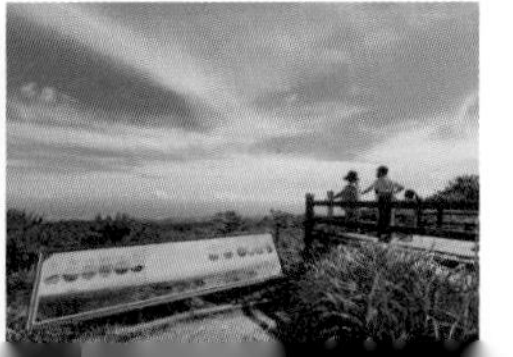

#무인 상점

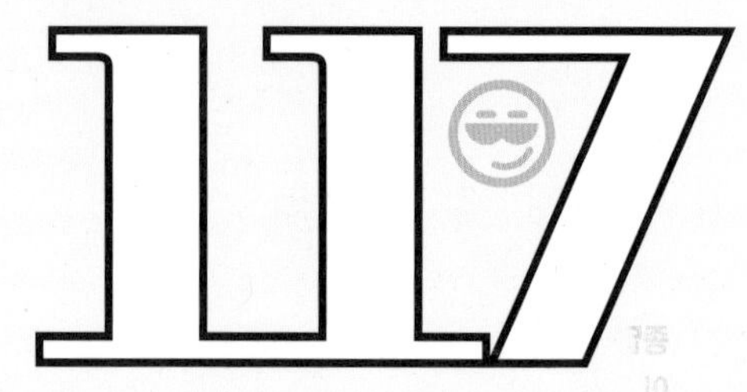

책약방

FOLLOW

today

종달리 아지트

#바다 뷰 월정 무인카페

^^

김녕 무인 소품점

무인카페로 소풍가요

아이스크림
주스
제주 특산품
올인원

철수를 위한 나만의 선물

2821 likes

beautyuser I am #happy #fun #beauty

주인이 없어도 가게는 운영된다? 이게 정말 가능한가 걱정이 한가득 되는 건 오직 나뿐. 사람들은 알아서 상품을 고르고 마음에 드는 제품을 구입합니다. 물론 선택 장애가 와도 조언해줄 이가 없다는 게 단점이라면 단점. 스스로 커피를 만들어 먹거나 제품을 고르고 계산도 합니다. 사라지는 것도 없고 그저 믿음 하나로 여행이 시작되는 곳. 언택트 여행지로 제격입니다.

GO

종달리 아지트

책약방

종달초등학교 하굣길에 만나는 작은 서점, 책약방은 책을 사랑하고 제주를 사랑하는 이들의 발길이 끊이지 않는 곳입니다. 이곳의 그림일기에는 다녀간 사람들의 흔적으로 가득합니다. 작은 공간이지만 어린이 책이 반이나 되니 아이들에게도 아지트 같은 공간이 되어줍니다. 여행자들이 걷기 좋아하는 올레길에 위치했으니 잠시 책 읽으며 여유를 가져보세요.

info 주소 제주도 제주시 구좌읍 종달로5길 11 문의 0507-1374-2031 운영 시간 24시간 휴무 연중무휴 가격 무료 주차장 주변 골목 주차

- 가운데 테이블에 앉아 그림일기 기록을 남겨두며 추억 쌓아보기
- 아기자기한 매력 종달리 마을 함께 산책해보기

- 월정해변이 한눈에 보이는 2층 루프톱에 올라가볼 것
- 다 먹은 그릇은 셀프 설거지 필수

바다 뷰 보며 혼자 즐겨요

월정무인카페

에메랄드빛 월정해변이 한눈에 들어오는 뷰를 자랑하는 곳. 주인은 없고 손님만 있는 무인 카페에서 직접 바리스타처럼 커피를 내리고 간식을 즐겨보세요. 현금이 없다면 계좌 이체도 가능합니다. 잔돈이 필요하면 지폐 교환기를 사용하세요. 컵라면부터 과자, 음료수와 슬러시까지 눈치 보지 않고 편하고 저렴하게 먹고 가기 좋습니다.

info 주소 제주도 제주시 구좌읍 행원로3길 52 문의 064-783-8187 운영 시간 24시간 휴무 연중무휴 가격 컵라면·커피 각 3000원 주차장 이용객 무료

무인 소품점

김녕다올 무인 소품점

tip

- 올레길 20코스를 걷다 잠시 구경하기 좋은 곳

해녀의 마을 김녕. 그 어떤 마을보다 조용한 이곳에 아무도 없는 소품점이 있어요. 무인 점포의 어색함도 잠시, 주인장의 웰컴 티에 감동받습니다. 규모는 크지 않지만 아기자기하고 제주 기념품이 될 만한 소품으로 가득합니다. 누가 집어 가기라도 하면 어쩌나 하는 걱정은 오히려 손님 몫. 제주를 가득 담은 엽서와 키 링, 감귤을 그대로 표현한 파우치와 예쁜 소품에 주인장이 없어도 셀프로 지갑을 열게 합니다. 해변 바로 앞에 위치해 주변을 산책하기에도 좋습니다.

info 주소 제주도 제주시 구좌읍 김녕로1길 35-22 문의 0507-1357-0613 운영 시간 08:00~19:00 휴무 연중무휴 가격 제품마다 다름 주차장 가게 앞 공터 주차

tip

- 지관 통은 따로 구매 가능
- 아크릴물감은 지워지지 않으니 아끼는 옷은 입고 가지 말기
- 캔버스는 추가(1000원) 비용 지불 후 이용

바다 보며 색칠하는 예술가

성수미술관 제주특별점

바다가 훤히 보이는 드로잉 카페입니다. 준비된 샘플 중 원하는 도안을 선택한 후 이곳에서 제공하는 파스텔 물감과 물통, 붓을 가지고 토시와 앞치마까지 착용하면 컬러링 작업이 시작됩니다. 제한 시간은 2시간이지만 뒤에 기다리는 손님이 없다면 제한 없이 이용 가능해요. 한라산, 하르방 등 제주를 담은 전지 사이즈 켄트지에 무념무상 붓질을 하다 보면 세상에 하나뿐인 나만의 제주 여행 기념품이 탄생합니다. 제주 바다를 보고 그림을 그리며 예술혼을 불태워보세요.

info 주소 제주도 제주시 구좌읍 해맞이해안로 1726 문의 0507-1389-1990 운영 시간 11:00~20:00 휴무 연중무휴 가격 1인 이용권 2시간 2만2000원, 지관 통 2900원 주차장 건물 앞 주차 가능

하늘을 나는 감동

패러글라이딩

누구나 한 번쯤은 꿈꾸는 하늘 날기. 그 짜릿한 경험을 제주에서 만끽해보세요. 풍향에 따라 위치는 다르지만 대표적으로 이효리 뮤직비디오 속 오름으로 많이 알려진 금오름에서 패러글라이딩하는 사람들을 볼 수 있어요. 수십 년 경력의 코치님이 안전하게 진행하니 큰 어려움 없이 하늘을 날아오르는 경험을 할 수 있습니다. 날씨가 궂은 날에는 체험 자체가 불가능하기에 날씨 요정이 함께해야 하는 액티비티. 금오름을 비롯해 비양도, 신창 풍차해안과 한라산까지 한 마리 새가 되어 제주 하늘을 날아보세요. 출발 전 두근거림을 이겨내고 하늘 위에서 보는 제주는 그저 감동입니다.

info 바당패러글라이딩-금악산활공장 **주소** 제주시 한림읍 금악리 1222-2 **문의** 010-5775-2633 **운영 시간** 09:00~18:00 **휴무** 연중무휴(날씨에 따라 다름) **가격** 체험비 12만 원, 사진 촬영비 2만 원 **주차장** 이용객 무료

- 날씨 맑은 날만 가능한 만큼 일기예보 확인 필수
- 셀프로 사진 찍기 어렵다면 미리 사진 촬영을 신청해 하늘을 나는 감동의 순간 남기기
- 운동화, 긴바지 착용 필수

효리네 민박 속 효리처럼

패들 보드

〈효리네 민박〉에 등장한, 이효리가 곽지해변에서 패들 보드를 타는 모습은 그야말로 명장면. 모아나 BGM과 함께 곽지해변의 모아나가 따로 없었던 장면 덕에 패들 보드의 인기가 더욱 높아진 것 같아요. 제주의 예쁜 해변과 선셋, 그리고 멋지게 패들 보드를 타는 장면은 한 번쯤 꿈꾸는 인생의 명장면이 아닐까 싶어요. 누구나 예쁜 제주 바다 곳곳에서 패들 보드와 서핑을 배우고, 도전해볼 수 있습니다. 물에 빠지고 다시 올라가면 시원함이 더해져 더위를 날려 보내기 좋습니다. 패들 보드로 제주 바다를 유유자적 누비는 즐거움을 맛보세요.

info 제주 패들 보드 서핑클럽 **주소** 제주도 제주시 감수북길 22 **문의** 0507-1494-2444 **운영 시간** 09:00~18:00 **휴무** 연중무휴 **가격** 서핑·패들 보드(교육) 8만 원 **주차장** 건물 앞 주차 가능

- 제주 해수욕장 곳곳에 패들 보드 업체가 있으니 동선 맞는 곳 선택하기
- 계절 상관없이 즐길 수 있으니 참고

118 Highlight

제주에서 취미 찾기

내가 뭘 좋아하는지, 쉬는 날에는 뭘 하고 보내야 할지 아직도 잘 모르겠다면 제주에서 나에게 맞는 취미를 찾아보는 건 어떨까요? 조용히 앉아 제주 바다를 바라보며 컬러링을 하며 힐링 할 수도 있고, 멋진 제주 하늘을 날면서 스트레스를 풀 수도 있어요. 에메랄드빛 제주 바다의 패들 보드 위에서 또 다른 제주 매력을 느껴보는 것도 좋겠죠.

119 Highlight

빼놓지 말고 맛보기

파면 팔수록 나오는 맛나는 제주 음식들. 다 맛볼 수 없는 것이 안타까울 정도예요. 긴가민가 고민되어서 선뜻 도전하기 어려운 말고기, 제주에서만 맛볼 수 있는 우유는 물론 제주 메밀 요리까지 고냥 지나치기에는 너무 아쉬워요.

열을 내려주는 건강한 음식

메밀 요리

매년 봄가을 이모작으로 만나는 제주 메밀. 메밀꽃밭도 가득 만날 수 있고, 덕분에 다양한 메밀 요리도 맛볼 수 있어요. 예전에는 제주에서 손님에게 접대할 때 내놓는 음식이었죠. 열을 식혀준다 해서 여름에 더욱 인기가 좋습니다. 메밀 생산량 전국 1위 제주에서 다양한 메밀 요리를 맛보는 것도 잊지 마세요.

제주순메밀막국수 info

주소 제주도 서귀포시 안덕면 녹차분재로 60 **문의** 064-792-0600 **운영 시간** 24시간 **휴무** 연중무휴 **가격** 막국수 1만 원, 메밀소바 9000원 **주차장** 이용객 무료

안 먹어본 사람은 있어도 한 번만 먹어본 사람은 없다

제주 말고기

제주 하면 먼저 떠오르는 '사람은 서울로 말은 제주로'. 제주는 말 요리로도 유명합니다. 버릴 게 하나도 없다는 말 요리는 제주에서 꼭 맛봐야 할 보양식 중 한 가지예요. 대중에게 익숙하지는 않아 한 번도 안 먹어본 사람은 있어도 한 번만 먹어본 사람은 없다는 말고기는 소고기, 돼지고기보다 훨씬 더 부드럽고 담백합니다. 임금님 수라상에도 올렸다고 하죠. 다음 제주 여행에는 특별한 영양식, 말고기에 도전해보세요.

고우니제주를담다 info

주소 제주도 제주시 애월읍 애월해안로 857 **문의** 064-743-5789 **운영 시간** 08:00~21:00(브레이크 타임 15:30~17:00) **휴무** 연중무휴 **가격** 고우니삼합(1인) 3만 원, 말육회 2만5000원 **주차장** 이용객 무료

신선함 가득

제주도 우유

제주 풀과 제주 물, 제주 공기를 마시고 자란 소에게서 얻은 제주도 우유. 제주에서만 맛볼 수 있는 제주 우유는 다른 지역에서 택배 주문을 하기도 할 만큼 건강한 우유로 소문나 있어요. 제주의 자연이 담긴 신선한 우유를 만나보세요.